KB174870

메타버스 세계의 융복합 콘텐츠

이 책은 방일영문화재단의 지원을 받아 저술·출판되었습니다.

메타버스 세계의 융복합 콘텐츠

조순정

이옥기

김은희

권종애

정인숙

이담북스

🌐 서문

메타버스(Metaverse)는 가상세계와 현실 세계가 융합된 디지털 공간이다. 과거에 비해 훨씬 현실감이 높아진 이 3차원 가상 공간에서 사용자들은 협업, 소통, 상호작용하며 새로운 경험과 콘텐츠를 누릴 수 있다. 또한, 생활형, 게임형 가상세계를 내포하는 메타버스에서는 사회, 문화, 경제의 전반적 측면에서 수익성을 띤 다양한 활동이 가능하다. 즉, 메타버스는 디지털 소셜네트워크이자 현실과 융합을 통한 새로운 미래가치를 창출하려는 시도이자 매개체이다.

메타버스는 관련 연구자, 컨설팅회사, 그리고 메타버스를 이끄는 기술기반 회사 등에서 주로 정의하는데 이전의 메타버스는 주로 물리적인 현실 세계가 가상세계로 확장하는, 즉 현실 세계를 투영하는 또 하나의 가상 공간에 초점을 맞추었다고 하면 최근 메타버스는 현실 세계와 가상세계 간 균형을 허물고 융합된 공간이라는 측면에 초점을 맞추고 있다.

일례로 최근 포브스지에서는 메타버스 정의에 관한 20개에 가까운 다양한 견해를 보도한 적이 있는데 '무한한 확장성과 가능성을 가진 가상공간', '현실과 가상세계의 상호작용' 등을 주요 키워드로 삼았으며 일부는 현존하는 기술을 넘어 미래 기술을 기반으로 재정의할 필요가 있다는 견해도 제시되었다.

이와 같은 메타버스의 주요 개념과 특징들을 종합해보면, 궁극적으로 메타버스는 시공간의 제약 없이 다양한 영역에서 다양한 매체를 통해 현실감과 몰입감이 높은 인간 커뮤니케이션을 지향하는 것으로 분석할 수 있다. 메타버스에서의 커뮤니케이션 양식이 의사소통의 과정과 유사한 과정을 거치기 때문이다. 특히, 영상으로 전달되는 정보 외에 문자, 이미지 등을 입체적 공간을 통해 SNS와 연결하는 등 상호작용성을 가능하게 하므로, 더욱 몰입할 수 있는 미디어로서의 잠재력을 보유하고 있다. 이는 매개된 커뮤니케이션 상황에서 많은 정보를 얼마나 다양한 단서를 통해서 전달할 수 있는가 하는 미디어의 능력을 의미하는 미디어 풍요성(Media Richness Theory)으로 표현될 수 있다. 특히, 실감 미디어는 시각, 청각, 촉각, 후각 등 다양한 감각이 서로 보완적으로 상호작용함으로써 인간의 지각력을 높여 준다. 따라서, 정보에 대한 감각적 몰입을 가져온다. 이런 관점에서 메타버스 공간은 미디어 풍요성이 높은 매체인 것이다.

또한, 메타버스 공간은 우리가 사는 공간에서 하는 현실 행동과 영화에서나 본 것 같은 비현실(가상) 경험 모두를 가능하게 한다. 우리가 사는 현실은 비현실 경험을 할 수 없다는 점에서 상대적으로 낮은 단계의 메타버스가 되고, 증강 혹은 가상의 세계를 통해 현실, 비현실 경험의 양과 질이 향상할수록 높은 단계의 메타버스를 경험하게 되는 것이다.

이와 같은 개념화를 통해서 살펴볼 때, 고차원적인 메타버스 환경에서의 커뮤니케이션은 다면적으로 우리의 삶과 연결되며, 현실 사회의 여러 층위에서 새로운 현상을 가져올 것으로 예측된다. 따라서, 우리가 메타버스라는 가상환경에서의 사용자 경험을 이해하기 위해서는 메타버스 내부의 현상뿐만 아니라, 메타버스와 접하고 있는 실제 세계의 현상 역시 연구할 필요가 있음을 알 수 있다.

본 저서는 이와 같은 디지털 생태계의 변화를 주목하고, 새롭게 펼쳐지고 있는 메타버스에서 활용 가능한 인문사회 분야 융복합 콘텐츠들을 탐색하여 제시하고자 한다. 각 장별 주요 내용은 다음과 같다.

제1장에서는 메타버스의 등장배경과 개념, 주요 유형들을 살펴보고 메타버스가 제시하는 가상과 현실이 연결된 새롭고 확장된 다양한 가능세계들을 탐색했다. Web 1.0에서 3.0시대로 기술적 진화가 되는 과정 속에서 메타버스의 개념의 변화와 주요 특성들을 살펴보는 한편, 인문사회학적 관점에서 메타버스 현상 속 세계관, 존재, 그리고 소통과 관련된 이론들로서 샤르트르의 실존주의, 에드가 데일의 경험의 원추, 칙센트미하이의 몰입이론 등을 고찰했다.

제2장에서는 메타버스 공간을 탐색하였다. 특히, 원근법의 등장과 함께 시작된 시야와 인식의 변화가 이후 사회문화의 변화를 이끌었던 사조와 연계해 메타버스의 등장 배경을 통찰하였다. 또한, 디지털 미디어의 등장으로 인해 디지털 레이어가 사용되면서 탈중앙화와 탈원근법이라는 전방위적 시각의 흐름이 우리 사회를 변화시키고 있다는 점을 주목했다. 짐멜, 바우만 등 이론가들의 식견을 주목하고, 가상 공간을 현실 공간의 디자인과 유사하게 구축하기 위한 인터페이스로서의 메타버스 디자인의 역할을 메타버스 공간과 관련된 이론을 적용하여 현상을 설명했다. 이용자들의 경험도 실재감과 사용성 이론에 근거하였는데, 메타버스 공간은 어포던스로, 공간의 구축은 디지털 테라포밍을 적용하여 미디어 공간에서의 공간표현을 파악했다. 이와 함께 제페토, 메타버시티 등 실제 사례도 살펴보았다. 메타버스 공간의 콘텐츠는 융복합 콘텐츠를 분야별로 재미와 연결하였다. 사례로 매스테인먼트, 라이프테인먼트, 에듀테인먼트 등 분야별로 융합된 공간이 제공되는 플랫폼들을 분석하였다. 또한, 메타버스의 미래인 메타커머스를 탐색하여 이론과 실제가 유용하게 제시될 수 있도록 QR코드를 제시했다.

제3장에서는 메타버스 마케팅을 주제로 디지털과 마케팅의 연계성을 중심으로 메타버스 마케팅의 등장과 마켓 5.0 구성요소 그리고 월드와이드 웹에서 메타버스로의 진화에 관한 내용을 다루었다. 또한, 독자들의

이해를 돕기 위해 메타버스 마케팅 기업과 소비자에 관한 내용을 중심으로 메타버스와 함께하는 기업과 메타버스 주요 소비자들을 살펴보며 메타버스를 활용한 마케팅 사례를 다루었다.

제4장 메타버스와 교육에서는 메타버스를 통한 교육의 필요성과 21세기 새로운 학생들의 유형, 주요 교육이론을 토대로 한 메타버스 활용 방안에 대해 제시하였으며, 메타버스를 활용한 교수학습법으로 문제해결학습(PBL)하기, 패들렛 활용하기, 잼보드 활용하기 등을 소개하고 실제 활용방법에 대해 제시하였다. 또한, 메타버스 교육환경으로 다양한 메타버스 플랫폼을 소개하고, 젭(ZEP), 게더타운(GATHERTOWN), 이프랜드(IFLAND)를 체험하기 위한 활용방법과 실제 활용사례를 제시했으며, 메타버스 플랫폼을 교육플랫폼으로 실감형 콘텐츠를 활용한 교육과 아바타를 활용한 학습 환경에 대해 제시하였다. 즉 본 장은 메타버스를 통한 교육이 필요함과 메타버스 환경 안에서 학습자에 대한 이해를 기반으로 학습자에게 적합한 교수학습 방법을 제시하여 몰입감과 교육의 효과를 높이는 방안을 찾고자 하였다.

제5장에서는 글로벌 관점에서 메타버스의 활용사례들을 탐색하며 다양한 산업 분야에서의 메타버스 생태계의 확장 가능성을 살펴보았다. 미국·유럽·일본 및 중국에서도 메타버스에 대한 열광은 한국처럼 매우 뜨겁다. 기업체에서는 메타버스에 관한 연구 및 콘텐츠 개발에 여념이 없으며, 정부에서는 메타버스에 관한 정책을 쏟아내며 정책적으로 메타버스 발전의 성장을 적극 지원하고 있다. 특히, 각 지방마다 다르게 특징적으로 발전하고 있는 양상을 보이는 중국의 메타버스 산업 동향과 중국의 10대 기업을 분석하고 각 기업의 메타버스 활용과 대표적인 콘텐츠에 대해 알아보았다. 각국의 메타버스 발전 추이, 자국의 현행 문제점을 해결하면서 다른 한편으로는 현실적인 문제의 대책을 세우며 발전을 하고자 하는 발전 전략과 메타버스 시스템에 필요한 블록체인, 5G, 인공지능, 디지

털 트윈 등 핵심기술을 통해 가상과 현실의 매칭을 실현하는 기술 전략, 가상세계를 경제 시스템, 소셜 시스템, 생산 시스템과 융합하여 모든 사용자에게 콘텐츠 생산과 편집을 허용함으로써 현실 세계의 가치를 창출할 수 있는 디지털 우주를 구축하고자 하는 정책 등을 살펴보았다.

끝으로 제6장에서는 메타버스 공간에서 살아가기 위한 방법을 모색하는 한편, 메타버스 세계의 전망과 구체적인 활용 방안을 고찰하였다. 특히, 메타버스 내 아이템 제작, 판매, 가상세계 규율 관리, 가상 부동산 투자, 거래 등 새로운 유형의 노동과 비즈니스 방식이 대두되면서 중요도가 높아지고 있는 법적 제도적 이슈를 파악해 보았다. 또한 메타버스 공간이 담고 있는 포용적 서비스가 선순환 할 수 있도록 메타버스가 바꾸는 미래 세상에 대응하기 위한 미래 전략을 제시하였다.

메타버스는 현재 주목받는 기술 중 하나이며, 기존의 인터넷이 제공하는 정보와 상호작용에 그치던 것과 달리, 사용자들이 직접 창조하고, 가상으로 구현된 공간에서 상호작용하는 환경을 제공한다. 또한, 메타버스는 기존의 인터넷과는 달리 3D 가상 공간에서 사용자가 상호작용하고 참여할 수 있는 환경을 제공하기 때문에, 현실에서 경험하기 어려운 다양한 경험을 제공할 수 있다. 따라서 메타버스의 미래에 대해서는 다양한 전망이 있지만, 현재까지는 대체로 긍정적인 예측이 많으며, 메타버스를 통해 새로운 비즈니스 모델이 탄생하고, 교육, 의료, 엔터테인먼트, 여행, 쇼핑 등에서 큰 변화를 일으키며 더욱 활발한 경제활동을 끌어낼 것으로 전망된다. 메타버스의 지속적인 발전과 현명한 활용을 위한 인문학적 통찰을 제시하는 본 저서가 조금이나마 기여할 수 있기를 고대한다.

⊕ 차례

제3장   메타버스 마케팅(marketing)

제4장   메타버스와 교육(Education)

제5장 | **메타버스 교류와 협력**(Global exchange and cooperation)

제6장 | **메타버스 공간에서 살아가기**

제1장

메타버스의 개념과
인문사회학적 이론들

메타버스의 등장배경과 개념, 주요 유형들을 살펴보고
메타버스가 제시하는 가상과 현실이 연결된 새롭고 확장된
다양한 가능세계들을 탐색한다.
인문사회학적 관점에서 메타버스 현상 속 세계관, 존재, 그리고
소통과 관련된 이론들을 고찰한다.

"메타버스는 인터넷 클릭처럼 쉽게 시공간을 초월해 멀리있는 사람과 만나고 새로운 창의적인 일을 할 수 있는 인터넷 다음 단계이다."

— 마크 저커버그

Ⅰ. 메타버스는 무엇인가?

가상공간은 가상현실, 가상환경, 가상세계 등으로 표현하고 있는 가상의 인식론적 세계이다. 사람의 뇌가 물리적 공간의 개념을 투영하여 창조한 공간인 것이다. 최근에는 모바일, 스마트폰과 Oculus, HTC VIVE, VR기기의 발전으로 메타버스(Metaverse)라는 새로운 세계가 구현되며, 가상과 현실의 다양한 객체들과의 상호작용과 함께 소통방식의 급속한 진화를 보여주고 있다. 본 장은 메타버스 플랫폼이 펼치는 사회문화적인 현상에 대한 의미와 미래를 담아낸다.

1. 메타버스의 등장 배경

코로나 팬데믹 기간에 사람들은 침해된 일상을 온라인 활동을 통해 대처하였다. 메타버스와 같은 3D 기술 중심의 온라인 교류 도구가 구동되고, 기업, 교육 기관, 정부 등은 화상 시스템을 활용하여 업무를 지원하였으며, 개인들은 각종 비대면 SNS 소통 도구들을 통해 관계망을 이어갔다.

최근에는 온라인에서 얻을 수 있는 경험에 대한 요구가 높아지면서, 가상현실 기술에 대한 관심이 높아지고 있다. 메타버스는 게임, 교육 등에서 활용되어 왔으며 시장에 존재했던 기술이었으나, 관련 기술의 발전과 실재감에 대한 시장의 관심이 높아지면서 높은 성장률을 기록하고 있다. 연평균 약 43% 성장할 것으로 예측되며, 2028년에 약 829억 달러의 시장규모를 가질 것으로 전망되었다.

이에, 전 세계적으로 메타버스 시장을 선점하기 위한 기업들의 노력이 다각화되고 있다. 특히, 해외의 경우 메타, 마이크로소프트, 아마존, 구글과 같은 글로벌 빅테크 기업들이 과감하게 메타버스 시장에 뛰어들어 많은 자원을 투입하고 있으며, 우리나라의 경우 네이버, 카카오, SK텔레콤 등이 플랫폼 시장에 진입한 상황이다. 기존 메타버스 시장이 기존 게임, 교육 분야 등 일반 소비자에 초점을 맞추어 구축되어 있었다면, 최근에는 기업, 정부 등 기관이 요구하는 업무적 편의성과 실재감을 강화한 메타버스 플랫폼 또한 등장하고 있다. 더욱이, 혁신적 아이디어를 보유한 스타트업이 콘텐츠 분야, 인프라 분야 등 메타버스의 니치 마켓을 선점하기 위해 빠르게 기술을 개발하고 시장의 평가를 받고 있다.

2. 메타버스의 개념과 정의

메타버스는 '뛰어넘는', '초월하는'을 뜻하는 접두사 메타(Meta)와 세계를 뜻하는 유니버스(Universe)가 만나 만들어진 합성어이다. 이 말만 보면 마치, 현실을 뛰어넘는 가상의 세계라고 받아들일 수 있으나 실제로는 현실과 가상의 세계가 융합하여 상호작용하는 전체의 세계를 뜻하는 의미로 해석하는 것이 더 적절하다.

메타버스라는 용어는 스티븐슨의 소설 '스노우크래쉬(Snow Crash)'에서 처음 사용된 이후, 2017년 미국미래가속화연구재단(Acceleration Studies Foundation)에서 몰입 가능한 3D 가상세계, 그리고 이러한 가상환경을 구성하고 상호작용하는 모든 것을 포함하는 개념으로 정의되었다. 스필버그 감독은 이 소설 속 메타버스를 영화 "레디 플레이어 원(Ready Player One, 2018)으로 만들었고, 메타버스는 '오아시스(oasis)'로 묘사되었다.

〈표 1-1〉 스노우크래쉬(Snow Crash)에서의 메타버스

"양쪽 눈에 서로 조금씩 다른 이미지를 보여 줌으로써, 삼차원적 영상이 만들어졌다. 그리고 그 영상을 일 초에 일흔두 번 바뀌게 함으로써 그것을 동화상으로 나타낼 수 있었다. 이 삼차원적 동화상을 한 면당 이 킬로픽셀의 해상도로 나타나게 하면, 시각의 한계 내에서는 가장 선명한 그림이 되었다. 게다가 그 작은 이어폰을 통해 디지털 스테레오 음향을 집어넣게 되면, 이 움직이는 삼차원 동화상은 완벽하게 현실적인 사운드 트랙까지 갖추게 되는 셈이었다. 그렇게 되면 히로는 이 자리에 있는 것이 아니었다. 그는 컴퓨터가 만들어내서 그의 고글과 이어폰에 계속 공급해주는 가상의 세계에 들어가게 되는 것이었다. 컴퓨터 용어로는 《메타버스》라는 이름으로 불리는 세상이었다."

출처: Neal Stephenson(1996): Snow Crash, Bantam Books(US), 김장환 역, 새와 물고기(pp. 48-49)

소설 속 메타버스 외형은 검은 구형의 행성이고, 그 안에는 개발 중인 폭 100m, 길이 65,536km의 중심가(The Street)가 있으며, 현실에 존재하는 물체와 가상으로 창조된 물체가 공존하고 있다. 본문에는 다음과 같은 주요 특징들이 묘사되어 있다.

(1) 중심가 공중에 떠다니는 광고판과 조명쇼, 서로 수색해 죽일 수 있는 자유 전투지역 등 현실에 존재하지 않는 창조된 가상의 물체나 공간, 그리고 도로·빌딩·공원 등과 같이 현실에 존재하는 물체와 공간이 공존·융합된 디지털 가상세계

(2) HMD와 유사한 기기를 통해 접속

(3) 주인공 히로(Hiro)가 현실의 직업인 피자 배달부라는 사실을 숨기고 메타버스에서 해커·검객으로 활동하는 과정에서 자신을 대리

하는 아바타가 개입

(4) 아바타를 통한 다른 이용자들과의 상호 작용과 교류

(5) 주인공들이 마약 효과를 내는 바이러스인 스노우 크래쉬 문제를
현실에서 해결하는 것같이, 가상세계 상호작용이 현실에서의 상호
작용으로 연동·연결되는 특성

포브스지(2021)에서는 메타버스 정의에 관한 20개에 가까운 다양한
견해를 보도한 적이 있는데 '무한한 확장성과 가능성을 가진 가상공간',
'현실과 가상세계의 상호작용' 등을 주요 키워드로 삼았다. 일부는 현존
하는 기술을 넘어 미래 기술을 기반으로 재정의할 필요가 있다는 견해도
제시되었다.

〈표 1-2〉 포브스지(2022)의 메타버스에 관한 정의

	"실제 세계의 가상 세계"
	"현실 세계의 미러링 된 디지털 세계"
	"VR, AR, MR, 온라인 게임, 소셜 미디어, 디지털 쇼핑몰, 디지털 의료, 디지털 금융 등 디지털 경험을 제공하는 다양한 플랫폼을 통칭하는 용어"
	"다양한 디지털 기술을 활용해 현실과 유사한 경험을 제공하는 가상 세계"
	"사람들이 협업, 교류, 상호작용을 할 수 있는 디지털 세계"
	"3D 가상 환경을 기반으로 한 다양한 서비스와 콘텐츠의 집합"
	"인터넷과 같은 디지털 기술로 이루어진 새로운 인터페이스"
	"디지털 공간에서 다양한 경험을 제공하는 다목적 가상 세계"
	"가상현실과 블록체인 기술을 결합한 분산 가상 세계"
	"사람들이 참여하고 상호작용할 수 있는 협업적인 가상 세계"
	"컴퓨터 그래픽과 인터넷 기술로 만들어진 가상 세계"
	"디지털과 현실이 융합된 새로운 형태의 경험과 삶의 공간"
	"3D 공간에서 실시간으로 상호작용하는 인터넷의 미래"
	"다양한 디지털 기술과 인공지능을 결합한 현실과 가상을 넘나드는 세상"
	"디지털 콘텐츠를 기반으로 한 다양한 상호작용 경험의 집합"
	"디지털 공간에서 일어나는 모든 일을 포함하는 현실과 가상이 융합된 세계"
	"인터넷과 가상현실 기술로 이루어진 현실과 유사한 디지털 세계"
	"가상 세계에서 인간들이 소통하고 상호작용하는 공간"

출처: What Is The Metaverse, And Where Should We Begin? (Forbes, May 17, 2022)

3. 메타버스의 유형과 적용범위

1) 메타버스의 네 가지 유형

비영리 기술연구단체(ASF)는 '가상적으로 향상된 물리적 현실과 물리적으로 영구적인 가상공간의 융합'이라고 정의했으며, <표 1-3>과 같이 메타버스의 4가지 유형으로는 증강현실(AR; Augmented Reality), 가상현실(VR; Virtual Reality), 거울세계(Mirror-World), 라이프로깅(Lifelogging)으로 구분하고 있다.

〈표 1-3〉 메타버스 유형별 비교

구분	증강현실	가상현실	거울세계	라이프로깅
특징	현실세계와 판타지를 결합한 몰입형 콘텐츠	현실에 없는 새로운 가상공간에서 활동	현실정보를 가상공간에 통합, 확장해 활용	일상경험, 감정을 실시간으로 저장, 공유
핵심 기술	비정형데이터 가공	그래픽, AI, 블록체인	GIS, 블록체인	유비쿼터스센서, 5G
활용 분야	모바일, 차량용 HUD	(PC, 모바일, VR, 콘솔) 온라인 멀티플레이어 게임	지도기반 서비스	웨어러블, 블랙박스
활용 사례	포켓몬고, SNOW, 디지털 교과서 메타 호라이즌	세컨라이프, 로블록스, 제페토, 마인크래프트, 동물의 숲	구글어스, 구글맵, 네이버지도, Airbnb, ZOOM, 배달의 민족, 직방, 다방	페이스북 인스타그램, 삼성헬스, 애플워치 나이키플러스
부작용	캐릭터 소유권 분쟁	현실회피, 무질서	정보조작, 불공정거래	초상권 침해, 기밀유출

(1) 증강현실(AR: Augmented Reality)

증강현실은 컴퓨터가 생성한 3차원의 가상 사물이나 정보를 실제 환경에 합성하여 보여주는 기술을 말한다. 증강현실은 현실을 보완하는 기술로 현실을 대체하여 가상세계의 몰입과 상호작용을 다루는 가상현실과는 차이를 보인다.

증강현실 기술은 현실 세계를 증강 시키는 인터페이스에 따라 GPS,

마커, 투시형 기반으로 구분되며, 직업훈련 분야에서 개발되어 작업의 효율성을 높이는 데 활용되었다. 이 기술은 게임에서 대중화되었으나, 실질적으로는 직접 관찰이 어렵거나 텍스트로 설명하기 어려운 학습 내용, 지속적인 실습과 체험이 필요한 분야, 고비용과 고위험이 따르는 분야에 효과인 것으로 평가된다. [그림 1-1]과 같이 인체의 내부를 해부하듯 살펴볼 수 있도록 해주는 Cruscope의 증강현실 티셔츠 Virtuali-Tee가 대표적 사례이다.

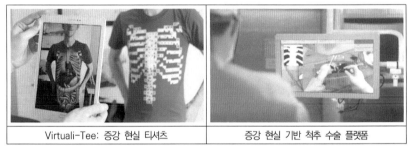

| Virtuali-Tee: 증강 현실 티셔츠 | 증강 현실 기반 척추 수술 플랫폼 |

*출처: https://synapse.koreamed.org/articles/1149230

[그림 1-1] 직업훈련 분야 AR 기술 활용 사례

(2) 가상현실(VR: Virtual Reality)

가상현실(Virtual Reality) 또는 가상세계(Virtual World)는 가상 공간 내에서 인공적으로 만들어진 현실을 경험하는 기술로 VR 디바이스를 착용하여 사용된다.

여러 명의 사용자가 가상현실(VR) 기기를 이용해 3D 환경 속에서 직접 움직이고 상호작용할 수 있다. 시공간을 초월한 다양한 콘텐츠에 대한 몰입을 체험할 수 있으며, 가상세계 기반의 게임을 통해 전략적·종합적 사고력, 문제해결력을 향상할 수 있다. 호라이즌 월드, 로블록스, 제페토, 마인크래프트, 동물의 숲 등이 대표적인 예시이다.

(3) 거울세계(Mirror World)

거울세계는 실제 세계와 유사한 가상공간이다. 실제 세계에서 일어나는 사건들을 가상 공간에서 실시간으로 반영하며, 가상 공간 내에서도 실제 세계와 유사한 경험을 할 수 있다. 현실 세계와 가상화된 거울세계를 연결하여 두 세계가 정확하고 빠르게 동기화되는 것이 중요하다. 대표적인 거울세계로 구글어스(Google Earth)가 있으며, 실제 물리적 공간을 디지털 플랫폼 위에 구현한 구글 맵, 네이버 지도뿐 아니라 ZOOM, 배달의 민족, 직방, 다방, Webex, Google Meet, Teams 등의 화상회의 시스템도 예시가 될 수 있다.

(4) 라이프로깅(Lifelogging)

라이프로깅(Lifelogging)은 일상 생활에서 발생하는 모든 데이터를 수집하여 기록하는 기술로, 이를 기반으로 가상 세계를 구축하거나 가상 공간 내에서 데이터를 가시화할 수 있다. 즉, 라이프로깅(Lifelogging)은 외부와 물리적으로 상호작용하지 않고 디지털로 구현된 공간에서 일어나는 활동과 참여로 만들어지는 세상을 의미한다. 이를 통해 자신의 일상을 기록하고 공유하며, 타인의 피드백을 받아 강화와 보상으로 연결될 수 있다. 따라서 사용자들은 가상 세계에서의 활동 기록을 분석하여 본인의 건강, 사회, 경제 활동 등 다양한 측면에서 개인적인 성장과 목표 달성을 위해 활용할 수 있다. 페이스북, 인스타그램, 삼성 헬스, 애플워치 등이 대표적인 예시이다.

메타버스를 구현하는 유형은 또한 관점에 따라서도 다양하게 분류될 수 있다.

첫째, 기능 관점에서는 정보 검색(포털 사이트), 소통(소셜 네트워킹 서비스), 엔터테인먼트(모바일·PC·셋톱박스 게임)의 요소가 결합한 '인터넷 서비스의 통합' 방식으로 분류할 수 있다. 개인이 더욱 편리하고 효율적으로 정보를 얻을 수 있고, 다른 사람들과 소통하며, 여가 시간을 보내며 즐길 수 있는 새로운 생활환경을 제공하는 현상을 나타내고 있다.

둘째, 진화 관점에서는 메타버스를 "기존 인터넷이 3D 기반으로 진보한 새로운 인터넷"으로 발전한 것으로 보는 시각이다. 이는 인터넷이 1990년대 홈페이지 시대를 시작으로 2000년대 포털 시대를 거쳐 2010년대 소셜 네트워킹 시대에서 현재 메타버스 시대로 진화하고 있다는 것을 의미한다. 즉 웹1.0에서 웹2.0 그리고 웹3.0 시대로의 진화와 같다.

셋째, 기술 관점에서 메타버스는 아바타·Human AI·증강현실·가상현실 등의 기술과 가상세계·거울 세계·가상자산 등의 개념이 융합한 현상으로 볼 수 있다.

메타버스 기술은 교육 분야에서는 가상 교육 공간을 제공하여 학습자들이 더욱 흥미를 가지고 학습할 수 있게 하고, 미술 분야에서는 가상 미술관을 제공하여 누구나 언제 어디서든 미술 작품을 감상할 수 있게 한다. 또한 가상 상점, 가상 상품, 가상 거래 등의 가상 경제 시스템을 제공하여 실제와 유사한 쇼핑 경험을 제공하고, 문화 예술 분야에서는 가상 공연장을 제공하여 라이브 공연을 감상할 수 있게 한다. 이러한 관점에 따라 메타버스 <표 1-4>와 같이 현상을 구분해 볼 수 있다.

〈표 1-4〉 메타버스의 현상과 적용 분야

현상		적용 분야		
분야	내용	구분	주요기업	특징
게임	가상현실에서 캐릭터들이 소셜 활동 예)포켓몬 고, 서울의 숲	플랫폼 장비	삼성전자 페이스북 애플 마이크로소프트 소니 뷰직스 구글 네이버	네이버, 제페토 — 3D아바타 기반 SNS 플랫폼 아바타꾸미기, 게임, 친구모임, 공연관람, 크리에이터기능
				페이스북 — AR글라스 개발 가상 내 취미 내 공간인 "페이스북 호라이즌" 오큘러스 퀘스트2 오큘러스 비즈니스: VR 재택근무
커뮤니티	친목, 소통			애플 — AR/VR 헤드셋(2022), AR 안경(2025), AR 콘택트렌즈(2030)
공연예술	아이돌 공연 예)BTS, 블랙핑크	기반 산업	유니티, 엔비디아, MS, AT&T, 버라이즌, 퀄컴, 아마존, 구글, 브로드컴	유니티 — 실시간 3차원 그래픽엔진 기업 가상현실 툴, S/W 모바일 게임
				엔비디아 — "엔비디아 옴니버스 엔터프라이즈" 기술플랫폼 GPU, AI, 가속컴퓨팅, 데이터분야
				아마존 — 클라우드 시장 AR/AR데이터용량 처리역량
기업	가상공간을 활용한 협업, 자동차설계, 건축설계, 상품디자인 예) Spatial	게임 미디어	로블록스, 닌텐도, 포트나이트, 빅히트, 마인크래프트, YG 엔터테인먼트	포트 나이트 — 에픽 게임즈의 3인칭 슈팅 게임 BTS "다이너마이트" 안무 버전 단독공개
				로블록스 — 유저들이 콘텐츠를 생산, 가상현실 게임 플랫폼 게임개발자 200만 명 참여 월간 1억5천만 명 이용, 누적이용시간 30억 시간 가상화폐(로벅스), 게임아이템 구매
				마인크래 프트 — 메타버스 세계에서 오프라인 사람들을 만나고 현실에서 가상 공간 마련 마이크로소프트 인수(2014) 홀로렌즈 결합
				빅히트 — BTS 신곡 "포트나이트"에 공개 이용자 3.5억 명 멤버십 구독(MD, 콘텐츠, 음반) 위버스 월 이용자(MAU) 470만 명

4. 메타버스 개념의 재정의

AR/VR/XR 기술과 블록체인 플랫폼, 그리고 아바타로 정의되는 가상세계와 현실세계를 하나로 연결하는 메타버스 웹 환경의 본격적인 확산이 예상되고 있다. 웹1.0이 PC기반의 인터넷 공간이라면 웹2.0은 모바일 기반의 인터넷이다. 웹3.0은 AR/VR 기술을 활용한 메타버스 기반의 인터넷이 될 것이라고 전망되고 있다. 이에 따라 메타버스의 재정의가 필요하다.

웹3.0이라는 용어는 웹의 창시자인 팀 버너스 리(Tim Berners-Lee)가 처음으로 사용한 용어이다. 그는 2006년 인터뷰에서 웹3.0에 대해 "웹의 최종 목표는 기계와 인간이 모두 이해할 수 있는 정보 네트워크를 만드는 것이다"라고 말하며, 웹의 발전 방향성에 대한 중요성을 강조했다. 공통적으로 웹3.0은 앞으로 다가올 새로운 웹 생태계를 일컫는 의미로 사용된다.

웹1.0에서는 사용자가 정보를 읽는 데 그쳤으며 웹2.0 형태에서는 누구나 콘텐츠를 만들 수 있다. 페이스북이나 트위터 등 소셜네트워크서비스(SNS) 플랫폼을 통해 사용자 간 정보를 주고받게 됐다. 웹3.0에서는 메타버스와 NFT가 중심이 되어 경제적 가치에 대한 평가와 분배가 개인 단위로 연결 가능하다.

☞ **웹 3.0이란?**

웹 3.0은 '시맨틱 웹(Semantic Web)'으로도 불린다. 시맨틱 웹은 컴퓨터가 웹페이지에 담긴 내용을 이해하고 개인 맞춤형 정보를 제공하는 지능형 웹 기술로 일종의 '인공지능(AI) 웹'이다. 인공지능이 적용된 웹 3.0은 이용자가 원하는 맞춤형 정보도 선별하거나, 또는 이용자 데이터를 기반으로 맞춤형 정보를 재생산할 수 있다. 즉, '웹 3.0'은 '인공지능(AI)'과 '블록체인'을 기반으로 '맞춤형 정보'를 제공하는 '초개인화된(Hyper-personalized)' 인터넷 환경을 뜻한다.

이제 메타버스는 현실세계와 같은 사회, 경제, 문화 활동을 영위할 수 있는 3차원의 가상세계로 새로운 세계관의 형성, 아바타의 등장, 경제 생태계 형성 등이 핵심이다. 비즈니스 측면에서 보면 메타버스를 구현 가능케 하는 인프라 비즈니스부터 아바타 등장에 따른 기존 비즈니스의 업그레이드, 가상세계 경제 활동에 쓰이는 가상자산 및 NFT 관련 비즈니스까지 동시에 맞물려 돌아가는 생태계가 조성되고 있다.

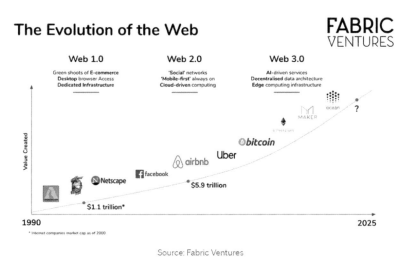

Source: Fabric Ventures

[그림 1-2] 웹의 발전 단계 (출처: Fabric Ventures)

메타버스 정의는 초기에 비해 개념적으로 확장되고, 내용상으로도 진화해 왔다. 현실세계 기능을 동일하게 구현할 수 있고, 더 나아가 확장하면서 다양한 가치를 창출할 수 있는 진화된 가상세계 디지털 플랫폼으로 자리 잡고 있다. 결과적으로 가상과 현실과의 경계가 허물어진 융합 디지털 세계로 변모하고 있는 현재의 메타버스는 초기와는 다른 개념이며 따라서 메타버스에 대한 재정의가 필요한 시점이다. The Bible of Metaverse

(2021)에서는 초기 ASF(2007)의 개념을 다음과 같이 수정하여 제시하고
있다.

출처: The Bible of Metaverse(2021)

[그림 1-3] 메타버스 개념의 재정의

주요내용은 라이프 로깅(일상의 디지털 기록화)과 소셜미디어를 통해
만들어진 디지털 내 나 자신을 아바타(DIGITAL ME)라고 한다. 가상현
실(VR)과 증강현실(AR)을 모두 포함하는 개념으로서, XR(확장현실,
DIGITAL REALITY)이라는 용어가 사용된다. 미러월드(현실의 디지털
복제)를 위한 기술로, 디지털 트윈(DIGITAL TWIN)이라는 용어가 사용
된다.

메타버스는 인터넷 상에서 형성된 가상공간으로, 실제 세계와 유사한
시각적 및 청각적 요소를 갖춘 3D 가상세계이다. 이 가상세계에서 사용
자는 자신을 대신하여 표현할 수 있는 아바타를 생성하여 활동할 수 있
으며, 다른 사용자와 상호작용하고 경제활동을 수행할 수 있다. 또한 메
타버스는 게임, 쇼핑, 교육, 문화 등의 다양한 분야에서 활용될 수 있는
플랫폼으로 발전하고 있다.

이상에서 살펴본 바와 같이 메타버스란 "현실의 나를 대리하는 아바타
를 통해 일상 활동과 경제생활을 영위하는 3D 기반의 가상세계"이다.

5. 메타버스의 특성

1) 개념적 특성

메타버스의 특성은 실시간성과 지속성, 개별적 존재감과 동시적 참여, 디지털과 현실 경험 공유, 정보와 자산 호환 등이며, 아바타가 된 개인이 소통하고 돈을 벌고 소비하는 등 놀이와 업무를 하는 것을 넘어 현실과 가상세계가 상호적으로 연동되는 개념이다(연합뉴스 2021).

메타의 CEO 저커버그는 실재감, 아바타, 개인공간, 순간이동, 가상재화 등 8가지를 향후 5-10년 이내에 메타버스를 구성하는 핵심 개념으로 제시했다. 그의 설명에 따르면, 메타는 Horizon Home, Horizon World, Horizon Workroom을 통해 핵심 개념의 일부를 실현하고 있다고 한다(Meta, 2021). 운더만 톰슨(Wunderman Thompson, 2021)은 15명의 관련 업계 CEO와 전문가가 제시한 메타 버스 정의를 통합적으로 검토해 9개 주요 특성을 제시했다. 앞서 살펴본 특성들과 비교해 나타난 차이점은 경제 활동이나 흐름을 넘어, 탈중앙화된 소유와 이용자 중심의 소유·운영, 참여자·월드 수의 무제한성, 아직 현실화되지 않았지만 메타버스 내 월드의 자유로운 이동을 넘어 아바타의 변경 없이 메타버스 플랫폼간 자유로운 이동이었다. 이러한 특성들은 일부 메타버스 플랫폼에서 나타난 최신 특성에 주목하고 강조한 것이라 할 수 있다.

또한, 김상균(2021)은 일반적인 인터넷, 모바일 플랫폼과 구분되는 메타버스의 주요 특징으로 스파이스(SPICE) 모델 5가지 요소를 언급했다. 즉, 하나의 아바타로 메타버스 내에서 이루어지는 경험과 기록이 중단되지 않고 다양한 서비스에 지속해서 연결·연속되는 연속성(Seamlessness); 물리적 환경이 아님에도 불구하고, 이용자가 VR·AR 기기 등을 통해 메타버스에 실재하는 것처럼 느끼는 실재감(Presence); 현실 세계의 정보와 연동되어 현실세계와 메타버스가 상호 교류하면서 보완하는 상호운영성

(Interoperability);다중 이용자가 동시간에 실시간으로 함께 활동하는 동시성(Concurrence); 이용자들이 메타버스 내에서 재화와 서비스를 자유롭게 거래하고, 실제 현실의 경제와 상호작용하는 경제 흐름(Economic Flow) 등이 주요 특징을 이루게 된다.

2) 서비스 특성

최홍규(2022)는 '게임', '실험', '정보', '소통', '거래' 등 다섯 가지 메타버스의 서비스적 특성을 제시하였는데, 주요 내용은 다음과 같다.

첫째, 메타버스 세계는 게임 세계와 유사하지만, 현실을 완벽히 반영한 것은 아니므로 이용자의 말이나 행동에 대한 책임감이 상대적으로 낮다. 따라서 제도적 보완을 통한 이러한 인식 개선이 필요하다.

둘째, 메타버스 세계는 현실 세계에서 할 수 없거나 어려운 미션들을 실행할 수 있는 실험 장소로서의 성격이 짙다. 실패에 대한 피해가 현실보다 덜하며, 메타버스에서 실패한 실험이 현실 세계에 큰 영향을 미치지 않는 인식 때문에 실험에 유용하게 활용될 수 있다.

셋째, 메타버스 세계는 디지털 공간으로 현실 세계를 반영하고 정보가 집약된 공간이며, 모든 행위는 데이터로 쌓이고 정보화될 수 있다.

넷째, 메타버스는 소통을 위한 공간으로서 중요한 역할을 한다. 메타버스에서는 소통이 하나의 동력 엔진과 같은 역할을 하며, 언어와 언어가 오고 가는 행위뿐만 아니라 메타버스가 구동되는 과정 자체가 소통의 과정이 된다.

다섯째, 메타버스는 경제적 거래가 가능한 가상 공간으로, 각 개체는 나름의 경제 주체로 활동한다는 특성을 갖는다. 따라서, 사용자들의 거래 개념이 매우 중요하며, 효율적이고 윤리적인 거래를 위한 규약이 필요한 공간이다.

II. 사회인문학적 이론으로 메타버스 살펴보기

1. 메타버스 속 존재에 대한 이해 – 실존주의(existentialism)

메타버스에는 '세계관'과 관련된 사상이 담겨있다. 이러한 세계관 속에서 사용자들은 현실 세계에서의 자아 또는 현실 세계에서 이루지 못한 또 다른 자아를 투영하고자 하는 실존적 고민을 하게 된다.

메타버스에서의 세계관은 해당 메타버스 내에서의 논리적인 일관성을 유지하며, 이를 통해 메타버스 내에서 일어나는 다양한 콘텐츠들이 서로 연결되어 하나의 큰 세계관으로 이어지도록 하는 개념이다. 주로 게임, 영화, 만화 등의 판타지 장르에서 사용되었다. 대표적 사례로 마블 코믹스의 MCU(Marvel Cinematic Universe)에서는 다양한 캐릭터와 이야기들이 하나의 큰 세계관에 속하며, 이를 바탕으로 다양한 영화와 드라마 등이 제작되고 있다.

메타버스의 시공간은 설계자와 참여자들에 의해 채워지고 확장된다. 메타버스의 주 이용층인 디지털 세대(MZ세대)는 콘텐츠나 서비스를 설계자가 의도한 목적대로만 소비하는 수동적 사용자가 아니라 같이 즐기고 경험할 수 있는 판을 깔고 그 콘텐츠를 취향대로 소비하고 생산하고 확산까지 하는 능동적 사용자이다. 이런 능동적 사용자들은 메타버스에서 자신들의 세계관을 형성하여 콘텐츠를 생산하며 공유하고 즐긴다.

최근에는 메타버스 분야에서도 캐논 개념이 적용되고 있는데, 샌드박스(Sandbox)라는 메타버스 플랫폼에서는 자체적인 세계관(Cannon) 개념을 가지고 있으며, 이를 바탕으로 다양한 사용자들이 창작한 콘텐츠들이 하나의 큰 세계관에 속하게 되는 것이다.

〈표 1-5〉 세계관(Canon)의 사례

구분		현상	출처
마블 코믹스의 MCU(마블 시네마틱 유니버스)		다양한 캐릭터와 이야기들이 하나의 큰 세계관	https://g.co/kgs/ZK9xtt
샌드박스(Sandbox)	SANDBOX	다양한 사용자들이 창작한 콘텐츠들이 하나의 큰 세계관에 속하게 되는 것	https://www.sandbox.game/

SM 엔터테인먼트는 독특한 세계관과 아이돌을 접목하여 차별화된 콘텐츠를 제공하며, 이를 바탕으로 만든 SMCU(SM Culture Universe)에서도 실존주의가 언급되고 있다. 특히 2020년에 데뷔한 에스파의 세계관은 '메타버스 세계관'으로 지칭되는데, 이 세계관 영상에서 실존주의 철학자 사르트르의 말이 등장한다. "존재는 본질에 앞선다." 이 세계관 속에서 각 멤버들은 현실의 자아와 각자 SNS 등을 통해 온라인상에 축적한 정보로 구성된 가상 세계 속 또 다른 자아인 아바타 '아이(ae)'를 갖는다. 그리고 현실의 자아와 가상의 자아인 ae가 완전하게 양립하여 만나는 상태를 이상적인 상황으로 설정하고 있다. 즉 "자신의 또 다른 자아인 아바타를 만나 새로운 세계를 경험하게 된다는 세계관"이 묘사되어 있다.

이와 같은 세계관을 제시함에 있어 사르트르의 실존주의가 등장한 이유는 무엇일까?

사르트르는 존재에 있어 크게 두 가지 영역, 자각하지 않고도 그 자체로 존재하는 상태인 '즉자존재(卽自存在, Being-in-itself)'와 타자와의 관계를 통해서만 존재하는 의식의 상태 '대자존재(對自存在, Being-for-itself)'를 제시하였다. 사르트르에 따르면 개인의 자아는 그 어떠한 본질도 담지 않은 속이 빈 무의 상태로 태어나 '실존'하게 되며, 실존적 자유를 타고난 "주체"이기 때문에 스스로 자아를 만들어 가야 하는 숙명을 타고났다는 것이다. 즉, 인간에게는 주어진 본질이 없으므로 살아가면서, 즉 '실존'하면서 자신의 본질을 찾아나가야 한다는 것이다. 주체가 타고난 것은 상상력을 토대로 확보한 실존적이고 무한한 자유로움뿐, 자아를 규정하고 발전시킬 수 있는 가능성을 확보할 수 있는 것은 오로지 주체 자신의 행동에만 달려있는 것이다.

이러한 즉자, 대자의 상태는 현대 미디어를 통해 끊임없이 유도되고 있다. 즉, 다양한 온라인 미디어 세상 속에서 다양한 자아를 만들어내고 자아 간의 관계를 구성하며 새로운 세계를 창조해낸다. 이와 같이 가상과 현실 사이를 자유롭게 오가며 더 많은 실존의 가능성을 포괄하고 무한히 확장해 나가는 것이다.

메타버스에서 주체성과 자유는 두 가지 의미를 지니고 있다. 첫 번째는 메타버스 세계관 내에서 아바타의 자유이다. 이는 게더타운을 통해 혼자 있는 공간, 미팅하는 공간, 협업하는 공간을 선택할 수 있으며, 다양한 경험을 제공하며 같이 게임을 즐길 수 있고, 감정 표현과 사진 찍기 등 다양한 인터랙션 기능을 제공한다. 이로 인해 메타버스에서는 더 많은 경험을 제공할 수 있게 되었다.

두 번째로는 메타버스에서 사용자로서 창조의 자유를 가진다는 것이다. 사용자들은 게임을 창조하고 공간과 아이템을 만들어 다른 사용자들이 새로운 경험을 할 수 있게 한다. 이는 메타버스의 자유와 주체성을 제공하며, 실존주의와 관련이 있다. 예를 들어, 로블록스, 마인크래프트, 제페토 스튜디오 등에서 사용자들은 메타버스를 무한히 확장시킬 수 있다.

메타버스 플랫폼 '본디(Bondee)'는 온라인 공간에서 아바타를 통해 자신의 정체성을 표현하는데, 이 아바타는 실제 입는 옷과 비슷한 양복을 입고 있다. 사용자들은 아침에 일어나면 '업무 중' 상태로, 저녁 6시면 '퇴근 중'으로 아바타를 변경하며, 친구들과 메시지나 그림을 통해 일상을 공유할 수 있다. 또한, 쉴 때는 파도 소리와 풍경을 연출해 휴식을 취하기도 한다. '본디'는 얼굴을 모르는 사람들과 교류하는 소셜 앱으로, 과거 싸이월드와 같이 아바타와 방을 꾸미고 친구들과 대화할 수 있다. 하지만, 친구 수는 50명으로 제한되어 있으며, 이른바 '찐친' 앱으로 통한다. 최근에는 이러한 메타버스 앱으로 옮겨오는 사람이 늘고 있다. 인맥 다이어트에 빠진 MZ세대들의 미니멀리즘(minimalism·간결화) 현상이라고 한다. 본디 열풍은 일종의 '디지털 디톡스' 현상이다. 애플 앱스토어 기준 2주간 국내 무료 앱 마켓에서 1위를 차지했으며, 구글 앱에서만 누적 다운로드 수 500만을 넘겼다.

메타버스 공간에서 이른바 '플로팅'(floating) 기능을 이용해 아바타가 마치 바다 위를 떠다니는 듯한 모습	아바타가 거주하는 방	'설레요' 상태의 아바타.

출처: https://bondee.net/main

[그림 1-4] 본디(Bondee)

이처럼 메타버스는 아바타를 이용한 자유로운 활동과 사용자가 창조하는 자유로움을 제공하며, 이는 실존주의와 연관된 철학이다. 메타버스는 기존 인터넷과는 다른 새로운 경험과 자유를 제공하며, 미래 세대에게 더욱 중요해질 것으로 예상된다.

☞ **무엇인가요?**

본디-싱가포르 스타트업 메타드림이 만든 싸이월드부터 제페토까지 SNS 모두 담은 메타버스 소셜 앱. 친구 숫자가 제한됐을 뿐만 아니라, 사용자를 검색하는 기능도 없어 현실 속 친구들에게 일일이 초대장을 보내 친구를 맺는 경우가 대다수다.

마치 1인 가구가 사는 원룸처럼 아바타가 거주하는 방 크기도 현실 기준 약 3~4평 정도로 가구 서너 점 넣고, 사진을 담은 액자를 벽에 걸면 방이 꽉 찬다.

2. 강력한 콘텐츠 몰입 경험 – 몰입이론(Flow Theory)

메타버스는 현실을 초월한 공간으로, AI와 다양한 기술들이 결합하여 새로운 가치를 창출하고 있다. 메타버스 플랫폼에서의 몰입은 단순히 사전적인 의미로만 정의되지 않고, 칙센트미하이의 몰입이론에서처럼 개인들이 공통적인 경험과 느낌을 공유하는 것을 의미한다. 메타버스는 생존보다 여가와 정신을 중요시하는 현대사회에서 가상세계에 접속하여 소비자 간의 교류와 상호작용을 꾀하고 제2의 인생을 살 수 있는 공간으로, 몰입이론과 밀접한 관련성을 보인다.

몰입(Flow)은 칙센트미하이(Mihaly Csikszentmihalyi, 1934-2021)가 처음 제시한 용어로 무아지경과 같은 초집중, 초몰입의 플로우 이론에서는 몰입 경험의 특징으로 9가지를 나누어 설명하고 있다. 이에 따르면 명확한 목표, 빠른 피드백, 도전과 능력과의 균형 등이 몰입이 잘 이루어질 수 있는 상황 조건이며, 통제할 수 있는 느낌, 자의식의 상실 등은 몰입이 이루어질 때 일어나는 심리적 특성이라고 할 수 있다.

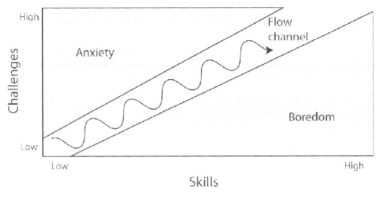

[그림 1-5] 칙센트미하이의 몰입이론

요약하자면, Flow는 적절한 도전 과제와 자신의 능력 수준이 일치할 때 발생하는 초집중 상태를 의미하는 용어이다. 이러한 몰입은 게임에서도 중요하게 다루어지며, 디지털 교육, 스마트 헬스케어, 재활 등에서도 활용되어 사용자의 집중도를 높이고 콘텐츠의 효과를 높이는 용도로 사용된다.

3. 메타버스 속 교육 효과의 극대화
- 경험의 원추(Cone of Experience)

최근 메타버스 플랫폼을 기술적으로 교육 분야에 적용하기 위한 다양한 연구들에서 메타버스의 교육적 활용에 대한 이론적 근거를 '경험의 원추 이론'에서 찾고 있다.

에드가 데일(Edgar Dale)이 개발한 '경험의 원추(Cone of Experience)' 모형은 경험을 행동, 관찰, 상징으로 나누어 설명한다. 이 모형은 실제 경험에서 시작하여 매체를 통해 전달되는 상태의 관찰과 마지막으로 상태를 표현하는 상징 체계의 관찰로 이동할 수 있다.

〈표 1-6〉 경험의 3단계

행동 단계	데일의 경험의 원추모형의 가장 아랫부분에 속하는 부분으로서 직접행동(직접적 경험, 고안된 경험, 연극 활동을 통해 극화된 경험, 시범, 현장 방문, 전람회와 같은)을 통한 구체성이 높은 상징을 포함하는 단계
관찰 단계	중간 부분에 해당하는 단계로 영화, 녹음, 사진, 라디오 같은 간접경험을 통해 학습이 이루어지는 단계
상징 단계	원추모형에서 가장 높은 단계. 상징 단계로 갈수록 매체의 수는 적어지지만, 매체 수가 적음에도 전달할 수 있는 지식의 양은 행동 단계에 포함되는 매체들이 전달할 수 있는 지식의 양보다 많음

데일의 경험의 원추 이론에 따르면, 학습자는 행동-관찰-상징의 단계를 거쳐 어려운 내용도 이해할 수 있다. 학습 경험은 하부에서 상부로 올라갈수록 추상적이 되며, 더 많은 정보를 짧은 시간에 얻을 수 있다. 직접 경험이 가장 효과적이고, 언어적이거나 상징적인 방법은 가장 효과가 적다. 창조적 경험은 인격적인 변화를 가져오는 필수 요소이며, 이는 현장 경험이 아니더라도 자신의 느낌이나 견해 등을 공유함으로써 지식의 경지에 도달할 수 있다.

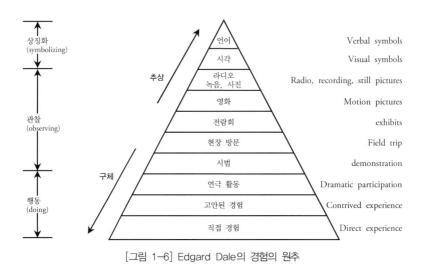

[그림 1-6] Edgard Dale의 경험의 원추

Edgar Dale(1969)은 '경험의 원추 이론'을 검증하기 위해, 읽기, 듣기, 보기, 보고 듣기, 말하기, 말하고 행동하기와 같이 단계별 경험을 통해 학습을 진행하고, 2주 후에 학습한 내용을 얼마나 잘 기억하고 있는지 실험을 진행했다. 구체적 경험의 정도에 따른 기억효과를 구분하였다.

메타버스를 활용한 교육은 학습자들의 상호작용을 최대화할 수 있으며, 학습자들이 주도적이고 능동적으로 학습에 참여할 수 있도록 유연한 학습 환경을 제공한다. 메타버스에서는 학습자들이 아바타를 통해 상호작용을 수행하며, 교수자와 학습자 모두가 아바타로 참여하여 역동적인 상호작용이 가능하다. 이를 통해 학습자들은 자신에게 맞는 학습 환경을 조성하고, 언제 어디서나 학습에 참여할 수 있으므로 학습에 대한 책임감을 높이게 된다. 이러한 장점들을 통해 메타버스는 학습자 중심 교육을 실현할 수 있는 유망한 교육 방법 중 하나이다.

4. 공감의 언어 비언어 소통 전략
- '메라비언의 법칙'(The Law of Mehrabian)

'메라비언의 법칙'(The Law of Mehrabian)은 대화하는 사람들을 관찰해 상대방에 대한 호감을 느끼는 순간을 분석하여 누군가와 첫 대면을 했을 때 그 사람에 대한 인상을 결정하는 요소를 밝힌 커뮤니케이션 이론이다.

메라비언 법칙은 대인 커뮤니케이션에서 말(언어), 목소리(청각), 태도(시각) 3가지 구성요소가 중요하며, 말의 내용은 상대방에게 전달되는 정보의 단지 7%에 불과하고 목소리와 태도가 더 큰 영향을 미친다는 이론이다. VR에서는 표정과 제스처 등이 반영되어 더 많은 양의 정보를 입력할 수 있으며, 메라비언 법칙에 따라 시각 요소를 바탕으로 하는 VR에서의 소통은 현재보다 훨씬 풍성한 경험을 제공할 수 있다. 이를 활용한 게임인 '포커 스타 VR'에서는 다양하고 수준 높은 경험이 가능하며, 이는 메타버스의 완성도를 더 높일 수 있다는 것이다.

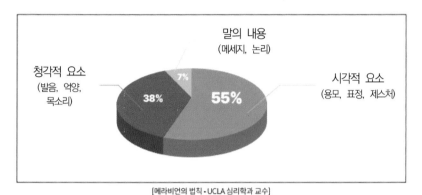

[메라비언의 법칙 - UCLA 심리학과 교수]

출처: "Silent Messages". Albert Mehrabian. 1971.

[그림 1-7] Edgard Dale의 경험의 원추

가상현실은 컴퓨터가 현실과 같은 세계를 시각적으로 창조하고 센서를 이용해 인체의 신체 정보를 입출력하고 자연스러운 제어가 가능한 기술이며, 가상세계는 온라인 교류를 통해 여러 사용자가 접속하는 대화형 가상의 환경을 의미한다. 가상세계는 모든 환경이 컴퓨터그래픽을 통해 가상으로 시뮬레이션 되며 모든 정보와 상호작용이 가상세계 안에서 이루어지는 것이 특징이다.

<참고문헌>

김진열, 최정애, 최은지(2022). 新문화 컨텐츠 메타버스의 현황 분석 및 전망: 국내·외 주요 사례를 중심으로. 문화산업연구. 제22권 제1호.

송원철, 정한나, 정동훈(2022). 대화 공간의 크기와 대화 주제가 메타버스 경험에 주는 영향. Journal of Korea Game Society. 22(1).

유홍식(2022). 메타버스의 특성 탐색과 유형의 재범주화, 커뮤니케이션학 연구에의 적용 가능성 탐색. 커뮤니케이션 이론. 18권 4호.

이상협, 박상욱, 김범주(2021) 메타버스 비즈니스 승자의 법칙. 더 퀘스트.

임혜진, 양정아(2021). 대학의 온라인 수업에서 사회적 성취목표 지향성과 사회적 실재감이 학습몰입, 학습만족도, 학업성취도에 미치는 영향. 학습자중심교과교육연구 제21권 23호.

장운초, 박상현(2022). 메타버스 활용 콘텐츠의 몰입경험과 가치에 관한 연구. 커뮤니케이션디자인학연구. vol. 81.

홍종열(2022). 상호문화능력으로서의 비언어적 행위의 중요성에 대한 고찰: 문화지능 이론을 중심으로. 글로벌문화콘텐츠 제52호.

황인호 김진수 이일한(2022). 메타버스 실재감이 사용자의 이용 동기를 통해 지속적 이용의도에 미치는 영향: 규범적 대인 민감성의 조절 효과. 벤처창업연구. 제17권 제3호.

Albert Mehrabian(1971). Silent Messages. Wadsworth Publishing Company. Inc. Balmont, California.

Fabio Calefato, Filippo Lanubile. 2010. Communication Media Selection for Remote Interaction of Ad Hoc Groups. Advances in Computers. Vol 78.

우탁, 전석희, 강형엽 (2022). 메타버스의 미래, 초실감 기술. 경희대 출판문화원.

Academic Technology Services. Minesota State University, https://cornerstone.lib.mnsu.edu/

Forbes, "Defining The Metaverse Today" (2021.5.2.) https://www.forbes.com/sites/cathyhackl/2021/05/02/defining-the-metaverse-today/?sh=2388d7056448

삼일 PwC경영연구원(2023). 5대 테마로 본 CS2023, PwC Korea Insight Flash

제2장

메타버스 공간
(spatial)

메타버스 공간의 등장 배경은 무엇인가를

메타버스 공간의 특징으로 고찰하고

메타버스 공간을 원근법에서 디지털 레이어, 전방위적 시각,

메타버스 공간으로 이어지는 발달사를 찾아 분석한다.

관련 이론으로

프레즌스, 미디어 풍요도, 공간 어포던스, 디지털 테라포밍을 적용하여

미디어 공간에서의 공간표현

사례를 분석하고

미디어에 등장한 모습에서

메타버스의 미래가 될 메타커머스까지 탐색한다.

"디지털 세계와 물리적 세계가 결합해 메타버스라는 완전한 새로운 플랫폼 계층을 만들고 현실 세계에 컴퓨팅을 품게 하고 컴퓨터에 현실 세계를 품게 함으로써 모든 디지털 공간에 실제(real presence)를 갖다 놓게 하고 있다."

– MS CEO 사티아 나델라

Ⅰ. 메타버스 공간이 다가오다

1. 공간에 변화가 일어나다

1) 원근법이 가져온 공간의 변화

공간은 변화해 왔다. 고대 문화에서는 공간의 개념이 오늘날과는 다르게 이해되었다. 고대인들은 삼각형의 각도를 계산하여 거리나 길이를 측정하는 기술을 사용했다. 고대인들은 천체의 움직임을 기준으로 피라미드나 신전과 같은 건축물을 계획하였다. 그리스의 파르테논 신전의 기둥들은 완벽한 각도와 비례, 대칭 등을 잘 조합하였다. 이집트 그림들은 벽에 밀착된 것처럼 평면으로 원근감이 표현되지 않았다. 로마인은 사각형 블록으로 나누고 건물을 건설하여 체계적으로 조직하는 도시계획이 있었다. 건물의 크기와 모양은 고대 시대에 사회적 계급, 정치적 권력, 사회적 관습을 반영하는 중요한 역할을 했다.

구분	이집트 그림	QR코드
평면		https://namu.wiki/w/%EC%9D%B4%EC%A7%91%ED%8A%B8%20%EB%AF%B8%EC%88%A0
구분	그리스 파르테논 신전	출처
각도와 비례		저자 제공: 그리스 파르테논 신전(2018)

[그림 2-1] 고대사회의 공간표현

공간과 방향이 거리보다 더 중요한 역할을 하였고, 예술과 문화적 상호작용에도 영향을 미쳤다. 건축물과 도시계획은 사회의 권력과 영향력을 상징하는 중요한 요소였으며, 이를 결정하는 방식은 그 시대의 문화와 정치적 상황을 반영하였다.

르네상스 건축의 창시자 브루넬레스키(Filippo Brunelleschi, 1377~1446)[1]와 "회화는 현실의 원근법적 해석"이라는 명제로 유명한 '회화론'의 저자 레온 바티스트 알베르티(Leon Battista Alberti, 1404~1472)[2]는

---

1) 브루넬레스키(Filippo Brunelleschi)는 이탈리아 르네조 출신의 건축가, 조각가, 화가이며, 르네상스 시대 초기에 활동했다. 대표적인 작품으로는 이탈리아 피렌체의 대성당 쿠플라(돔) 건축과, 피렌체의 산타 마리아 노벨라 교회의 건축 등이 있다. 신뢰성과 안정성, 비례와 대칭성 등이 작품의 특징이며, 르네상스 시대 이후 유럽 건축에 큰 영향을 미쳤다.

2) 레오나르도 바티스타 알베르티(Leon Battista Alberti)는 15세기 이탈리아의 인문학자, 건축가, 작가, 예술가 등으로 다방면에 걸쳐 활동했다. 대표작은 피오 교회, 산 안드레아 교회, 미치예리 궁전 등이 있으며, "건축서" 등의 저작을 통해 건축과 도시계획에 대한 이론과 지식을 널리 알리는 데 기여하였다. "De pictura"라는 저작에서 원근법을 설명하였으며, 입체감과 깊이

르네상스 건축과 회화에서 원근법을 발견하고 이를 통해 인간이 세상을 보는 방식을 혁신적으로 변화시켰다. 이전에는 3인칭 시점에서 대상을 바라보는 것이 일반적이었지만, 이들은 화가 1인칭의 시점을 도입하여 공간과 시간을 기하학화하고 자신의 독자적인 관점을 가지게 되었다. 장 보드리야르(Jean Baudrillard)[3]는 도시와 공간이 권력과 지식에 의해 만들어지며, 정치적 의미를 가진다는 이론을 주장했다. 그는 브루넬리스키의 원근법과 디즈니랜드의 효과에 대해 비판하며, 디즈니랜드의 가상공간이 실재적인 공간으로 느껴지게 되어 오히려 도시의 공간도 가상화된다는 것을 지적한다. 디즈니랜드는 상상의 공간으로 여겨지지만, 나가면서 다시 실제 공간에 나온다는 것이 역설적인 점이다.

원근법은 물체를 평면상에 투영하여 입체적으로 그리는 방법이며, 가상공간은 원근법과 같이 현실 세계의 공간을 두 차원적으로 표현함으로써 우리가 공간을 인식하는 방식을 변화시키는 역할을 한다. 이러한 가상공간은 디즈니랜드와 같이 실재의 공간과 구분이 안 될 정도로 현실적으로 구현된 공간은 우리가 현실 세계를 인식하는 방식을 변화시키는 데 중요한 역할을 한다.

마사치오(Masaccio, 1401~1428)[4]는 '성 삼위일체'에서 이전의 예술작품들에서 사용되던 평면적인 표현 기법에서 벗어나, 공간의 깊이를 표현하는 기법인 원근법(perspective)을 표현했다. 이는 브루넬레스키의 수

를 강조하는 회화 기법을 발전시켰다. 이후 르네상스 회화의 발전과 고대 이탈리아 건축의 복원에 큰 역할을 하였다.

3) 장 보드리야르(Jean Baudrillard)는 20세기 프랑스의 사회학자로, 도시와 공간이 권력과 지식에 의해 만들어지고 정치적인 의미를 가진다는 것을 주장하는 이론가이다. 이를 ≪공간의 생산≫이라는 저서를 통해 발표하였다.

4) 마사치오(Masaccio)는 이탈리아 르네상스 시대 초기의 피렌체 회화파(Florentine School)의 대표적인 화가이며, 조각적인 입체감과 실제감을 표현한 조형적인 인체 표현, 선명한 조명법, 고요하면서도 균형감 있는 구도 등이 화풍의 특징이다. 작품은 피렌체 산타 마리아 노벨라 교회에 있는 벽화 "삼위일체", 브란카치 교회에 있는 "세례장", 산타 마리아 델 카르미네 교회에 있는 "세례의 예수" 등이 있다. "삼위일체"는 선명한 원근법과 입체적인 조형으로 이후 르네상스 회화에서 원근법의 발전에 큰 역할을 하였다.

학적, 과학적 방법론의 원근법이 적극적으로 실험된 최초의 본격적인 회화작품으로 알려져 있다.

원근법	마사치오(1425~1428) "성 삼위일체" 산타 마리아 성당, 피렌체	QR코드

[그림 2-2] 원근법

당시 원근법은 단순히 이미지를 구성하는 방식이 아니라 세계를 바라보는 방식을 변화시키는 역할을 했다. 원근법의 등장으로 인해 그림의 깊이와 입체감이 생겨났고, 공간표현의 혁신으로 이어졌다. 평면적인 표현에서 입체적인 표현으로의 변화가 일어나면서 생동적인 공간으로 확장되었다. 시각 예술을 통해 현실 세계를 보다 정확하게 그릴 수 있게 되었고, 사람들은 현실 세계를 더욱 정확하게 인식하게 되었다.

브루넬리스키의 원근법은 기하학적인 원칙을 바탕으로 하여 근대적인 공간의 패러다임을 형성하는 중요한 역할을 하였다. 이러한 공간의 개념은 데이비드 하비(David Harvey)[5]의 '시공간적 압축' 개념을 통해 도시 공간에서 실현되었으며, 르 꼬르뷰지(Le Corbusier)[6]는 "공간은 인간의

---

5) 데이비드 하비(David Harvey)는 영국 출신의 지리학자, 사회학자, 사상가로서 "공간적 회복"이라는 개념을 주창하였다. 미국의 뉴욕, 영국의 런던 등 다양한 도시에서 도시 재생 및 개발 프로젝트를 진행하였다.

6) 르 꼬르뷰지(Le Corbusier)는 20세기 건축사 및 건축가로서, 스위스 출신의 프랑스인이다. 모더니즘 건축 운동을 대표한다. 기능성과 간결함, 산업성, 그리고 현대적인 기술을 바탕으로 한 건축언어를 개척하였다. 프랑스 마르세유에 위치한 빌라 라빌군(Villa Savoye), 브라질 상파

존재를 결정한다"라며, 공간과 인간의 관계를 중요하게 생각했다. 이에 기능성과 쾌적성을 강조하는 동시에, 비례와 조화감을 중시하여 건축물과 그 안의 공간을 조성하는 등 건축에서의 공간을 재구성하였다. 퍼스[7]의 공간과 도상 지표 심볼 간의 관계를 이해하는 데 중요한 개념으로 "존재하는 개체의 위치"라는 개념을 제시하였다. 알도 로시(Aldo Rossi, 1931~1997)[8]는 건축에서 공간의 의미를 새롭게 이해하고자 했다. 건축물이 단순한 기능적 요소뿐 아니라, 인간의 정서와 문화적 의미를 반영하고 표현할 수 있다고 주장했다. 퍼스가 제시한 "지표(index)"란 어떤 대상과 그 대상과의 관계를 나타내는 것인데, 로시는 건축물이 단순한 기능적 요소뿐 아니라, 문화적인 의미와 인간의 기억과 연관되어 있다는 것을 강조함으로써, 건축물이 지닌 지표적 요소를 강조하고 있다. 램 쿨하스(LRem Koolhaas)[9]는 들뢰즈(Gabriel Deleuze)[10]가 주장했던 "공간의 차이"라는 개념, 즉 공간이 절대적이지 않고 상대적이라는 의미를 적용하여 공간은 다양한 차이 요인들과 관계 속에서 의미를 가진다고 하였다. 또한, 데리다(Jacques Derrida, 1930~2004)[11]의 '공간화' 개념을 제시하

울루에 위치한 에두아르도 레이온 하우스(Edifício Eiffel), 인도 아흐메다바드에 위치한 Mill Owner's Association Building 등이 대표작이다.

7) 찰스 샌더스 퍼스(Charles Sanders Peirce)는 미국의 철학자이며, 기호학의 창시자 중 한 사람으로 도상 지표 심볼이란 개념을 제시했다. 이는 어떤 대상을 나타내는 것이 아니라, 대상과 대상과의 관계를 나타내는 것이다.

8) 알도 로시(Aldo Rossi)는 이탈리아의 건축가이며, 건축은 공간과 시간의 연속체로서 사람들과 상호작용해야 한다고 강조했다. 대표작으로는 이탈리아 밀라노의 "칠드런 뮤지엄"(Museo dei Bambini)과 "삶의 트리오."(The Triennale of Milan) 등이 있다.

9) 램 쿨하스(LRem Koolhaas)는 네덜란드 출신의 건축가이며, 미국 뉴욕에 위치한 OMA(Office for Metropolitan Architecture)의 창립자 중 한 명으로 현대적인 건축언어는 공간과 시간, 문화적인 측면이 고려되어야 한다고 주장했다. "도시의 상황(City of the Captive Globe)", "브라우네 노트(Berlage Institute Report)" 등의 저서도 있다. 시애틀 공공 도서관(Seattle Central Library), 여의도 국제금융센터(Parc1 Tower), 카타르 국립박물관(Qatar National Museum), CCTV 본사(China Central Television Headquarters) 등이 있고, 건축물의 형태와 공간에 대한 관념을 재정의하였다.

10) 가브리엘 들뢰즈(Gabriel Deleuze)는 프랑스의 철학자로, 미술 작품과 건축물의 공간적 경험을 재정의하고, 미술 작품과 건축물의 관계를 새롭게 생각하게 만들었다.

11) 자크 데리다(Jacques Derrida)는 프랑스의 철학자이며, 현대 구조주의와 탈구조주의를 대표하

면서 어떤 대상이나 개념이 공간에 위치해 있지 않더라도, 그 대상이나 개념이 그 공간에 영향을 미치고, 그 공간에 의해 형성된다고 하였다. 베르나르 추미(Bernard Tschumi)[12]는 이를 건축에 적용하여 근대적 공간과는 다른, 건축물 내부나 외부에서 발생하는 모든 움직임, 활동, 소리, 빛 등을 의미하는 이벤트와 건축물의 사용 목적인 프로그램이라는 공간의 개념을 주장하였다. 마르크 오제(Marc Augé)[13]는 전통적인 '장소(place)'와는 다르게 기능적인 목적으로 만들어진 공간을 '비-장소(non-lieux)'로 분류하였다. 그가 만든 작품 중 하나인 "스파이럴 장소(Spiral Jetty)"는 유타주 솔트레이크에 위치한 인공 구조물로, 비-장소적인 개념을 활용하여 만든 작품으로 일반적인 공간적인 개념을 깨뜨리고 새로운 시각적 경험을 제공한다.

이렇듯 르네상스 회화의 원근법은 공간에 대한 끊임없는 해석들을 진행시켜 왔으며, 새로운 공간 개념이 시도되었다. 회화에 있어서도 원근법과 공간이 표현되었다.

폴 세잔(Paul Cézanne, 1839~1906)[14]은 선 원근법의 원리에 의문을 제기하며, 인간의 시각 원리와 맞지 않는다고 주장했다. 시야가 평면이 아닌 원호를 그리며 이를 기반으로 전통적인 선 원근법을 벗어나 시각적인

는 인물이다. '공간화'라는 개념을 제시하면서 공간과 그 공간에 위치한 대상이나 개념 간의 관계에 초점을 두었다.

12) 베르나르 추미(Bernard Tschumi)는 스위스 출신의 건축가이며, 런던에서 건축 연구소인 AA (Architectural Association)에서 강의를 하면서 건축 분야에서 큰 영향력을 끼치게 되었다. 대표작은 프랑스 파리의 파르크 라 빌레트 광장에 위치한 "파르크 라 빌레트 파빌리온" 등이 있다.

13) 마르크 오제(Marc Augé)는 프랑스의 인류학자이며, 현대 도시와 공간, 문화와 정체성, 관광 등의 분야에서 활동하고 있다. "비-장소(Non-Places: Introduction to an Anthropology of Supermodernity)"라는 책에서 현대 도시에서 발생하는 공학적, 기능적 목적으로 만들어진 공간들을 '바장소'로 분류하고, 이들이 개인의 아이덴티티 형성에 미치는 영향에 대해 탐구했다.

14) 폴 세잔(Paul Cézanne, 1839~1906)은 프랑스의 화가로, 선 원근법에 의문을 갖고, 시각적인 관점을 새롭게 바라보는 작품을 남겼다. 대표적인 작품으로는 '산테 비크토와 팔레즈의 산', '그림자를 머금은 바나나 나무' 등이 있는데, 선 원근법 이외의 시각을 표현하고 있다.

패러다임을 바꾸는 계기가 되었다. 그의 작품에서는 한 평면 안에서 여러 시각을 동시에 보여주는 것이나, 건물이나 산 등의 대상을 구성하는 도형을 분해하여 보여주는 것 등이 특징적이다. 그의 작품은 피카소(Pablo Picasso, 1881~1973)[15]와 입체주의, 말레비치(Malevich, 1878~1935)[16]의 추상과 절대주의 등 현대미술의 발전을 이끌었다.

〈표 2-1〉 원근법과 공간의 표현

구분		작가	표현내용
건축	중세	브루넬레스키	▸ 기하학적인 원칙을 바탕으로 하여 근대적인 공간의 패러다임을 형성 ▸ 수학적, 과학적 방법론의 원근법
		알베르티	▸ 회화는 현실의 원근법적 해석
		마사치오	▸ "성 삼위일체" 작품으로 선명한 원근법과 입체적인 조형 구축
	근현대	데이비드 하비	▸ '시공간적 압축' 개념을 통해 도시 공간에서 실현
		알도 로시	▸ 건축 공간은 정서와 문화적 의미를 반영
		램 쿨하스	▸ 공간은 다양한 차이 요인들과 관계 속에서 의미 생성
		르 꼬르뷔지	▸ 공간은 인간의 존재를 결정
		베르나르 추미	▸ 건축물 내부나 외부에서 발생하는 모든 움직임, 활동, 소리, 빛 등을 의미하는 이벤트와 건축물의 사용 목적인 프로그램이라는 공간의 개념을 주장
		마르크 오제	▸ 목적을 가지고 만들어진 공간을 '비-장소(non-lieux)' 개념 제시
회화		폴 세잔	▸ 선 원근법의 원리를 인간의 시각 원리와 맞지 않는다고 의구심
		피카소	▸ 보이는 세계에서 탈피-입체주의
		몬드리안	▸ 추상주의-인간의 시각에서 시야로
		말레비치	▸ 절대주의-시각의 굴레에서 벗어나도록 재촉
이미지		보드리야르	▸ 실재 없는 이미지가 실재를 대체-원근법의 효과가 낳은 시각의 패러다임

피카소는 하나의 사물이나 인물을 여러 각도에서 동시에 그려서 입체감을 나타냈다. 이는 시공간적인 연속성을 부여하면서 공간의 변화를 표현하

---

15) 피카소(Pablo Picasso, 1881~1973)는 스페인 출신의 화가, 조각가, 디자이너로 주로 공간의 변화를 입체주의로 표현했으며, '아비뇽의 처녀들'은 입체감과 깊이감을 표현한 대표작이다.

16) 말레비치(Kazimir Malevich, 1878~1935)는 러시아의 선구적인 추상화 화가로 독창적인 조형 언어를 개발해, 현실 세계의 표상적인 형태를 추상화하고, 순수한 색채와 기하학적 모양을 중심으로 한 비주얼 언어를 통해 공간과 형태에 대한 새로운 해석을 제시하였다.

는 데에 효과적이었다. 몬드리안의 작품은 형식적이고 추상적이며, 직선과 색채를 단순화된 기하학적 도형으로 구성하고 비대칭적인 균형을 조합하여 공간을 표현한다. 말레비치는 공간을 형태와 색상의 조합으로 표현하는 질적인 개념으로 바라보았으며, 공간의 개념을 새롭게 제시하였다.

이처럼 원근법의 효과가 파생한 시각의 패러다임은 공간과 함께 변화되어 왔다. 보드리야르는 복제된 이미지에 대한 개념을 주장하며, 디지털 이미지의 등장으로 인해 현실과 비현실의 경계가 희석되었고, 실재하지 않은 이미지가 현실을 대체하게 되었다는 것을 강조한다. 그러나 이러한 변화에도 불구하고 현대 회화는 보이는 세계에 집착하지 않는 경향이 있으며, 여전히 우리는 보이는 것을 믿으려 하고, 상상력을 자극하고 만족시키는 환영에 의존한다는 것이 보드리야르의 주장이다. 르네상스 시대에는 인본주의가 화두가 되어 신이 아닌 인간으로의 시선이 강조되었다. 이에 합리적인 사고와 수학, 과학의 발전으로 인해 현실 공간이 논리적 이론으로 정리되고, 이를 배경으로 원근법이 등장하게 되었다. 그러나 원근법은 후기 인상주의, 입체파 등의 등장으로 인해 서서히 와해되었으며, 일점 소실점이라는 한계를 극복한 다시점 구조가 등장하여 공간 개념이 변화하게 되었다. 원근법은 시각적인 패러다임을 확장하는 도구이며, 평면에서도 입체를 구성하는 원근법적 사고 덕분에 수학적 황금비율을 가진 가상의 인간을 실제와 같이 보이게 하여 현실적인 환영을 만들어낸다. 공간은 물리적인 실체나 사물뿐만 아니라, 사물들의 관계나 배치로서 사회적 의미도 가진다. 또한, 공간은 인터페이스로서 내부와 외부 혹은 인간과 세계를 소통시키는 역할도 한다. 이를 원근법으로 해석하면, 공간은 시점이나 관찰 방향에 따라 변화하며, 사물들의 배치와 관계도 함께 변화한다는 것이다.

<표 2-2> 공간의 진화에 따른 특성 비교

움직임	원근법	큐비즘	드론	3차원 공간정보(3D)	디지털 트윈	메타버스
-알타미라벽화 -대영박물관 파르테논 신전의 부조	마사치오 성 삼위일체	다각도 화면	정방위적 시야	현실 세계에 대한 가상화 입체감	현실 세계와 가상 세계 연계	현실 세계와 가상 세계의 융·복합세계
-움직임의 표현	-선 원근법 -원근의 가시화	-입체파 야수파 -앵글과 각도의 조망	항공뷰의 조망	2D 또는 3D 디스플레이 모니터	2D 또는 3D 디스플레이 모니터 시계열 정보 (실시간) 가시화	XR 헤드셋, 글래스·렌즈, 글러브 등 오감의 정보를 전달할 수 있는 디바이스
-동굴벽화 -신전의 부조	종교화	회화	방송영상	GIS 서비스 등 공공 분야	스마트 시티, 팩토리, 팜 등	공공 또는 산업계 분야 게임·엔터테인먼트 등 개인
평면	입체	입체	360도 전방위	일방적 콘텐츠 전달	전달받음 시스템과 상호작용	이용자 간 상호작용
일방향				주기적인 동기화	실시간 단방향 동기화	실시간 양방향 동기화

디지털 미디어가 중심이 되면서 디지털 정보의 무게 없음과 형상 없는 특성이 새로운 공간 재창출을 가능하게 한다. 이에 따라, 사람에 관한 관심을 불러온 원근법의 역할처럼, 디지털이 가져온 공간의 전환에 주목해야 한다.

2) 디지털 레이어가 가져온 탈원근법적 현상

디지털 미디어의 영향으로 공간은 다층 구조를 갖게 되었고, 중심적인 시점이 해체되어 리얼리즘을 달성하기 위해 다양한 방법이 시도되고 있다. 사진과 영상미디어의 등장으로 시각체제는 다중시점으로 변화하였다. 원근법은 르네상스 시대에 등장하여 공간을 바라보는 지배적인 방식으로 자리 잡았고, 이후 근대 시각 체계를 형성했다. 하지만 디지털 미디어 시대에 들어서면서 공간의 연출방식은 다층적 구조를 내포한 수평적 데이터 구성이라는 개념으로 재정의되었다. 이러한 구성적 특성은 보다 효율적이고 합리적인 방식으로 공간의 사실적 재현을 가능하게 만들었다. 공간의 연출방식은 시각 예술 문화에서 하나의 방법론으로 여겨지지만, 이는 세상을 바라보는 인간의 가치관을 반영한다는 의미를 지니므로 디지털 미디어 기반의 공간 연출방식은 변화를 수반하였다.

미셸 푸코(Michel Foucault)[17])는 "감독-통제 사회"에서 인간의 시각체제가 어떻게 조작되는지에 대해 분석했다. 인간은 기계의 눈을 통해 대상을 관찰하게 되고, 인간의 눈도 분산된 지각 방식을 통해 대상을 볼 수 있게 되었다. 미디어가 주는 시각 경험으로 인해 시각 영역이 확장되었고, TV나 영화의 움직이는 이미지는 시퀀스적 시각을 형성하여 시각 예술에 영향을 미치게 되었다.

나아가 디지털 미디어는 기존 시점 변화와 새로운 방식의 공간 재현을 의미한다. 프리드리히 키트러(Friedrich Kittler)[18])는 디지털 매체와 전자기술의 발전이 공간에 대한 모든 정보를 수학적 알고리즘과 디지털 정보로 전환하였다고 했다. 이는 원근법의 근간이 되었던 중심적인 시점을 탈 중심의 다층적 구조로 대체한 것이다.* 디지털 미디어 시대에서는 중심적인 대상들이 한계를 보이고 주변성을 지닌 대상들이 상대적인 권력을 얻어 수평적 사고와 다층 구조적인 인식체계를 반영하게 된다. 주르

---

* 표시는 참고문헌. 이하 동일.

17) 미셸 푸코(Michel Foucault, 1926~1984)는 20세기 프랑스의 철학자로, "감시와 처벌", "지식의 기능", "기록-유지-관찰" 등의 저서가 있다. 영상이론에서는 인간의 시각체제가 어떻게 구축되고 운용되는지, 감독-통제 사회에서 인간의 시선과 권력이 어떻게 상호작용하는지, 그리고 카메라와 사진 등의 미디어가 인간의 시각체제에 미치는 영향에 대해 분석하였다.

18) 프리드리히 키트러(Friedrich Kittler, 1943~2011)는 독일의 미디어 이론가이며, '통신이론', '미디어 아르케올로지', '기술주의', '기술사', '전자 미디어 이론' 등이 있다. 매체의 기술적 특성과 문화적 의미에 관해 연구하였으며, 디지털 매체와 전자기술의 발전이 미디어와 인간에게 미치는 영향을 중심으로 다양한 이론을 제시하였다. 대표작으로는 'Gramophone, Film, Typewriter'와 'Discourse Networks 1800/1900' 등이 있다(유현주, 2018 재인용).

겐 하버마스(Jürgen Habermas, 2006)[19]*는 디지털 미디어가 실제 생활 세계에 대한 접근성을 증가시키고, 의사소통의 속도와 범위를 확장시키며, 다양한 문화와 시각을 서로 공유할 수 있는 새로운 가능성을 제공한다고 주장했다.

공간은 일반적으로 상하, 전후, 좌우 3축으로 이루어진 빈 공간으로 정의되며, 시간과 함께 여러 학문과 예술 분야에서 중요한 개념이다. 이러한 3차원 공간을 평면에 재현하기 위해 회화의 탄생 이후 많은 화가들이 다양한 화법을 실험했다. 2차원 공간과 3차원 공간은 서로 다른 속성을 가지므로, 3차원 공간을 2차원 평면에 그리는 방식은 이질감이나 문제점이 발생할 수 있다. 구조 조형물을 만들어 실제 부피감을 가지고 있는 3차원 공간감을 재현하는 방식은 이러한 문제점이 없다. 따라서 공간과 평면 중 어디에 비중을 둘 것인지에 따라 시각 공간의 성질이 변화되어 왔다. 원근법이 공간감을 나타내는 방법으로서 눈으로부터 멀어질수록 크기가 작아지고 선과 면은 무한히 먼 하나의 소실점으로 수렴되어 사라지는 것을 기반으로 한다. 또한, 원근법은 기하학적 공간을 수학적 연산을 통해 현실화하는 것이며, 광학의 기초는 고대 그리스의 유클리드에 의해 성립되었다. 디지털 미디어는 대상의 디지털화로 인해 물질적 형태를 띠지 않는 정보를 저장하고, 이진법으로 표현된 정보는 무게 없음과 형상 없는 형식적 특성을 내어 비물질적으로 공간을 재창출할 수 있다. 이러한 특성으로 인해 디지털 미디어는 다중시점체제와 시퀀스적 시각 등을 통해 공간의 해체와 다층 구조를 형성하게 된다.

디지털 미디어에 의해 재현된 공간은 기존 원근법의 한계를 넘어선 다층 구조적인 탈원근법적 공간으로, 비선형적이고 유연한 구조를 갖는다.

---

19) 주르겐 하버마스(Jürgen Habermas, 1926~). 20세기 독일의 철학자로 현대성과 의사소통을 연구했는데, 디지털 미디어가 실제 생활 세계(life world)와 체계(system) 간의 상호작용에 어떤 영향을 미치는지 탐구하였다.

공간이 인간의 삶에 중요한 역할을 하고, 역사와 환경의 변화에 따라 우리의 공간 인식도 변화해 왔다. 또한, 과학 기술의 발전과 미디어의 출현으로 인해 시각패러다임이 변화하면서 우리의 공간 인식도 변화하고 있다. 정규형(2014)*은 디지털 미디어로 재현한 공간은 깊이감(Depth Pass)을 통해 실제 대상을 자의적으로 분절하고 다층적으로 분해한다는 것이다. 객체 데이터와 깊이감 데이터를 레이어에 저장한 후 필요에 따라 적용하여 공간을 재구성하는 것이다. 이 과정에서 알고리즘은 기존의 원근법적 사상과 표현방식을 그대로 존재하면서, 원근법을 부정하는 개념도 함께 혼재하고 있다.

이동은, 손창민(2017)*은 3D 입체영상에서 Z축이 등장하면, 이야기의 공간을 다양하게 재편성할 수 있다고 한다. 이로 인해 관객은 시선을 앞뿐만 아니라 상하, 좌우, 앞뒤 등 여섯 개의 방향으로 확장할 수 있다. 또한, 이미지 사이에 관객을 위치시킴으로써 관객은 수동적인 존재에서 적극적이고 상호작용적, 체험적 주체로 변화하게 된다. 따라서 우리를 둘러싸고 있는 공간은 변모하게 되는 것이다.

원근법은 일관된 시각 논리에 근거하여 2차원 평면에서 3차원 공간을 창출하며, 이에 대한 일점 소실점은 공간구조의 기준이 되었다. 원근법의 등장으로 회화의 3차원 공간과 2차원 평면 이원화 현상이 일어났으며, 이에 대한 대안으로 다시점 구조가 등장하였다. 이후 모더니즘 시대에는 2차원 평면과 3차원 공간이 양자택일적 관계로 이원화되어 평면성이 강조되었다.

포스트모더니즘 시대에 이원화된 공간성과 원근법에 대한 재해석, 그리고 디지털 공간의 특징들이 표현되었다.

호크니, 에임스, 에셔의 작품에서 나타나는 공간성은 현실 세계에서의 공간을 재현하거나 표현하는 것이 아니라, 각 화가가 개인적으로 해석한 공간을 시각적으로 표현하고 있다. 이러한 공간성은 현실과는 다른, 독특한 미적 경험을 제공하며, 디지털 공간과 연결될 수 있다. 호크니(David Hockney)[20]는 다양한 시점으로 공간과 사물의 형상을 재조합하면서 수직, 수평성을 동시에 배치시킨다. 이러한 공간은 디지털 공간에서도 구현이 가능하며, 가상 현실(VR) 기술에서도 적극적으로 활용된다. 에임스(James Ames)[21]는 공간의 상대성이라는 개념을 활용하여 원근법의 논리를 들어내고, 허구성을 드러내는 작품을 표현했다. VR 기술에서는 실제 공간의 원근법을 들어내고, 가상의 공간을 제공하여 이용자들이 허구적인 공간을 경험할 수 있게 한다. 에셔[22]의 작품에는 사실적인 공간 자체가 변형된 불가능한 공간이 나타난다. 에셔의 작품은 디지털 예술에서도 큰 영향을 끼치며, 메타버스에서도 에셔와 같은 불가능한 공간을 구현하는 작업이 진행되고 있다. 이러한 작업에서는 공간 어포던스가 매우 중요한 역할을 하며, 이용자와의 상호작용을 통해 공간이 발전해 나가는 것이 중요하다. 원근법이 내재된, 이율배반에 의한 순환구조의 형태와 의미는 공간을 다층화시킨다. 이러한 특징이 디지털에서 나타나는 공간성과 연결된다. 이러한 작가들의 공간표현 방법은 디지털 공간과 매우 유사하며, 가상 세계인 메타버스에서는 현실과 상상의 경계를 넘나드는 공간을 만들어낸다. 디지털 레이어(Digital layer)란, 사진이나 도면 등을 디지털화하여 데이터화한 후, 컴퓨터 소프트웨어를 사용하여 가공, 편집,

---

20) 호크니(David Hockney)는 영국 출신의 화가, 작가, 디자이너로 수영장 시리즈(Swimming Pool series)가 유명하다. 이 작품에서는 수직, 수평성을 동시에 배치시켜 공간을 다층화하고, 동시에 여러 시점에서의 모습을 조합하여 시각적인 효과를 극대화한다.

21) 에임스(James Ames)는 미국의 예술가로, Op Art(광학 미술)를 통해 특이한 공간표현 기법을 통해 눈에 보이는 현실과는 다른 시각적 경험을 제공하는 작품을 만들어냈다. 그의 대표작 중 하나인 "Impossible Constructions" 시리즈는 입체적인 구조물이 2차원 평면상에 자연스럽게 배치되어 있는 듯한 왜곡된 공간을 표현하고 있다.

22) 에셔(M. C. Escher, 1898~1972)는 '불가능한 건축' 시리즈에서 정교한 원근법과 기하학적인 형태를 이용하여, 사실적인 공간 자체가 변형된 불가능한 공간을 표현했다. 에셔의 작품과 메타버스는 현실과 상상의 경계를 넘나드는 공간을 만들어낸다는 공통점이 있다.

관리하는 것을 말한다.

디지털 레이어가 가져온 탈원근법적 현상은 디지털카메라나 3D 스캐너 등을 사용하여 촬영한 사진이나 모델링한 물체를 2차원 이미지로 출력할 때, 기존의 원근법(Perspective)적인 왜곡이 사라지고, 물체의 선명도와 형태가 더욱 균일하게 보이는 현상을 의미한다. 이러한 현상은 디지털 미디어 기술의 발전으로 가능해졌으며, 특히 디지털 아트나 컴퓨터 그래픽스 분야에서 많이 사용된다.

디지털 레이어가 등장하면서, 탈원근법적인 현상이 발생하게 되었다. 이것은 디지털 환경에서는 3차원 공간을 2차원 평면으로 변환하는 과정에서 발생하는 것으로, 평면상의 그림이 깊이감이 없이 보이는 것을 말한다.

예를 들어, 디지털 2D 게임의 배경을 보면, 평면상에서 그려진 배경이지만, 플레이어가 움직이면서 원근법적인 현상이 생기는 것처럼 보인다. 이러한 현상은 디지털 레이어가 없던 과거에는 원근법적으로 그려졌을 것이지만, 디지털 레이어의 등장으로 인해 원근법적인 그리기 방식이 대체되면서 생겨난 것이다.

디지털 레이어의 등장은 탈원근법적 현상을 가져왔지만, 동시에 공간의 변화와 다양한 경험을 가능하게 하는 기술적인 발전을 끌어내었다.

공간이란 단순히 외재적인 실재나 연장적인 '공간'(Space)이 아닌 사물 간의 관계이자 사람들 간의 관계를 맺는 '장소'(Place)인 것이다. 말하자면 공간은 사람들의 의사소통이 이루어지는 사회적인 장소이다.

메타버스 인터페이스는 디지털 디자인이다. 디자인은 시각적 이미지로 만들어낸 작업이다. 메타버스 디자인은 2D로부터 3D 이미지로의 변화이다. 유니티(unity) 등의 3D 애니메이션 프로그램은 기존의 평면을 3차원 입체 공간 이미지로 처리하는 과정에서 탄생하였다. 시각적으로 표현할 수 있는 것이 극히 제약되었던 형태나 구조에서 3차원으로 공간표현의 패러다임을 변화시켰다. 더욱이 메타버스 디자인은 그동안 현실 공간의 작업을 위해 전제되었던 디자인을 가상공간에 구축하기 위한 인터페이스가 된 것이다.

메타버스 디자인은 가상공간을 현실 공간의 디자인과 유사하게 구축하기 위한 인터페이스로 작용한다. 메타버스에서는 상상의 경계를 넘나드는 다층화된 공간구조가 형성되며, 이는 현실과 가상이 융합된 공간성을 만들어냄으로써 새로운 시각적 경험을 제공한다.

디지털 공간은 직선과 원호에 국한되지 않는 형태의 건물을 디자인할 수 있게 해서, 2차원적이고 획일적인 인식을 벗어나 3차원적인 다양성을 제공한다. 메타버스의 4차원적 사용은 현실과 가상공간에서 상호작용을 가능케 하고, 이는 우리의 인식과 활동을 변화시키며 삶의 변화를 수반할 것이다.

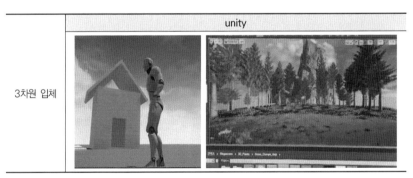

출처: 저자 제공(UNITY S/W로 3차원 입체공간 구현)

[그림 2-3] 3D 애니메이션

3) 공간 어포던스(Affordance), 메타버스 사용 가능성

인터넷의 패러다임은 주로 커뮤니티 활동을 통한 상호작용과 정보의 제공 및 검색, 포털사이트를 활용한 정보검색 등이 중심이었다. 이에 비해 SNS 시대는 모바일 기기를 통해 실시간 소셜 활동과 콘텐츠 생성, 소비가 가능해졌으며, 트위터, 페이스북, 인스타그램, 틱톡 등의 SNS가 중심이 되었다. 메타버스 시대에는 가상 현실과 현실의 연결, 다양한 경험과 활동이 가능해지며, PC, 모바일, AR/VR 기기 등을 통해 로블록스, 제페토, 어스2 등의 플랫폼에서 이를 활용할 수 있다. 이러한 변화는 인터넷 이용자들의 소비 및 생산, 경제적 가치 창출 등에 큰 영향을 미치고 있다. 메타버스 콘텐츠는 이용자들이 직접적인 경험을 통해 콘텐츠를 생산하여 제공, 소비하며, 생태계를 확장해 나가는 구조이다. 따라서 다양한 콘텐츠 확보를 위해서는 쉽게 조작하고 즐길 수 있는 편리한 인터페이스와 디지털 격차 없이 쉽게 접근하고 지속적으로 이용할 수 있는 콘텐츠 생산이 필요하다.

제임스 깁슨(James J. Gibson, 1979)[23]*은 공간에서 어포던스를 '인간을 둘러싸고 있는 환경이 제공해 주고 자극하는 모든 것'이라고 정의하였다. 의미는 다양한 기능의 가능성을 간접적으로 제시하여 공간과 이용자의 커뮤니케이션을 통하여 이용자의 능동적 행위를 끌어내는 것이다.

예를 들어, 의자는 앉을 수 있는 공간 어포던스를 제시하고, 문은 열고 지나갈 가능성을 제시한다. 이러한 가능성은 이용자가 자유롭게 선택할 수 있으며, 이를 통해 이용자와 공간이 상호작용하면서 이용자의 능동적인 행동을 유도한다.

도널드 노먼(Donald A. Norman)[24]*은 '학습되고 기억된 이용자의 사

---

23) 제임스 J. 깁슨(James J. Gibson, 1904-1979)은 미국의 심리학자이며, 인지심리학의 대표적인 인물 중 한 명이다. 인지 과정을 이해하기 위해 감각과 인지 간의 상호작용을 강조하는 인지심리학의 한 분야인 "환경심리학"을 발전시키는 데 큰 역할을 했다. 공간 어포던스(Spatial affordances)는 제임스 J. 깁슨이 제시한 개념 중 하나로 인간과 환경의 상호작용에서 환경의 속성이 인간의 행동과 상호작용 가능성을 제시한다는 것을 의미한다.

24) 도널드 노먼(Donald Norman, 1935)은 "디자인의 심리학(Psychology of Everyday Things, 1988)"과 "디자인과 인간 인터페이스(Design of Everyday Things, 2013)"에서 어포던스(affordance) 이론을 대중화하였다.

고과정을 통한 어포던스성'이라고 정의했다. 이용자의 모든 행동에서 어포던스가 발생하게 되는데 이것은 이용자가 행하는 모든 물리적 행동을 실제(Real) 어포던스, 사물에 대하여 인지하게 되는 과정에서의 행동을 지각된(Perceived) 어포던스라고 하였다. 렉스 핫슨(Hartson. H.R)[25]*은 이용자가 어떤 것을 감지하도록 도와주는 디자인 요소를 어포던스라고 하며, 네 가지 유형의 어포던스를 제시하였다. 인지적 어포던스는 이용자가 인지하고 이해할 수 있는 정보를 제공하여 이용자가 어떤 행동을 해야 하는지를 이해하는 데 도움을 주며, 물리적 어포던스는 사물 자체가 가지고 있는 특징을 활용하여 이용자가 물리적 행동을 할 수 있도록 도움을 준다. 감각적 어포던스는 이용자가 감각적으로 느끼며 경험할 수 있는 정보를 제공하여 실제와 유사한 경험을 할 수 있도록 도와주며, 기능적 어포던스는 이용자가 목적을 달성하기 위한 기능적 행동을 할 수 있도록 도움을 준다.

죠셉 파인(B. Joseph Pine II)과 제임스 길모어(James H. Gilmore)[26]*는 메타버스 시대에서 새로운 경험 가치 4I(몰입, 상호작용, 가상, 지능)가 가능하며, 시공간을 초월한 새로운 경험 설계가 가능하다고 했다. 조희경(2021)*은 메타버스가 현대인들에게 차별화된 경험 가치를 제공한다고 주장하며, 이용자는 자신의 모습을 메타휴먼으로 제작할 수 있고, 물리 공간의 복제부터 상상의 공간까지 설계가 가능하며, 과거 구현이나 재창조된 과거로 회귀하는 것도 가능하고, 예측적 미래의 탐색도 가능하다고 설명하였다.

---

25) 렉스 핫슨(Hartson, H.R)은 인간-컴퓨터 상호작용(Human- Computer Interaction) 분야의 인터랙션 디자인과 이용자 경험을 다루고 있으며, 저서 "언어와 이용자 경험(Language and the User Experience, 2003)"에서 어포던스 분류를 제안했다.

26) 죠셉 파인(B. Joseph Pine II)과 제임스 길모어(James H. Gilmore)는 경영학자이며, "The Experience Economy"라는 책에서 경험 경제에 대한 개념을 제시하였고, "Authenticity: What Consumers Really Want"에서는 경험의 질을 높이기 위한 경험 가치 4I(Immersion, Interaction, Intensity, and Individualization)를 제안하였다.

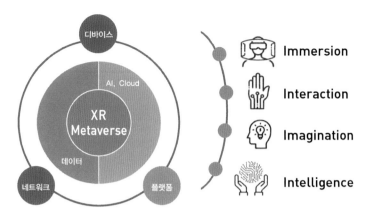

출처: Qualcomm Technologies, "The mobile future of augmented reality", 2018. 조희경(2021)
에서 재구성.

[그림 2-4] 메타버스가 제공하는 차별화된 경험 가치 4I

조희경(2021)은 메타버스 플랫폼에서 인지적 요소기반 어포던스 디자인 요소를 분석하였다. 감각적 요소는 공간감, 몰입감, 개인 맞춤형 서비스로 메타버스에서 이용자의 몰입감을 높일 수 있으며, 기능적 요소는 행동 제스처, 피드백, 제한성으로 이용자 경험 가치를 높이기 위한 효율적인 정보 제공과 손쉬운 조작을 구현한다. 지각적 요소는 참여유도, 상호작용, 관계 지속으로 이용자가 메타버스에서 생산 및 소비에 적극적으로 참여하도록 유도하며, 가상 세계와 지속적인 관계를 구축할 수 있도록 도움을 준다. 나은영(2015)[*]은 어포던스는 미디어가 어떤 행위를 할 수 있는 잠재력을 지니고 있음을 의미하며, 소통 공간으로의 진입을 촉진하는 역할을 한다고 설명한다. 전화기나 편지를 볼 때, 미디어가 제공하는 청각적이나 시각적 자극을 통해 소통 공간으로 진입하게 된다는 것을 이야기한다. 어포던스는 일종의 '촉발' 기제로서, 미디어 사용에 있어서 심리적 공간 이동이 시작되기 직전에 발생하는 지각 과정이라 할 수 있다.

이상에서와 같이 메타버스 플랫폼에서의 공간 어포던스를 정의하면 "이용자가 가상 세계 내에서 공간을 인지하고 조작할 수 있는 능력 및 경험"을 의미한다. 이용자가 메타버스 내에서 쉽게 이동하고 상호작용할 수 있도록 지원하는 것이라고 할 수 있다. 메타버스 플랫폼은 공간적인 레이아웃과 디자인, 이동 경로 및 방법 등을 고려하여 이용자 경험을 개선하고, 메타버스 내에서 자연스러운 공간 어포던스를 제공하는 것이다.

〈표 2-3〉 메타버스 플랫폼의 공간 어포던스 요인

요인	이용자가 이동하고 상호작용할 때	표현된 내용	감각적 어포던스
공간적 레이아웃 및 디자인	‣ 필요한 공간적인 지각과 경험을 제공하기 위해 공간적인 레이아웃과 디자인 제공	‣ 자연스럽게 이동하고 상호작용 가능	눈에 띄는
이동 경로 및 방법	‣ 이동 경로 및 방법을 고려	‣ 편리하게 메타버스 내에서 이동하고 상호작용 가능	알아차릴 수 있는
인터페이스 디자인	‣ 인터페이스 디자인을 고려	‣ 필요한 정보와 도구를 효과적으로 활용	읽을 수 있는
가상 물리학	‣ 메타버스 내에서 물리적 상호작용을 경험할 수 있도록 물리적인 특성을 고려	‣ 메타버스 내에서 더욱 현실감 있게 느낄 수 있음	들을 수 있는

제페토는 네이버 스노우에서 만든 AR 아바타 기반 가상 세계 서비스로 2018년 8월 출시되었는데 특성은 <표 2-4>와 같다.

나의 아바타를 만들어 애플리케이션 내에서 친구들과 가상 세계를 통해 상호작용하는 공간 어포던스를 분석해보면 <표 2-5>와 같다.

제페토를 분석한 결과, 디스플레이는 단단한 평면이지만, 동시에 다른 무언가에 대한 정보를 표현하고 있다는 걸 알 수 있다. 가상의 버튼은 눌러서 작동시킬 수 있으며, 시각적 표현은 공간 어포던스를 드러낸다. 이용자에게는 어떤 방향으로 이동할 수 있는지를 암시하는 화살표나 출입구 같은 인터페이스를 제공하고 있고, 플레이어가 가상공간에서 아바타를 조작하면서 상호작용하도록 공간 어포던스가 제공되고 있다.

〈표 2-4〉 제페토 플랫폼 특성

특징	표현
‣ 제페토 월드에서 소셜 활동 ‣ 시간과 공간의 제약이 없고, 새로운 세계관을 통해 크리에이티브한 장소를 구현할 수 있어 감각적 요소와 개인 맞춤형 요소가 높음 ‣ 공간적 레이아웃과 디자인, 이동 경로와 방법, 인터페이스, 물리적 공간 등 다양한 기술과 디자인 요소를 활용 ‣ 이용자가 메타버스 내에서 쉽게 이동하고 상호작용하며, 자연스러운 공간 어포던스를 느낄 수 있도록 구성	‣ 본인 얼굴을 AR을 통해 3D 아바타로 자동 생성 ‣ 나의 아바타가 활동하는 상상 세계 "제페토 월드" ‣ 테마파크에서 롤러코스터를 타거나, 좋아하는 연예인들의 콘서트를 보러 가거나, 친구들과 함께 게임 ‣ 제페토 스튜디오에서 의상과 아이템을 직접 제작하고 판매

이처럼 메타버스는 공간과 시간적 제약이 없는 가상환경으로, 메타버스 콘텐츠를 언제든지 감상할 수 있고, 공간 어포던스를 고려한 환경적 요소로 인해 더 큰 만족도를 느낄 수 있다. 따라서 메타버스 공간 디자인과 인터랙션은 이용자의 인지적 본성과 다양한 경험 및 상호작용을 고려하여 설계되어야 한다. 즉 이용자와 상호작용을 통해 적극적인 경험을 제공하는 공간을 위해 다이나믹한 어포던스가 필요하다.

〈표 2-5〉 제페토 플랫폼 공간 어포던스 분석

유형	특징		표현	
감각적 어포던스	눈에 띄는		알아차릴 수 있는	
	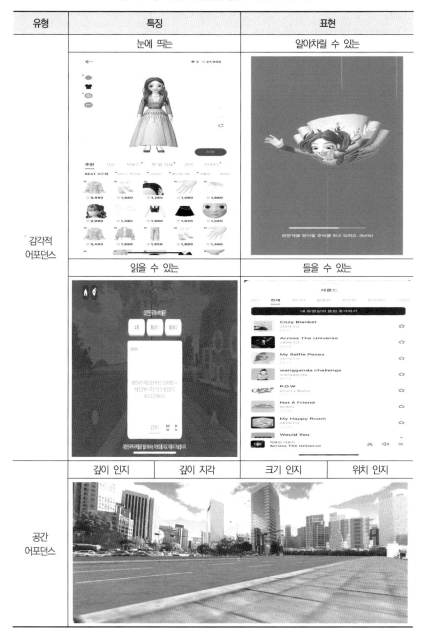			
	읽을 수 있는		들을 수 있는	
공간 어포던스	깊이 인지	깊이 지각	크기 인지	위치 인지

이미지 출처: 한국역사박물관 제페토 월드 들어가기(저자 아바타)

이상에서 살펴본 결과, 메타버스에서 공간 어포던스는 깊이, 크기, 위치, 깊이 지각이라고 할 수 있다. 첫째, 깊이 인지(Accommodation)는 인공적 원근법을 사용하여 2차원 평면상에 그려진 이미지를 보면, 뇌는 이미지의 크기와 위치를 이용하여 그림 속의 물체의 거리와 깊이를 추정한다. 둘째, 크기 인지(Size Constancy)는 인공적 원근법을 사용하여 2차원 평면상에 그려진 이미지에서, 물체의 크기는 그것이 원근법적으로 축소되었음에도 불구하고, 그것의 실제 크기를 유지한다. 셋째, 위치 인지(Vertical-Horizontal Illusion)는 인공적 원근법을 사용하여 그려진 이미지에서, 수평선과 수직선의 길이나 위치가 실제로는 같은 것이지만, 뇌는 수직선이 더 길어 보이도록 인지하는 경향이 있다. 넷째, 깊이 지각(Depth Perception)은 인공적 원근법을 사용하여 그려진 이미지에서, 뇌는 물체의 그림자와 원근법적 왜곡 등의 신호를 이용하여, 그림 속 물체의 깊이와 거리를 추정한다.

메타버스에서의 공간 어포던스는 디지털 레이어 속에 펼쳐지는 인공적 원근법과 함께 사용되어, 우리가 보는 세계를 정확하게 이해하고 해석하는 데 도움을 준다.

4) 디지털 테라포밍(terraforming)이라는 새로운 디지털 대륙

메타버스를 통해 현실의 많은 요소들이 디지털 공간 속에 구현되면서 점차 현실에서 가상으로 일상이 이동하고 있다.

'테라포밍'은 칼 세이건(Carl Sagan, 1961)[27]이 금성(The Planet Venus)*에서 처음 사용하였다. 지구를 뜻하는 Terra에 만든다는 forming이 합쳐

---

27) 칼 세이건(Carl Sagan, 1934~1996)은 1961년 발표한 논문에서 '테라포밍(terraforming)'이라는 용어를 처음 사용하였다. 이 용어는 인류가 다른 행성의 환경을 인위적으로 변화시켜 지구와 비슷한 환경으로 만드는 작업을 의미한다. 미국의 SF 작가 잭 윌리엄슨(Jack Williamson)의 소설 《충돌 궤도(Collision Orbit). 1942》에 처음 언급되었다.

진 단어로 지구가 아닌 우주의 다른 행성을 인간이 사는 지구와 비슷한 환경으로 바꾸는 작업을 의미한다. 메타버스를 통해 디지털 공간 속에 현실의 많은 요소들이 구현되면서 디지털 테라포밍이라는 개념이 등장하고 있다.

메타버스 공간에 디지털 지구가 만들어지는 과정을 살펴보면 테라포밍과 비슷하다. 인간의 손이 닿지 않았던 공간, 디지털 공간에 인간이 살아갈 수 있는 환경이 만들어지고 있다.

디지털 테라포밍은 가상 세계에서 지형을 조작하고 수정하여 새로운 환경을 만드는 기술이며, 메타버스는 현실 세계와 유사한 가상 세계를 말한다. 디지털 테라포밍 기술을 사용하면 메타버스 공간에서 원하는 환경을 구성할 수 있다. 예를 들면, 빈티지 시장을 만들고 싶다면 그에 맞는 건물과 골목길을 구성하고, 식물을 자연스럽게 표현하고 싶다면 생태계와 토양 상태를 조정할 수 있다. 게임을 제작하는 경우, 지형과 날씨를 수정하여 게임의 세계를 만들 수도 있다. 따라서, 디지털 테라포밍 기술은 메타버스에서 다양한 환경을 제공하고 더욱 현실적인 경험을 제공하는 데 중요한 역할을 한다.

메타버스 기업들은 디지털 테라포밍 기술을 사용하여 가상공간을 구축하고 있으며, 이를 활용하여 새로운 경제 생태계와 시장을 개척하고 있다. 예를 들면, 중국의 신영 이노베이션, 미국의 Epic Games, 캐나다의 Decentraland, 일본의 HoloPop, 유럽의 Somnium Space 등이 있다.

대기업들은 디지털 테라포밍을 활용하여 'ESG(환경 Environment·사회 Social·지배구조 Governance)'와 '메타버스(현실의 물리적 세계를 초월해 시간·장소 제약 없는 디지털 환경의 3차원 가상 세계)'를 공공영역에 적용하는 방안을 모색하고 있다.* 예를 들어, 코카콜라는 메타버스 플랫폼인 '게더타운'에서 '코카콜라 원더풀 아일랜드'를 오픈하고, 롯데케미

칼은 친환경 화학제품 체험관 '로펌'을 오픈했다. 또한, 토요타는 메타버스 기업인 오아시스를 인수하여 메타버스를 활용한 마케팅 전략을 강화할 계획이며, 마이크로소프트는 메타버스 개발을 위한 새로운 도구 '메시 (Microsoft Mesh)'를 발표하고 있다.

〈표 2-6〉 코카콜라 원더풀 아일랜드

기업	게더타운	내용	QR코드 및 출처
코카콜라 (2020, 12)		▸ 투명 음료 페트병이 '코카콜라 알비백(I'll bag)'으로 재탄생되는 과정	https://m.news.nate.com/view/20210910n08923

중국 상하이시는 2021년 11월에 "지역 디지털 경제 및 정보화 발전 계획"을 발표하면서, 메타버스 분야에서 다양한 새로운 기술과 응용 분야를 개발하고 활성화할 계획을 밝혔다. 이를 위해 상하이시는 20개 도시 지역에 메타버스 활동을 도입하여 시민들이 지역에 따라 다양한 방식으로 디지털 도구를 사용할 수 있도록 하는 계획을 추진하였다.

예를 들면 의료 분야에서는 루이진 병원이 메타버스 표현을 통해 병실을 검사하는 VR(가상 현실) 시설을 구축하고, 상하이 안과 및 이비인후과 병원은 의사가 3D 스캐닝 장비를 사용하여 환자를 돌볼 수 있는 메타버스 진단 시스템을 구축했다. 또한, 상하이의 랜드마크인 동방명주탑의 방송 타워를 VR 지원이 가능한 애플리케이션을 통해 상업 지역을 비행할 수 있도록 하고 있다. 이외에도 난징루에서는 중국의 CBDC(중앙

은행 디지털 통화)인 디지털 위안을 사용하여 구매할 수 있는 온라인 시장을 출시하였다. 모두 디지털 테라포밍이라는 개념으로 이루어지며, 메타버스 클러스터를 형성하게 된다. 이는 기존의 물리적인 공간이 아닌 디지털 공간에서 사람들이 활동할 수 있게 하여, 새로운 경험과 가치를 창출하는 것을 목표로 하고 있다. 세계경제포럼(WEF)이 글로벌 협업 빌리지를 구축하여 공공 목적 지향적 애플리케이션을 만들고 가상공간에서 진정한 지구촌을 건설하려고 한다.

〈표 2-7〉 상하이 테라포밍

	상하이 메타버스 클러스터	글로벌 협업 빌리지	QR코드
디지털 지구			http://www.newsdream.kr/news/articleView.html?idxno=41185

출처: 뉴스드림(http://www.newsdream.kr)

경상북도(2021)의 메타버스 핵심 사업은 '확장 현실(XR) 메타버스 제조'와 '한글 AI 문화콘텐츠 융합'이라는 두 가지 테마로 메타버스 융합산업 클러스터를 조성한다는 계획을 발표한 후, 경북 메타버스 대표플랫폼인 메타포트(MetaPort)를 구축하고 2023년 메타버스 예산을 국비 172억 원, 도비 49억 원 등 총 221억 원을 전략적으로 투자하였다.

출처: 대구뉴스(http://www.dg1news.com/news/articleView.html?idxno=883)

[그림 2-5] 메타버스 산업단지 구축도

2. 공간 바라보기

공간은 관점에 따라 다양한 개념이 있다. 기하학적, 물리적, 도시, 기호, 문화 공간 등 다양한 개념이 있으며, 철학, 수학, 지리학 등에서도 정의된다.

칸트(Immanuel Kant)[28]*는 공간을 대상이 아니라 우리가 인지하고 사고하고 커뮤니케이션을 하는 데 필요한 방법이자 구조로 보았다. 에밀 뒤르켐(Émile Durkheim)[29]은 사회생활의 리듬에 기반을 둬서 시간과 공간이 범주화된다는 것을 강조했다. 카스텔(Castells, Manuel, 1996, 2003)[30]은 사회의 구조적인 변화로 인해 새로운 공간형태와 공간과정이 나

---

28) 칸트의 "순수이성비판"에서는 어의론이라는 개념이 등장하며, 이는 인간이 세상을 이해하는 방법이 세상 자체의 본질과는 다른 구조에 의해 결정된다는 것을 주장한다. 이러한 구조를 "어의"라고 하며, 공간과 시간, 원리와 법칙 등을 포함한다. 따라서, 칸트는 공간을 단순히 대상이 아니라, 인간이 세상을 이해하는 데 필요한 구조 중 하나로 보았다.

29) 에밀 뒤르켐(Émile Durkheim) "사회연구의 규범"(The Rules of Sociological Method)에서 사회생활을 하는 인간의 행동과 사회적 상호작용이 시간과 공간의 범주화에 기반을 둔다는 것을 강조하였다.

타나고 있다는 것에 주목했다. 그리고 공간은 사회의 표현이며 총체적인 사회구조의 역동성에 의해 형성된다는 '흐름의 공간이론'을 제시했다.

최근에는 가상 현실, 메타버스 공간 등의 개념이 등장하면서 공간에 대한 이해도 변화하고 있다.

카벨(Cavell, 2002)[31]은 공간의 중요성이 시각적인 공간이 아닌 청각적인(acoustic) 공간에 있다고 주장하며, 듣는(aural) 것과 말하는(oral) 것의 결합으로 이루어진 역동성이 특징이라고 설명한다. 에드워드 홀(Edward Hall, 1966)[32]은 개인 공간을 의미하는 프록세믹스(proxemics) 개념을 제시하며, 4가지 유형으로 분류했다. 첫째, 인티메이트 존(Intimate zone): 몸과 몸이 닿을 정도의 가까운 거리(약 45cm 이내), 둘째, 퍼스널 존(Personal zone): 가족, 친구, 친밀한 지인과의 대화에 적합한 거리(약 45cm~1.2m), 셋째, 소셜 존(Social zone): 평소의 사회적 상호작용에 적합한 거리(약 1.2m~3.7m), 넷째, 퍼블릭 존(Public zone): 공공적인 활동에 적합한 거리(약 3.7m 이상) 등이다.

〈표 2-8〉 공간에 대한 주요 논의

구분	관점	내용
칸트	구조	우리가 경험을 통해 습득하는 것들을 구조화하기 위한 틀로 보는 관점
에밀 뒤르캠	범주	사회생활의 리듬에 기반을 둬서 시간이 범주화되고, 사회가 점유하고 있는 영역
카스텔	흐름	'사회의 표현'이므로 공간이 사회 그 자체이고, 공간형태와 그 과정은 총체적인 사회구조의 역동성에 의해 형성됨

---

30) 카스텔(Manuel Castells)은 "네트워크 사회"(The Rise of the Network Society)와 "네트워크와 권력"(Communication Power) 등에서 정보기술의 발전과 글로벌화의 영향으로 새로운 공간형태와 공간과정이 나타나고 있다는 것을 분석하고 있다.

31) 카벨(Cavell, 2002)은 미국의 철학자로서, 주로 분석철학, 실용주의, 사회적 정의 등에 관해 연구했다. 인간의 의사소통과 사회적 상호작용에 대한 철학적 이해를 중요시하며, 공간의 중요성을 강조했다.

32) 에드워드 홀(Edward Hall)은 미국의 문화인류학자로, 1966년에 발표한 저서 "The Hidden Dimension"에서 프록세믹스(proxemics) 개념을 제시하면서 인간관계에서 개인 공간이 어떻게 작용하는지를 탐구하고 있으며, 문화적 차이에 따른 프록세믹스의 변화도 다루고 있다.

메타버스는 물리적 공간에 있지 않은 다른 사람들과 함께 만들고 탐색할 수 있는 일련의 가상공간이다. 이용자들과 어울리고, 일하고, 놀고, 배우고, 쇼핑하고, 창조하는 등의 작업을 할 수 있다. 반드시 온라인에서 더 많은 시간을 보내는 것이 아니라 온라인에서 보내는 시간을 더 의미 있게 만드는 것이다.[33]

과거의 시공간 논의는 공간과 시간의 우위에 초점을 맞추었으나, 개인에 대한 이해와 정보혁명의 발전으로 인해 공간에 대한 주목이 커졌다. 이에 따라 가상과 현실 공간에 대한 다양한 관점의 분석들이 필요하게 되었다.

1) 정치·경제학적으로 보기

푸코(Foucault, 1986)*는 공간을 권력의 장치로 보며, 공간의 조직화가 자본주의의 구조에 중요한 역할을 한다고 주장하였다. 감시와 처벌이라는 원형감옥 개념을 통해 도시 공간 자체를 통치술의 장치로 파악하였고, 자본과 시장 이외의 도시의 권력을 분석하였다. 르페브르(Lefebvre, 2011)는 공간을 정치적인 요소로 간주하고, 도시 공간을 권력의 투쟁 장소로 인식하였다. 공간은 발견, 생산, 창조 등의 과정을 통해 복잡하게 연결된 개념이다. 발견은 알려지지 않은 새로운 공간, 대륙, 우주 등을 발견하는 것을 의미하며, 생산은 각 사회에서 고유한 공간적 조직을 만들어내는 것을 뜻한다. 창조는 풍경, 기념물성과 장식을 겸비한 도시 등의 작품을 만들어내는 것이다. 이러한 과정들이 결합하여 공간의 개념이 형성되고, 이를 통해 인간의 생활과 권력 투쟁 등이 이루어지게 되는 것이다.

마르크스(Karl Marx)[34]는 "공간화된 시간"* 개념을 통해 자본가들이

---

33) http://about.fb.com/news/2021/09/building-the-metaverse-responsibly/
34) 카를 마르크스(Karl Marx)는 '자본론'에서 "공간화된 시간" 개념을 소개했다.

자본순환을 가속하기 위해 공간적 장벽을 소멸시켰다는 주장했다. '시간에 의한 공간의 소멸', '거리 마찰의 감소'를 통해 도시 공간이 고부가가치 창출 집단에 의해 지배되며 이중화가 심화된다는 것을 지적했다. 마르크스의 주장은 카스텔(Castell, 2009)에 의해 다시 강조되었다.

〈표 2-9〉 공간과 공간성의 구성

	물리적 공간 (경험적 공간)	공간의 재현 (개념화된 공간)	재현의 공간 (체험 공간)	가상과 현실의 공간 (메타버스 공간)
절대적 공간	▸ 벽, 다리, 문, 계단, 바닥, 천장 ▸ 건물, 도시 ▸ 산, 대륙 ▸ 물리적, 경계와 장벽 ▸ 폐쇄적 주거단지	▸ 지적도와 행정구역도 ▸ 배치와 위치의 은유 ▸ 뉴턴과 데카르트	▸ 벽난로 주변의 만족감 ▸ 안전한 또는 감금된 느낌 ▸ 소유에 기반을 둔 권력의 느낌 ▸ 공간에 대한 지배와 통제의 느낌-울타리 밖의 타자에 대한 공포	▸ 온라인 공간 ▸ 메타버스가 사회적 연결의 수단과 공간으로 활용됨
상대적 공간	▸ 에너지, 물, 공기 ▸ 상품, 사람, 정보 ▸ 화폐, 자본의 순환과 흐름	▸ 주제도, 위상도 (예, 런던, 지하철 지도) ▸ 유클리드 기하학과 위상학 ▸ 투시도, 이동성 ▸ 지휘 통제 위한 정교한 기술 ▸ 아인슈타인과 리만	▸ 낯선 곳에 들어서며 전율 ▸ 교통체증 속에서 좌절. ▸ 시공간 압축 ▸ 속력, 이동의 긴장, 흥분	▸ 가상의 공간이지만 실제적인 경험의 효과를 만들어낼 수 있음
관계적 공간	▸ 사회적 관계들 ▸ 지대와 경제성장 ▸ 공해의 집중화 ▸ 에너지 잠재력 ▸ 미풍을 타고 표류하는 감각	▸ 초현실주의, 실존주의 ▸ 심리지리학 ▸ 힘과 권력의 내재화된 은유 ▸ 카오스 이론, 변증법, 내부 관계, 양자 수학 ▸ 라이프니츠, 화이트헤드, 들뢰즈, 벤야민	▸ 시각, 환상, 욕망, 좌절, 기억, 꿈, 환영 ▸ 심리상태(예-광장공포증, 폐소공포증, 현기증)	▸ 시간과 공간에 구애받지 않고 사회적 연결의 수단으로 활용

출처: 하비의 공간성의 일반행렬을 참고로 재해석

뒤르캠(Émile Durleim, 2012)은 지리적인 경계가 사회적 관계에 영향을 미치고, 이러한 경계를 제거함으로써 물리적 공간이 사회적 공간으로 변화한다고 주장한다.

데이비드 하비(Harvey, 1983: 37; 2001: 24)는 '시공간적 압축' 개념으로 도시 공간이 어떻게 실현되는지를 분석하고 있다. 이러한 이론적 배경을 바탕으로 메타버스 공간에 대해 생각해 볼 수 있다. 메타버스는 가상공간으로, 물리적인 공간으로부터 독립적으로 존재한다. 물리적 공간의 제약에서 해방됨으로써, 사람들이 다양한 경험과 상호작용을 할 수 있는 공간을 제공한다. 이때 하비가 강조한 도시 공간의 특징 중 하나인 잉여가치의 집중과 유통에 영향을 받는다. 메타버스 안에서도 일부 업체나 개인들은 다른 사람들보다 더 많은 잉여가치를 추출하고 집중시키는 경향이 있으며, 이로 인해 메타버스 내에서의 권력과 부의 집중화가 발생할 수 있다. 또한, 메타버스 상에서도 잉여가치의 유통과 처분에 따라 다양한 경제적, 정치적 영향력을 가질 수 있다.

푸코의 이론을 적용하면 메타버스 공간 또한 권력의 장치와 자본주의의 구조에 영향을 받을 수 있다는 것을 알 수 있다. 메타버스는 르페브르의 공간이론과 유사한 면이 있는데, 가상의 공간으로서, 사회적, 정치적인 요소가 포함될 수 있다. 마르크스의 이론의 관점에서는 자본가들이 이동과 통신 기술의 발전을 통해 공간적 장벽을 소멸시키면서 도시 공간이 자본가들의 이익을 위해 지배되는 곳으로 변화한다. 이로 인해 고부가가치 창출 집단들은 도시 공간에 집중하게 되고, 이중화 현상이 발생하게 된다.

짐멜(Simmel, 1989 [2011])은 화폐경제의 등장으로 개인이 마을에서 벗어나고 사회적 통제를 받지 않게 되며, 객관적 서비스에 의존하면서 사회적 공간이 형성된다고 주장한다. 부르디외(Boudieu, 1985)는 상징 자본과 문화 자본을 이해하는 개념으로 고대 그리스에서의 "풀란차스"(Pulanchas)를 현대적으로 재해석하였다.

<표 2-10> 정치·경제학적 관점에서 공간

구분	연구자	시각
근대의 공간	미셸 푸코	원형감옥 - 규율/훈육 권력의 공간
	앙리 르페브르	자본주의적 추상공간(abstract space)의 생산
	마르크스와 E.P. 톰슨	자본주의적 시간 규율과 시계 시간(clock-time)
근대의 시공간	앤서니 기든스	시공간 원격화(time-space distanciation)
	데이비드 하비	시공간 조정(spatio-temporal fix)과 시공간 압축(time-space compression)
	마뉴엘 카스텔	네트워크 사회
지리적 공간	월러스타인과 브로델	세계체제론(world-system analysis)과 공간적 독점(spatial monopolies)
	닐 스미스와 가라타니 고진	지리적 불균등 발전과 시공간적 차이
	사스키아 사센과 모이시 포스톤	세계도시와 지식기반경제
정치적 시공간	니코스 풀란차스	공간 모태(spatio-temporal matrix)
사회적 공간	뒤르캠, 짐멜, 워스, 부르디외, 바우만	사회적 상호작용의 거리 객관적 힘 관계의 양상블

이는 지식, 능력, 힘 등을 나타내는 것으로 개인의 상징 자본과 문화
자본의 보유량이 사회적 공간에서의 지위와 권력을 형성하는 데 중요한
역할을 한다고 주장하였다. 즉 공간은 사회적인 계급과 권력 관계를 형성
하는 데 중요한 역할을 한다는 것이다. 바우만(Zygmunt Bauman, 2005,
18)[35]은 국가를 공간 개념으로 이해하며, 국가는 자율적인 정치와 법률
영역에서 형성되고, 주요한 정치적 역할을 수행하는 공간이며, 계급의 지
배력을 유지한다는 것을 강조한다.

디지털 미디어의 등장으로 인해 공간의 개념과 의미가 크게 변화하고
있다. 디지털 정보는 물질적인 형태가 아니라 이진법으로 저장되므로 비
물질적이며 형상 없는 특성이 있다. 이러한 특성은 종래의 미디어 형식
에서는 불가능했던 새로운 방식의 공간 재창출을 가능하게 하고 있다.

---

35) 바우만(Zygmunt Bauman)은 폴란드 출신의 사회학자로 인간관계와 현대 사회에서의 변화를
연구했다.

이에 따라 디지털 공간의 전환을 주목하여야 하며, 메타버스와 같은 디지털 공간 개념도 중요한 이슈가 되고 있다.

메타버스는 정치·경제학적으로 바라보면 디지털 기술을 중심으로 형성된 공간이기 때문에 디지털 불평등과 관련되어 있다. 그리고 누가 메타버스 공간을 소유하고 관리하는가, 메타버스에서 경제적 자원은 어떻게 분배되는가 하는 문제들이 제기될 수 있다. 또한, 메타버스에서의 의사결정이나 권력 분배가 어떻게 이루어지는지, 그리고 일반인들이 어떻게 참여할 수 있는지 등의 문제가 있다. 이외에도 메타버스에서의 활동이나 행위들이 실제 세계와 어떻게 연결되는지, 예를 들면, 메타버스에서의 범죄나 지식재산권 침해가 현실 세계에서 어떤 영향을 미치는지 등의 문제가 대두된다. 따라서, 메타버스 공간에서는 실제 세계와 비슷한 정치·경제학적 요소가 존재하며, 경제적 활동과 정치적 의사결정이 건강하게 이루어질 수 있도록 고민과 대응이 필요하다.

〈표 2-11〉 정치·경제학적 관점에서의 메타버스 공간

구분	관점	내용
푸코	▸ 공간의 조직화와 권력의 관계 ▸ 도시 공간은 통치술의 장치	▸ 가상 세계를 관리하고 통제하는 권한 ▸ 가상의 경제 시스템
짐멜	▸ 화폐경제의 발전으로 대도시가 형성 ▸ 이웃들의 사회적 통제에서 해방	▸ 가상으로 상품을 구매하거나 서비스를 이용 ▸ 가상공간에서의 새로운 형태의 상호작용과 소셜 네트워크 발생
부르디외	▸ 공간은 '객관적 힘 관계의 양상별' ▸ 공간을 사회적인 힘의 관계를 형성하는 장소	▸ 메타버스 상에서 특정 지역이나 건물이 특권적인 그룹이나 개인에게 점유되어 있거나, 일부 지역이나 공간이 다른 공간에 비해 정보나 자원 등의 접근성이 높은 경우, 사회적 힘의 관계가 형성
바우만	▸ 근대화된 사회는 '공간을 정복하는 무기' ▸ 근대 이후의 사회를 액체 근대사회	▸ 메타버스 공간에서 다양한 혁신과 창조성을 가능하게 하지만, 동시에 유동적이고 불안정한 특징

2) 커뮤니케이션에서 보기

'공간'이란* "물질적 대상들의 세계가 지니는 위치적 성질" 또는 "모든 물질적 대상을 담고 있는 상자"로 정의된다. 공간은 미디어를 통해 인간의 지각과 상상 과정으로 만들어진 상자이다. 곧 미디어는 공간이다.

이옥기(2009, 2021)는 미디어를 '공간'의 관점에서 바라볼 때 가상환경임에도 의식하지 못하는 심리적, 인지적, 지각적 상태라고 보았다. 나은영(2015)*은 공간(space)은 대화하기 좋은 공간으로 보이는 곳, 존재(presence)는 상대가 여기 또는 저기에 존재한다고 느낌, 공존(copresence)은 상대가 바로 옆 또는 저기에 나와 함께 있는 것처럼 느낌, 공감(empathy)은 상대와 내 생각이 공유된다고 느낌(의미 공유)이라고 분류했다.

미디어 이론에서는 기술 발달에 따른 시공간적 변화를 중요하게 생각한다(Innis, 1951*; McLuhan, 1964*). 인쇄술 이전에는 구전으로 지식이 전해졌으며, 문맹률과 인쇄술 미발달로 인해 지식 전달이 어려웠다. 그러나 현대 자본주의 사회에서는 기술 발달로 인해 세계적인 사회관계가 형성되고, 이를 시공간 거리화라고 한다. 앤서니 기든스(Anthony Giddens, 1991)*는 세계화가 시공간 거리화의 확장 과정으로 이루어진다는 것을 설명하며, 이는 기술 발전과 자본주의 요인의 작용에 의해 가능해진다고 주장한다. 잉여 상품과 자본이 새로운 시장을 찾아 해외에 수출되면서, 사람들은 시공간적으로 먼 곳에 위치한 사람들과 사회적 관계를 맺게 된다는 것이다. 이 과정을 데이비드 하비(David Harvey, 2001)는 시공간적 이전이라고 부르고, 자본주의적 모순에 대한 시공간적 해결책이라고 파악하였다.

뉴미디어의 발달은 정보와 지식 중심의 커뮤니케이션 사회로 패러다임을 전환하였고, 미디어의 디지털화된 형태는 유클리드적이고 선형적인 공간에서 유동적이고 비선형적인 형태로 전환이 가능해졌다. 또한,

공간은 이용자의 감성을 자극하여 감각적인 커뮤니케이션을 유발하는 매개체로 작용하며, 인간의 공간적 경험을 확장하는 역할을 하고 있다. 미디어에 따른 공간 개념의 변화는 스마트폰과 메타버스 등의 기술 발전으로 인해 가속화되었다. 스마트폰은 시간과 장소의 제약을 극복하여 언제 어디서든 정보와 커뮤니케이션을 가능케 하였으며, 메타버스는 가상의 공간과 현실의 공간을 결합하여 새로운 경험과 상호작용을 제공하는 공간이다. 이러한 기술 발전은 공간의 의미와 경험을 혁신적으로 변화시켰다.

(1) 실재감

미디어 공간에서 타인의 존재를 인식하게 해주는 개념인 '프레즌스'는 미디어를 통해 느끼는 것으로, 가상적이지만 실제로 느껴지며, 미디어 이용자가 느끼는 것을 뜻한다. 이 개념에는 사회적 실재감, 현존감, 공존감, 공동 공간감, 상징적 인접성 등이 포함된다. 프레즌스는 가상적이거나 먼 존재일 수 있지만, 언제나 미디어 이용자가 자신이 '실제로' 있고 '눈앞에 가까이' 있는 것처럼 느낄 때 적용된다. 이옥기(2005)는 미디어가 매개되었다는 사실을 잊고 미디어 속에서 웃고 울고 느끼는 느낌이라고 정의하였다. 나은영(2015)은 가상이지만 실제처럼 느끼는 것, 멀리 있지만, 눈앞에 있는 것처럼 느끼는 것 그리고 미디어의 도움으로 미디어 이용자가 느끼는 것을 뜻한다고 하였다.

롬바드와 디톤(Lombard & Ditton, 1997)*은 실재감을 느끼는 요소를 6가지로 구분했다. 첫째, 미디어가 사회적이며 따뜻하고 민감하고 더 개인적으로 보이는 사회적 풍부성이다. 둘째, 미디어가 대상, 사건 및 사람들을 더 정확히 재현하는 현실성이다. 셋째, 미디어 이용자가 다른 장소로 이동하며, 다른 장소와 그 안에 있던 대상들이 이용자에게 이동되며,

둘 또는 그 이상의 커뮤니케이터들이 공동의 장소로 함께 이동하는 것이다. 넷째, 감각이 가상 세계에 몰입되어 있는 경험이다. 다섯째, 미디어 안에서의 사회적 행위자 즉 미디어 이용자가 등장인물과 유사사회적 상호작용을 하는 것을 의미한다. 여섯째, 사회적 행위자로서의 미디어로 사람을 흉내 내는 컴퓨터 등과의 상호작용을 뜻한다.

메타버스와 가상 현실 경험에서 이용자 경험은 성공 여부를 좌우하는 요소 중 하나이다. 이용자 경험에 영향을 미치는 요소로는 실재감, 편의성, 상호작용 방식, 화면·공간 확장성 등이 있다. 그중에서도 실재감은 가장 핵심적인 요소로, 실재감은 그 곳에 있는 느낌을 의미한다. 높은 실재감은 이용자의 설득에 긍정적인 영향을 준다는 연구 결과가 있다. (출처: Lombard & Snyder-Duch, 2001; Biocca, 1997; Skalski & Tamborini, 2004)

개리슨, 앤더슨, 아처(Garrison, Anderson and Archer, 2000)는 '실재감' 개념을 통해 온라인 교육에 관해 설명한다. 이는 인지적 실재감과 사회적 실재감으로 세분되며, 각각은 촉발, 탐색, 통합, 해결 및 감정표현, 열린 소통, 집단 결속력과 같은 지표를 사용한다. 높은 실재감은 경험하기 어려운 상황에서 학습과 훈련을 제공할 수 있기 때문에 교육 및 엔터테인먼트 분야에서 사용이 확산하고 있다는 것이다.

메튜 볼(2021)*은 The Metaverse에서 메타버스 7가지 속성을 확장성(Scalability), 상호 운용성(Interoperability), 시뮬레이션(Simulation), 지속성(Persistence), 보편성(Universality), 주체성(Agency), 실재감(Presence)이라고 하였다.

김상균(2021)*도 메타버스 특징을 SPICE(Scalability, Persistence, Interoperability, Creativity, Experience)로 소개하면서 실재감을 강조했다.

실재감이란 어딘가 존재하는 느낌이나 지각을 말하며, 메타버스 공간

구분	‣ 메타버스 MBTI S/W-10분 정도 유니티 엔진으로 개발된 3D 애니메이션 영상의 여행 스토리(더그림 컴퍼니 대여) ‣ HMD를 착용하고 컨트롤러를 작동하여 3D 입체영상을 시청하면 정보가 자동으로 저장되는 방식 ‣ 참가자-한양사이버대 크리에이터 영상제작론과 영상미학 수강 학생들
HMD 착용 후 실험 참가자	https://youtu.be/x6M LunHnxNc?si=vhNi5 8kCTeyPHUfp
메타버스 MBTI S/W	출처: 더그림 컴퍼니

[그림 2-6] 메타버스 사용성 측정

에서의 실재감은 얼마나 존재하는 느낌을 주는지를 의미한다. 따라서 메타버스 공간에서는 실물과 같은 느낌보다는 얼마나 실제 존재하는 느낌을 주는지가 중요하다.

(2) 사용성

사용성(Usability)은 이용자가 제품이나 시스템을 편리하게 사용하는지의 편의성과 경험적 만족도를 말한다. 닐슨(Jakob Nielson, 1993)은

'사용성이란 기존의 시스템 중심의 설계에서 탈피한 이용자 중심의 설계 개념의 도입이며 제품이나 시스템에 대한 이용자들의 경험에 영향을 주는 많은 요소들에 대한 결합이다'라고 정의하고 있다. 요인들은 '이용자가 제품이나 시스템을 사용할 때 배우고 기억하기 쉬워야 하고, 실수할 가능성이 작아야 하며, 주관적인 만족감과 성취감을 가질 수 있어야 한다'다.

국제표준기구(International Organization for Standardization, ISO)는 ISO 9241-11(1998)에서 사용성 안내(Guidance on Usability)를 통해 "특정한 목적을 성취하기 위한 특정한 이용자들에 의해 어떤 제품을 사용할 때 특정한 맥락의 사용에서 효과성, 효율성 그리고 만족도에 대한 것"이라고 정의하고 있다. 이옥기(2023)*는 메타버스 플랫폼에서 사용하기에 편리하고 이해하기 쉽고 오류가 없이 작동되도록 이용자 중심으로 만들어져 경험하면서 느끼는 만족도라고 정의했다. 메타버스 MBTI S/W를 사용하여 사용성을 측정했는데, 이용자주도권, 인터페이스 이용환경, 정보구조 이해도, 편리성 등이 중요한 요인이었다. 이로써, 이용자들이 메타버스 플랫폼에서 적극적인 작동을 할 수 있도록 시스템을 고안하고, 인터페이스 환경을 사용하기 편리하게 구성할 필요가 있으며, 다중정보를 구성하면서 쉽게 이용할 수 있게 하는 것이 중요하다.

(3) 메타버스 신인류, 디지털 휴먼

디지털 휴먼은 3D 가상 인간으로, 사람과 유사한 외형과 행동을 가지며, 디지털 기술을 통해 구현된 가상의 인간으로 정의된다. 실제 사람과 대화하고 상호작용할 수 있는 능력을 가지며, 실제 인간의 역할을 대체할 수 있는 기능을 수행한다. 디지털 휴먼은 아바타를 통해 사회적 자아의 한계를 극복하고, 개인적 자아를 자유롭게 표현할 기회를 제공한다.

사람들은 아바타를 만들 때 자신의 단점을 지우지만, 성별이나 인종 같은 건 잘 바꾸지 않는다. 그럼에도 불구하고, 상대방은 아바타를 통해 나를 잘 알아볼 수 있다고 한다. 이는 아바타를 통해 사람의 속성이 느낌으로 드러나기 때문이다. 이렇게 하여 만들어진 가상의 인간을 디지털 휴먼 또는 가상 존재(Virtual Being)라고 한다.

〈표 2-12〉 디지털 휴먼의 정의

구분	관점	정의
곽보은·허정윤(2021)	실제 사람과 같은 외형과 말을 하는 3D 가상인간	▶ 실제 사람의 외형을 모방하여 행동 양식을 모사하면서 역할을 대체하는 것
강수호·손미애(2011)*	특정 업무를 수행하는 대표 작업자들의 신체 특징, 자세 및 모션 등을 모사할 수 있는 객체	
김세영·허정윤(2021)	디지털 휴먼의 페르소나 "기존 아바타의 개념에서 발전된 형태 및 움직임의 측면에서 사실적인 결과를 생성하는 3D 휴먼 모델	
UneeQ (가상 비서 서비스)	인공지능으로 구동되는 실물과 같은 가상 존재	
Virtuals (가상프로덕션 플랫폼)	사실적인 3D 인간 모델	
이승환·한상열(2021)*	인간의 모습/행동과 유사한 형태를 가진 3D 가상 인간	
오문석, 한규, 서영호[36]	사람의 역할을 대체할 목적으로 실제 사람의 특징과 외형을 본떠 만든 3D 인체 모델	

가상 인간은 최초의 사이버 아이돌인 "다테 쿄코(1996)"[37]*로부터 시작되었다. 이후 한국에서도 아담소프트가 기획한 남자 사이버 가수 "아담"(1998)이 등장했으나 기술의 한계로 사라졌다. 이후 다시 "디지털 휴먼"으로 등장하여 버츄얼 유튜버나 디지털 인플루언서 등의 활용 사례가 증가하고 있다.

디지털 휴먼은 최근 인공지능 기술과 결합하여 가상 비서 서비스나 가

---

36) 오문석(Oh Moon Seok), 한규훈(Han Gyu Hoon), 그리고 서영호(Seo Young-Ho). "메타버스를 위한 디지털 휴먼과 메타 휴먼의 제작기법 분석 연구." 한국디자인리서치 6.3(2021): 133-142.

37) 일본의 연예기획사 호리프로에서 1996년에 '데뷔'시킨 세계 최초의 가상인간

상 캐릭터로 활용될 수 있다. 이를 위해 디지털 휴먼은 메타버스 공간에서 아바타를 생성하고 이를 통해 활동한다. 아바타는 디지털 휴먼이 메타버스에서의 활동을 위해 생성한 가상의 캐릭터를 의미하며, 다양한 외모와 기능, 그리고 심리적 안정감과 개인정보 보호, 소셜 상호작용, 가상 경제 참여 등의 특징을 가지고 있다.

아바타를 만들고 디지털 휴먼을 만드는 이유는 개인의 자아를 표현하고, 자신의 삶을 더욱 풍요롭게 만들기 위함이다. 아바타를 통해 개인의 외모, 성격, 취향 등을 자유롭게 표현할 수 있고, 메타버스에서 다양한 활동과 경험을 즐길 수 있다. 또한, 다른 이용자와 소셜 상호작용을 통해 친구나 지인을 만들고, 가상 경제에 참여하여 가상의 수익을 얻을 수도 있다. 라이프 로깅 기술을 통해 자신의 활동을 기록하고, 이를 바탕으로 개인화된 서비스를 제공받을 수도 있다. 이러한 이유들로 인해 개인들은 아바타를 만들고 디지털 휴먼을 만들어 메타버스에서 자유롭게 활동하고 상호작용한다. 한편, 기업들이 디지털 휴먼을 만드는 이유는 다양하다. 마케팅, 광고, 상품 개발, 고객 서비스, 교육 등에서 활용할 수 있고, 인공지능 기술과 결합하여 가상 비서나 상담원으로 사용할 수도 있다. 또한, 디지털 휴먼은 비용이 적게 들어 인적 자원 비용을 줄일 수 있다.

<표 2-13> 디지털 휴먼의 사례

이미지	이름 / 제작사	분야	제작방식	QR코드
	다테 쿄코(1996) 호리프로/일본	사이버 가수	3D 애니메이션	https://youtu.be/ONIKb1 EwX6U (0:07~1:07) 출처: https://www.horipro.co.jp/
	아담(1998) 아담 소프트	사이버 가수	딥러닝 알고리즘	https://youtu.be/nv96bO diQX0 (1:42~2:03)
	릴미켈라(2016)/ 미국	인플루언서	3D 애니메이션	https://economist.co.kr/article /view/ecn202111270020
	imma AWW Inc./일본	디지털 모델 디지털 인플루언서	실사 기반 3D 모델링	https://aww.tokyo/
	김래아 LG전자	제품홍보 디지털 아나운서	3D 모델링	https://youtu.be/laf-6Hd KTZY (~20초까지)
	오로지(2000) 로커스/싸이더스 스튜디오	디지털 모델, 디지털 인플루언서	실사 기반	https://youtu.be/r0Nbt3Za-B8 (~35초까지)

---

38) SM엔터테인먼트의 인기 걸그룹, 에스파(AESPA)는 실존하는 사람인 에스파의 멤버들과 1대1
로 대응되는 가상 세계의 '아바타 멤버'들이 있고, 현실 세계 멤버들은 이 아바타 멤버와 서
로 소통하고, 뮤직비디오 등을 통해 서로의 세계를 오가기도 한다.

이미지	이름 / 제작사	분야	제작방식	QR코드
	에스파38) 자이언트 스텝 /SM Ent.	연예인 메타버스 연계 콘텐츠	3D 모델링	https://youtu.be/Os_heh8vPfs (0:20~1:16초까지)
	Amelia IPsoft/미국	유통/금융 등 AI 비주얼 어시스턴트	3D 모델링, 인공지능 가상 채팅 로봇	https://youtu.be/_he9c73t8 ps?si=hDrRuqq7aeeZJTrE (0:45~3:30)
	알리 할리스/ 라이트닝 파이널 판타지 13의 여주인공	루이뷔통 모델	게임캐릭터	https://youtu.be/vFmSk0hQx9k (~12초까지)

주요 활용 분야는 엔터테인먼트-가상모델·가수·배우·인플루언서, 게임캐릭터 등, 유통/금융/방송 브랜드·상품·서비스 홍보, 고객 응대, 아나운서 등, 교육/훈련 교사, 교육·훈련 대상(피상담자·환자·고객 등 역할), 헬스케어 건강 상담, 운동 코칭 등이다.

이처럼 메타버스 공간에서 디지털 휴먼은 프로그래밍과 인공지능 기술을 통해 만들어져 이용자와 실제로 상호작용할 수 있다. 이러한 상호작용은 메타버스 내에서 다양한 목적으로 활용될 수 있으며, 이용자들은 언제나 편리하게 커뮤니케이션할 수 있다는 장점이 있다. 이러한 특징들은 메타버스 내에서 다양한 상황에서 유용하게 활용될 수 있으며, 커뮤니케이션에 대한 새로운 가능성을 제공한다.

3) 기술에서 보기

(1) 메타버스의 구성과 기술

국립국어원에서는 메타버스를 "웹상에서 아바타를 이용하여 사회, 경제, 문화적 활동을 하는 따위처럼 가상 세계와 현실 세계의 경계가 허물어지는 것을 이르는 말"이라고 정의하고 있다.

한국정보통신기술협회의 정보통신용어사전에는 "3차원 가상 세계"라고 용어정리가 되어 있으며, 그림과 같이 구성되어 있다.

스티븐 스필버그 감독의 『레디 플레이어 원(Ready Player One), 2018』은 2045년, 식량 파동과 경제 붕괴로 인해 현실이 황폐하고 어두운 상황에서 주인공이 가상 현실 오아시스(OASIS)라는 가상 세계에 접속하여 자신이 원하는 캐릭터로 어디든지 가고, 무엇이든 할 수 있는 개념을 그려낸다. 주인공은 가상 신체인 아바타를 빌려 가상 세계에 존재하며, 촉각 기술을 구현한 수트를 입으면 가상 현실의 감각이 현실에 그대로 전달된다는 아이디어가 등장한다. 이러한 개념이 '메타버스(Metaverse)'라는 용어로 정의된다.

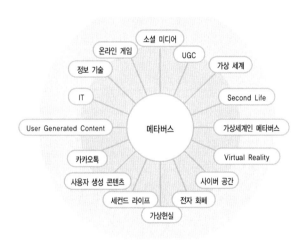

출처: http://terms.tta.or.kr/dictionary/dictionaryView.do?word_seq=061578-1

[그림 2-7] 메타버스 구성

메타버스 공간을 구성하는 기술로는 3D 모델링 및 애니메이션, 가상 현실(VR) 및 증강 현실(AR), 인공지능, 블록체인, 클라우드 컴퓨팅, 네트워크, 센서 기술 등이 있다. 이러한 기술들은 메타버스 공간에서의 가상 캐릭터 및 물체 생성, 이용자의 상호작용 및 데이터 처리, 자산 관리 및 거래 등을 지원한다.

밀그램과 키시노(Milgram & Kishino, 1994)*는 가상 현실과 증강 현실을 포함한 혼합 현실을 구분하여 설명하고 있다.

메타버스의 기술은 첫째, 3D 모델링 및 애니메이션 기술로 메타버스 공간의 가상 캐릭터, 물체 및 배경을 만들기 위한 기술이다. 둘째, 가상 현실(VR) 및 증강 현실(AR) 기술로 현실과 가상 혼합물을 만들기 위한 기술이다. 셋째, 인공지능 기술로 메타버스에서 이용자의 행동 및 상호작용을 예측하고 자동으로 대응하는 기술이다. 넷째, 블록체인 기술로 메타버스 공간에서의 디지털 자산 관리 및 거래를 위한 분산 원장 기술이다. 다섯째, 클라우드 컴퓨팅 기술로 메타버스에서의 대규모 데이터 처리, 저장 및 배포를 위한 기술이다. 여섯째, 네트워크 기술로 메타버스 공간에서의 다양한 이용자 간의 상호작용 및 연결을 지원하는 기술이다. 일곱째, 센서 기술로 메타버스에서의 이용자의 동작 및 상호작용을 감지하고 이에 대한 실시간 반응을 지원하는 기술이다.

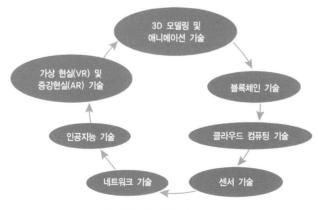

[그림 2-8] 메타버스 기술

가상 현실 (Virtual Reality, VR)	증강 현실 (Augmented Reality, AR)	확장 현실 (Extended Reality, XR)	혼합 현실 (Mixed Reality, MR)
이용자가 현실 세계와 완전히 차별화된 가상 세계로 이동하는 기술	현실 세계 위에 가상 콘텐츠를 덮어쓰는 기술 GPS 장치 및 중력 자이로스코프 등 위치 정보 시스템 기반	가상 현실과 증강 현실을 포괄하는 개념 진화된 가상 세계를 구현하고 냄새 정보와 소리 정보를 융합해 이용자가 상호 작용할 수 있는 기술	현실 세계에 가상 현실(VR)을 접목하여 현실의 물리적 객체와 가상의 객체가 상호 작용할 수 있는 기술
헤드셋을 착용하고, 컨트롤러나 터치 패드 등의 입력 장치를 사용	스마트폰, 태블릿 등을 사용하여 촬영한 영상에 가상 콘텐츠를 합성하거나, AR 헤드업 디스플레이를 착용하여 현실 세계에서 가상 정보를 봄	실제 세계와 가상 세계의 경계가 모호한 기술 현실과 가상 세계를 융합하여 새로운 환경을 제공	원격에 있는 사람들이 함께 모여 함께 작업하는 듯한 환경
Oculus Rift, HTC Vive 등의 VR 헤드셋 삼성 기어 VR, 구글 데이드림, 구글 카드보드	Pokemon Go, Snapchat의 AR 필터	PlayStation VR Magic Leap One, Google Glass	Microsoft의 HoloLens, Magic Leap One 등의 MR 헤드셋

이미지 출처: https://www.ahnlab.com/kr/site/securityinfo/secunews/secuNewsView.do?seq=29885

메타버스에서 적용할 수 있는 기술이론은 메타버스 공간의 확장과 이용자의 경험 증가와 관련이 된다.

(2) 메타버스 기술이론

① 크라이더의 법칙(Kryder's Law, 2005)[39]*

하드드라이브의 저장용량 역시 2년마다 배로 증가하는 현상을 일컫는다. 데이터를 네트워크를 통해 빠르게 처리하고 학습하기 위한 전제조건을 말한다. 이는 데이터를 처리하기 위해서는 본적인 저장용량이 증가해

---

[39] 2005년에 시게이트(Seagate)의 고위 임원인 마크 크라이더(Mark Kyrder)는 하드디스크 저장용량의 증가 속도가 무어의 법칙 속도보다 빠르다고 주장했다.

야 한다는 법칙이다. 메타버스의 빅뱅 즉 메타버스 팽창을 위해서는 스마트폰의 하드웨어 성능과 데이터를 분산 저장하는 클라우드 기술이 확장되어야 한다. 메타버스는 클라우드 컴퓨팅을 통해 누구나 접속한다. 그리고 블록체인을 활용하여 데이터를 암호화 처리한다. 이러한 데이터 저장용량 증가는 이용자가 메타버스에서 즐길 수 있는 경험을 높인다. 메타버스 공간은 대규모의 이용자 데이터를 쉽게 수집할 수 있으며, 이를 활용하여 AI 및 머신러닝 기술을 적용하여 서비스의 효율성과 이용자 경험을 개선할 수 있다.

② 닐센의 법칙(Nielsen's Law, 1983)[40]*

네트워크 속도는 매년 50%씩 증가한다는 인터넷 네트워크 속도의 지수적인 성장을 설명하는 법칙이다. 닐센의 법칙은 인터넷 이용자가 증가함에 따라 네트워크의 속도가 계속해서 증가한다는 것을 나타내는 법칙이다. 이는 인터넷의 성장과 함께 이용자들이 더 많은 데이터를 소비하는 추세에 따라 발견되었다.

메타버스는 인터넷 네트워크 기술을 기반으로 하여 구현되는 가상공간이다. 더 높은 대역폭은 더 나은 가상 경험을 제공할 수 있으며, 메타버스가 더욱 현실감 있는 경험을 제공하려면 더 많은 데이터를 처리할 수 있어야 한다. 이에 따라 인터넷 대역폭이 증가함에 따라 메타버스의 기술적 발전이 가속화될 것이 예상된다. 대역폭이 늘어나면 높은 해상도의 가상현실 환경을 구현하고, 이용자가 보다 원활하게 상호작용할 수 있게 된다.

---

[40] 1998년에 닐센 노만 그룹(Nielsen Norman Group)1의 공동창업자인 제이콥 닐슨(Jakob Nielsen)은 인터넷 대역폭이 21개월마다 2배가 되고 있다고 주장했다.

3. 메타버스 공간의 부상과 탄생

1) 메타버스가 오고 있다[41]는 이유

메타버스가 부상하고 있는 이유는 첫째로, 게임 산업이 더 이상 현실에서 충족할 수 없는 욕구를 충족시키는 대안으로서 메타버스를 찾고 있기 때문이다. 이는 게임 연구자이자 디자이너인 제인 맥고니걸(Jane McGonigal, 2011)*이 지적한 "현실의 실패" 개념과 관련이 있다. 메타버스는 더 나은 세계를 상상하고 창조하는 공간으로 기능하여, 현실의 도피가 아니라 현실을 개선하는 대안으로 주목받고 있다.

둘째는, 디지털 미디어의 확산으로 인해 이용자들이 창작과 소통에 대한 문화를 더욱 확산시키고 있다. 메타버스 서비스들은 개방적인 창작 툴을 제공하여 이용자들이 창의력을 발휘하고 상호작용을 즐기며 사회적 관계를 형성할 수 있는 공간으로서 부상하고 있다. 또한, 코로나19 팬데믹으로 인해 사회적 거리두기와 집콕이 요구되는 상황에서는, 메타버스를 통해 이용자들이 콘텐츠 소비보다는 사회적 관계 형성과 유지를 목적으로 이용하는 세대들의 이용이 증가하고 있다.

세 번째는 기기-플랫폼-네트워크의 성장에서 비롯된다. 2015년 삼성 기어 VR과 2016년 페이스북 오큘러스, HTC의 Vive 등 VR 기기의 상용화와 유니티(Unity)를 비롯하여 아마존 수메리안(Sumerian), 구글 폴리(Poly) 툴킷 등 AR/VR 콘텐츠 개발 플랫폼의 증가, 그리고 5G 네트워크의 상용화로 인해 몰입형 디스플레이에 대한 수요가 증가하고 있으며, 해당 기술의 대중화 단계에 접어들고 있다는 전망이 있다. 이러한 기술적 발전은 메타버스의 구현과 이용에 있어서 중요한 기반이 되고

---

41) "메타버스가 오고 있다(The Metaverse is coming)"라는 표현은 2020년 4월 메타버스 기술의 부상을 주목하여 벤처비트(VentureBeat)가 마련한 온라인 강연에서 사용된 제목이었다. 이후 엔비디아(NVIDIA)의 CEO인 젠슨 황(Jenson Huang)이 옴니버스 베타 출시 시 사용하여, 최근에는 관용구로 자주 사용되고 있다.

있다.

네 번째는, AR/VR 기술이 급성장할 것으로 예상되는 산업이기 때문이다. 조사기관인 마켓앤마켓(Markets and Markets, 2020)*의 분석에 따르면, AR/VR 시장은 2025년까지 1조 720억 달러에 이를 것이 예상되며, IDC(2020)*에 따르면, XR 산업도 2024년까지 132억 달러의 규모로 성장할 것으로 전망된다. 또한, 통계조사 기관인(Statista, 2020)*에 의하면, AR/VR 기술이 적용된 스마트글래스 시장도 2025년까지 약 37억 달러로 성장할 것이 예상된다. 이러한 성장 전망은 메타버스 산업의 성장 가능성을 높이고 있다.

2) 메타버스 공간의 탄생까지

메타버스 공간은 물리적 공간에 있지 않은 다른 사람들과 함께 만들고 탐색할 수 있는 일련의 가상공간이다.

〈표 2-15〉 메타버스의 발달(게임 출발)

구분	이미지	내용	QR코드/출처
리니지 (Lineage, 1998)		‣ NCSOFT 개발한 MMORPG(대규모 다중 이용자 온라인 역할 수행 게임) ‣ 미드 리프(Aden) 대륙에서 발생하는 일련의 이야기를 중심으로 플레이어는 자신의 캐릭터를 생성하고 레벨을 올려가며 몬스터를 사냥하고 아이템을 수집하며 여러 가지 모험을 즐길 수 있음	https://lineage.plaync.com/

구분	이미지	내용	QR코드/출처
싸이월드(1996), 싸이월드 Z(2022)		‣ 1996년부터 2011년까지 운영되었던 대한민국의 대표적인 소셜 네트워크 서비스 ‣ 프로필 작성, 블로그 글 작성, 친구 추가, 메시지 전송 등 다양한 소셜 기능 이용 ‣ 2011년 운영 중단되었다가 2022년 운영재개	https://www.cyworld.com/ 이미지 출처: 저자 싸이월드
심즈(2000)		‣ 컴퓨터 시뮬레이션 게임 ‣ 일상생활에서 가상의 인물을 조작하고, 집을 건축하며, 일자리를 찾고, 가족과 교류하며 등등 다양한 활동 ‣ 간단한 조작법과 다양한 시나리오, 무궁무진한 창조성, 유저 커뮤니티와의 연결성 등으로 인기 ‣ 미국의 게임 개발 및 배급 회사인 Maxis가 개발, 2021년 1분기 3억 3천만 달러 이상 매출액	https://www.ea.com/games/the-sims

친구들과 어울리고, 일하고, 놀고, 배우고, 쇼핑하고, 창조하는 등의 작업을 할 수 있다. 반드시 온라인에서 더 많은 시간을 보내는 것이 아니라 온라인에서 보내는 시간을 더 의미 있게 만드는 것이다. 메타버스가 탄생하기까지의 과정은 게임과 SNS의 발달 과정에서 찾을 수 있다. 리니지에서 메타버스까지의 과정은 <표 2-15>와 같다.

〈표 2-16〉 메타버스의 발달(인스토어 등장)

구분	이미지	내용	QR코드/출처
동물의 숲(Animal Crossing, 2001)[42]		‣ 일본 닌텐도에서 개발한 비디오 게임 시리즈 ‣ 생활 시뮬레이션 게임으로, 가상의 마을에서 주인공으로서 일상생활을 체험하며 자유롭게 살아가는 것 ‣ 실시간 시스템, 자유로운 게임 진행, 다양한 상호작용과 이벤트, 친근한 캐릭터 인기 ‣ 바이든 대통령 캠프가 선거 활동에 활용	https://www.animal-crossing.com/
세컨라이프 (2003)		‣ Linden Lab이 개발한 가상 세계 ‣ 이용자가 아바타를 생성하여 자유롭게 가상 세계에서 활동 ‣ Linden dollar라는 가상화폐로 가상 상품과 가상 부동산을 소유 가능 ‣ 게임 내에서 창작한 가상 물품을 판매하는 마켓플레이스와 다양한 도구와 API를 제공	https://www.secondlife.com/
로블록스 (2004)		‣ 이용자들이 로블록스 스튜디오를 사용하여 자신의 게임, 애니메이션, 가상 학교, 비즈니스, 테마 공원 등을 만들고 공유할 수 있는 가상 유니버스 플랫폼 ‣ 캐릭터, 배경, 게임 규칙 등을 커스터마이징과 가상 상품 업그레이드 가능 ‣ 주로 아이들과 청소년들을 대상 ‣ 2021년 전 세계 이용자 수 약 2억 8000만 명	https://www.roblox.com/

〈표 2-17〉 메타버스의 발달(SNS 업그레이드)

구분	이미지	내용	QR코드/출처
마인크래프트 (Minecraft, 2011)		‣ Mojang Studios에서 개발한 3D 블록 세계에서 모험하는 게임 ‣ 블록 세계를 "프로시저 생성" 기술로 3D 제공 ‣ PC, 스마트폰, 태블릿, Xbox, PlayStation 등 다양한 기기에서 이용 ‣ Mojang Studios가 개발하고 Microsoft Studios가 배급, 현재 유료버전 ‣ 2020년 전체 4억 1,500만 달러의 수익, 모바일 수익은 1억 1,000만 달러	https://www.minecraft.net/

---

42) 동물의 숲(Animal Crossing)
   개발사: 닌텐도 EAD
   출시일: 2001년 4월 14일(일본)
   장르: 시뮬레이션 게임
   플랫폼: 닌텐도 게임큐브, 닌텐도 DS, Wii, 닌텐도 3DS, Nintendo Switch 등

구분	이미지	내용	QR코드/출처
포트나이트 (Fortnite, 2017)		‣ 멀티플레이어 온라인 게임 ‣ 에픽게임즈(Epic Games) 개발 ‣ PC, 모바일, 콘솔 등 이용 ‣ 무료 대규모 전투(100명 대 100명) 모드인 "배틀 로얄" 인기 ‣ "인게임 스토어"를 운영, 97억 달러(2020) 수익	https://www.epicg ames.com/fortnite/
제페토 (Zepeto) (2018)		‣ 네이버 Z의 스노우에서 3D AR 아바타 제작 애플리케이션 출시 ‣ 피노키오를 만든 ZEPETO 할아버지의 이름에서 유래 ‣ 아이템, 라이브, 월드, 빌드잇에서 활동 ‣ 제페토 스튜디오에서 '젬'과 코인 디지털 화폐 사용 ‣ 크리에이터 누적 가입자 수만 70만 명, 아이템 약 200만 개(2021. 6)	https://zepeto.me/

〈표 2-18〉 메타버스의 발달(화상회의 상호작용)

구분	이미지	내용	QR코드/출처
페이스북 호라이즌 (Facebook Horizon, 2020)		‣ 페이스북에서 개발한 가상 현실(VR) 플랫폼, Oculus VR 스튜디오에서 개발 ‣ 호라이즌에서 새로운 가상 세계를 만들고, 카지노 게임이나 가상 카트 레이싱 등의 게임 플레이 ‣ 기능은 아바타, 커뮤니티, 월드 빌더 등	https://youtu.be /o67td5HFghI
게더타운 (Gather Town, 2020)		‣ 구글 클라우드 플랫폼(Google Cloud Platform)을 기반으로 한 비디오 게임 플랫폼 ‣ HTML5, JavaScript, React 등을 사용하여 개발 ‣ 8비트 비디오 게임의 레트로 스타일 그래픽 디자인 ‣ 온라인 이벤트나 회의, 강연, 컨퍼런스 등	https://gather.to wn/

구분	이미지	내용	QR코드/출처
이프렌드 (ifland, 2021)		▸ 온라인 모임에 특화한 개방형 메타버스 플랫폼 ▸ 이프미(아바타) 기반 인플루언서 ▸ '누구든 되고 싶고 하고 싶고 만나고 싶고 가고 싶은 수많은 가능성(if)이 현실이 되는 공간(land)'이란 의미	 https://www.ifland.com/
젭(ZEP. 2022)		▸ 회의와 모임을 풍성하고 재미있게 만들어주는 오픈형 메타버스 플랫폼 ▸ 모바일 게임 '바람의 나라: 연' 개발사인 슈퍼캣과 '제페토' 운영사 네이버 제트 합작사 ▸ 2022년 11월 기준 월간 활성 이용자 70만 명, 누적 이용자 300만 명	 https://zep.us/play/8jkGM1

3) 메타버스로 확장된 공간패러다임의 변화

메타버스는 가상 현실과 인터넷 기술의 발전으로 등장한 새로운 공간 패러다임으로, 전방위적 시각과 디지털 레이어를 이용한 공간표현, 공간 어포던스 등의 특징을 가지고 있다. 메타버스는 현실과 가상의 경계가 모호해지면서 시작되었으며, 게임이나 가상 세계에서 이용되고 있지만, 미래에는 실제 세계와 유사한 물리적 경험을 제공하는 공간으로 발전할 것이 예상된다. 이를 위해 대량의 데이터와 인터넷 대역폭이 필요하며, 디지털 테라포밍을 이용하여 자연환경이나 도시 등의 공간을 재현하여 메타버스에서 현실 세계의 경험을 확장할 수 있다. 따라서 메타버스는 확장된 공간의 패러다임으로 볼 수 있다. 여기에는 영상의 미학적인 특징과 입체감이 나타난다. 첫째, 기존의 영상미를 뛰어넘어 전방위적인 시각을 제공하며, 조감을 펼쳐보는 미학을 보여준다. 이를 통해 이용자들은 상황의 총체적인 면모나 개략적인 분위기 정보를 파악할 수 있다. 둘째, 입체감을 극대화하여 상황을 한눈에 이해할 수 있도록 조망이 가능하며, 입체적이고 연속적인 시점을 제공하여 예상하지 못했던 정보를 새롭게 볼 수 있도록 하며, 과학적인 관찰과 정보를 즉각 채취할 수 있는 즉각성과 동시성을 제공한다. 셋째, 실제 세계를 나타내는 방법이 될 뿐만 아니라, 상상으로 인식되는 공간을 경계 없이 넘나들 수 있는 참여적인 경험을 제공한다. 이를 통해 이용자들은 보다 더 리얼하고 실제처럼 표현할 수 있는 보는 양식을 경험할 수 있다.

넷째, 객체와 피사체들이 마치 미니어처처럼 보이는 효과를 주어 미니어처 효과도 가능하게 한다. 이를 통해 이용자들은 새로운 정보를 얻을 뿐만 아니라 상호작용을 통해 의견을 교환하고, 현장으로 순간 이동하는 등 현장성을 느낄 수 있다. 이러한 메타버스는 확장된 공간패러다임으로 볼 수 있다.

그동안 중세 시대에 발견된 원근법은 입체적인 공간을 표현했으며, 이후 디지털로 패러다임이 전환되면서 레이어가 가져다주는 층위의 공간을 형성하게 되었다. 최근의 메타버스 공간으로의 패러다임의 변화는 온라인과 가상공간을 통해 3D, VR, AR 등으로 차원이 다른 입체적인 공간을 표현하는 전방위적인 공간을 형성하고 있다. 이러한 시각적인 변화는 삶의 양식과 공간을 변화시켰다. 메타버스는 실제 세계와 결합하여 자연스러운 새로운 경험과 상호작용을 가능하게 하는 공간이다. 이 공간은 가상과 실제의 경계를 무시하며, 다양한 인터페이스가 사용되며, 인간과 공간의 상호관계성을 증진시키는 다양한 속성이 내재되어 있다. 이를 통해 이용자는 실재감과 몰입감을 느낄 수 있으며, 풍부한 경험과 탐색이 가능하다. 이러한 메타버스의 속성은 모의 시뮬레이션(Simulatracing), 몰입(Immersense), 초월한 연결(Tranconnect), 탐색 경험(Eexplorience) 등 다양한 인터페이스를 통해 구현된다.

메타버스가 바꾼 공간의 패러다임은 입체적인 공간에서 상호작용을 강화하여 참여자들의 활동성과 집중도를 높이는 것이다. 이러한 특징은 가상 현실에서 제품을 체험하고 구매하는 것이 가능해지면서 융합공간에서의 경제활동을 가능하게 했다.

이러한 변화는 디지털로 패러다임이 전환되면서 레이어가 가져다주는 층위의 공간에서부터 시작하여, 메타버스로 확장된 공간에서 더욱 발전하고 있다.

따라서, 메타버스는 입체감을 지니며, 디지털 레이어들이 층위를 겹쳐서 나타내는 전방위적인 시각 공간으로 확장된 공간패러다임으로 변화를 보여준다.

〈표 2-19〉 공간 개념과 메타버스 공간의 특성

구분	공간 개념과 특성	메타버스 공간의 특성
레이너 쿠누(Francesco Careri)와 조지 시스콜(George Ritzer)의 제3의 공간(Third Place) (1989)	▸ 사람들 사이 서로 간섭 의무 없이 중립적인 곳 ▸ 제1의 공간은 집이나 직장 같은 개인의 생활 공간, 제2의 공간은 일하는 장소, 제3의 공간은 이외의 중립적인 사회적 공간으로 카페, 미용실, 서점 등 ▸ 제3의 공간은 일상적인 사회적 교류가 일어나는 공간으로 쉬고, 사회적 관계를 유지하고, 자신의 정체성을 형성하는 역할	▸ 메타버스는 제3의 공간에서 기인한 개념 ▸ 고정된 공간에서 일어나는 교류가 아닌, 인터넷상에서 다양한 사람들과 상호작용할 수 있는 가상공간
마르크 오제, 비-장소(Non-Places, 1992)	▸ 일상적으로 사용하는 공간이 역사나 정체성, 관계 등과 무관한 '비-장소'로 변화 ▸ 비-장소는 이동성, 순간성, 익명성이 강조되는 공간, 공항, 지하철, 호텔, 백화점, 쇼핑몰 등 ▸ 비-장소에서는 사람과 기계 사이의 절차적이고 조작적 상호작용이 일어나며, 사람과의 의미 있는 만남과 상호작용이 줄어든다는 것	▸ 메타버스는 이동성이 강조되는 공간이며, 인터넷을 통한 순간적인 상호작용이 가능하고, 익명성을 보장하는 공간임
볼터, 그루신[43], 사이버스페이스(2006)	▸ 인터넷을 넘어서서 미디어로 채워진 3차원 가상공간 ▸ 물리적인 공간이 아닌 전자 스크린과 같은 디지털 미디어를 통해 접근	▸ 메타버스는 사이버스페이스의 일종 ▸ 가상 경제, 가상 교육, 가상 커뮤니티 등 ▸ 미래의 인터넷 사이버스페이스

43) 볼터(J. D. Bolter)와 그루신(Richard Grusin)은 미국의 조지타운 대학교 교수로 현대 사회에서 미디어가 차지하는 역할과 의미, 미디어의 변화와 발전에 관해 연구하고 있으며, "사이버스페이스(Cyberspace)", "리미디에이션(Remediation)", "프레즌스(Presence)" 등의 개념을 제안하였다. 특히, "사이버스페이스"라는 개념은 디지털 환경에서의 인간-컴퓨터 상호작용과 가상 현실을 연구하는 데에 큰 역할을 하였다.

44) 존 어리(John Urry)가 "사이 공간"이라는 개념을 "Mobilities"(2007)라는 책에서 모바일성으로

구분	공간 개념과 특성	메타버스 공간의 특성
존 어리 (John Urry, 2007)[44]* 사이 공간	‣ 집과 직장 사이의 공간 ‣ 제3의 장소와 비슷하게 국지적인 장소나 공동체 기반의 공간 ‣ 이동성이 높은 공간으로, 사람들이 이동하면서 연락, 만남, 업무 처리, 여가를 즐기는 등의 활동을 할 수 있는 공간 ‣ 자동차, 모바일 태블릿, 노트북 미디어 등을 통해 이루어짐.	‣ 모바일 기기를 통해 메타버스 공간에 접속하고, 가상으로 다른 사람들과 소통하거나, 가상으로 상품을 구매하는 등의 행위가 가능 ‣ 모바일성과 메타버스 공간은 상호보완적인 개념
메타의 메타버스 공간(2021)	‣ 인터넷 세상처럼 수많은 가상공간이 연결되어 있는 세계 ‣ 마음껏 옮겨 다닐 수 있는 가상공간의 집합체	‣ 메타버스 플랫폼 ‣ 3D 애니메이션과 VR, AR, XR, MR의 신세계

II. 융복합콘텐츠와 메타버스 공간

1. 융복합콘텐츠

1) 융복합콘텐츠는 무엇인가

융합(Convergence)은 다양한 분야나 기술을 하나로 합쳐 새로운 분야나 기술을 만들어내는 것이고, 복합(Consilience)은 서로 다른 분야나 기술이 상호작용하여 새로운 아이디어나 개념을 발견하거나 발전시키는 것이다. 임명환, 이중만(2013)*은 산업적 관점의 융복합은 서로 다른 산업 분야가 효율과 성능 개선을 창출하는 현상으로 설명한다.

한국정보통신기술협회(TTA)[45]의 정보통신용어사전에 따르면, "융합콘텐츠(融合, Convergence Content)는 게임·애니메이션·영화 등 종합 엔터테인먼트를 아우르고 교육·체육·문화 등 실생활에 유용한 정보들이 합쳐져서 생산적인 활동을 가능하게 하는 콘텐츠, 게임 속에서 영화

제시하였다.

45) 출처: http://terms.tta.or.kr/dictionary/dictionaryView.do?subject=%EC%9C%B5%ED%95%A9+%EC%BD%98%ED%85%90%EC%B8%A0

를 본다거나, 교육을 위해 제작되는 애니메이션 및 영화와 같이 장르 및 포맷 간 영역을 파괴하고 융합하는 콘텐츠"를 말한다. 융합콘텐츠는 문화기술과 신기술을 활용하여 다양한 디지털 콘텐츠를 만들고 타 산업과 결합하여 새로운 콘텐츠를 생산해낸다.

콘텐츠산업 진흥법*에서는 콘텐츠와 콘텐츠산업의 정의를 하고 있다. 이에 따르면 콘텐츠는 저작물이고 융합콘텐츠는 융합의 진전에 따른 콘텐츠 즉 융합 저작물이다.

융복합콘텐츠는 영상과 음악, 게임과 교육 등 서로 다른 분야나 형식의 콘텐츠를 결합하여 새로운 콘텐츠를 만들어낼 수 있다. 협업하여 이루어질 수 있으며, 새로운 산업 분야나 비즈니스 모델을 창출할 수 있고, 다양한 미디어 플랫폼에서 활용될 수 있다.

〈표 2-20〉 콘텐츠산업 진흥법 (약칭: 콘텐츠산업법)

조항	내용 [시행 2022. 4. 19.] [법률 제18782호, 2022. 1. 18. 일부 개정]	정의
제2조(정의)	1. "콘텐츠"란 부호·문자·도형·색채·음성·음향·이미지 및 영상 등(이들의 복합체를 포함한다)의 자료 또는 정보	「저작권법」 "저작물"은 "콘텐츠"
	2. "콘텐츠산업"이란 경제적 부가가치를 창출하는 콘텐츠 또는 이를 제공하는 서비스(이들의 복합체를 포함한다)의 제작·유통·이용 등과 관련한 산업	
	3. "콘텐츠 제작"이란 창작·기획·개발·생산 등을 통하여 콘텐츠를 만드는 것을 말하며, 이를 전자적인 형태로 변환하거나 처리하는 것을 포함	
	4. "콘텐츠제작자"란 콘텐츠의 제작에 있어 그 과정의 전체를 기획하고 책임을 지는 자	
	5. "콘텐츠사업자"란 콘텐츠의 제작·유통 등과 관련된 경제 활동을 영위하는 자	
	6. "이용자"란 콘텐츠사업자가 제공하는 콘텐츠를 이용하는 자	
제12조(융합콘텐츠의 활성화)	콘텐츠산업과 그 밖의 산업 간 융합의 진전에 따른 콘텐츠 기술의 연구 개발과 다양한 콘텐츠의 개발을 촉진	융합의 진전에 따른 콘텐츠

융복합 유형을 2가지 차원으로 구분할 수 있는데, 융복합 성격에 따라 콘텐츠의 강화와 확장, 콘텐츠와 다른 요소의 결합이나 융합콘텐츠는 문화기술과 신기술을 결합하여 새로운 디지털 콘텐츠를 만들고 다른 산업과 결합하여 창조적인 결과물을 만드는 것이다. 이를 두 가지 차원으로 나누면 콘텐츠의 강화와 확장, 새로운 창조에 대한 차원과 콘텐츠, 기술, 장르, 타 산업과의 융합에 대한 차원이 있다. 이를 위해 직관적인 UI 기술과 감성적 상호작용, 가상/증강현실 등 디지털 신공간을 활용한다. 이러한 공간을 '메디치 스퀘어(Medici effect)'[46]로 설명한다.

융합콘텐츠는 기존 분야의 콘텐츠를 신기술과 결합하여 새로운 경험을 제공하는 것이다. 이를 실감형, 몰입형 콘텐츠로 분류할 수 있다. 예를 들면, [그림 2-9]와 같이 '비비드 스페이스(VIVID SPACE)'와 "이터니티"가 있다. 박용재 외(2010)*는 콘텐츠산업의 융합 유형별 사례 및 전망에서 콘텐츠산업의 융복합 사업을 창조유형으로 분류하면서 메타버스를 등장시켰다. 콘텐츠산업을 중심으로 한 융합 유형은 크게 산업 내 융합과 산업 간 융합으로 구분 가능하며, 강화, 확장, 결합, 창조로 이루어진다. 창조유형의 콘텐츠를 메타버스와 아바타, 쌍방향 감성인지, 홀로그래픽 등으로 구분하였다.

---

46) 메디치 효과는 서로 다른 분야, 문화, 영역에서의 교류와 소통으로 새로운 아이디어를 창출하는 것을 의미한다. 이 용어는 이탈리아의 메디치 가문이 15~16세기 르네상스 시대를 여는 데 큰 역할을 한 것에서 유래하였으며, 이 가문은 금전적, 문화적, 정치적으로 다른 분야의 사람들을 후원하여 이들이 서로 교류하고 협업할 수 있도록 했다.

	비비드 스페이스 (VIVID SPACE)	이터니티 (ETERNITY)	QR코드
결합유형	 문화체육관광부와 콘진원이 인천국제공항공사와 함께 신기술융합콘텐츠를 활용해서 만든 전시관	 버추얼 휴먼 K-POP 걸그룹으로, 2022년 BBC에 올해의 여성 100인 특집에 보도	 https://youtu.be/vsxs_Y U-TYg https://youtu.be/EYId OXjwOOE
	세컨라이프 (Second Life)	아메바 피그 (Ameba Pigg)	QR코드
창조유형	 세계 최대의 VR 기반 SNS 서비스	 일본 사이버 에이전트의 (2009, 2) 아바타 기반47) 가상 세계 체험 서비스	 https://secondlife.com/?_ gl=1*almmw3*_ga*NjY5 Nzc5NzcwLjE2OTA4Nz IwODA.*_ga_T7G7P6D CEC*MTY5MDg3MjA4 MC4xLjAuMTY5MDg3 MjA4Mi41OC4wLjA. https://www.ameba.jp/

[그림 2-9] 융복합콘텐츠 사례

2) 메타버스 공간과 생태계

(1) IT 생태계 기반의 콘텐츠(C)-플랫폼(P)-네트워크(N)-디바이스(D)의 관점

메타버스는 현실 세계 데이터를 기반으로 한 콘텐츠를 생성하고 플랫

---

47) 아바타 기반 콘텐츠는 인도 신화에서 화신을 뜻하는 말로 인터넷상의 공유 공간에서 이용자의 화신이 되는 캐릭터에 기반을 둔 가상 세계 서비스

폼을 통해 서비스화하며, 초고속 저지연 네트워크로 연결하여 디바이스를 통해 가시화하는 공간 생태계로 이루어진다.

메타버스 공간에서는 다양하고 매력적인 XR 콘텐츠를 제공함으로써 유지와 성장을 이루어내고 있다. 이를 위해 3D 엔진과 인공지능 등의 기술이 사용되고 있다. 플랫폼은 콘텐츠 작동 및 배포를 가능하게 하고, 실감형 콘텐츠 운영 서비스 환경을 구축하는 데 필요한 역할을 수행한다. 이를 위해 클라우드 컴퓨팅, 결제 플랫폼, 반도체, IT 하드웨어 등의 주요 기술이 사용되고 있다. 네트워크는 5G를 중심으로 한 초고속 및 초저지연 기술을 활용하여, 메타버스 공간에서 플랫폼과 디바이스 간의 안정적이고 빠른 연결이 이루어진다. 이를 위해 5G, 6G, IoT, 엣지 컴퓨팅 등의 기술이 사용되며, 네트워크의 안정성과 속도 개선이 지속적으로 발전하고 있다. 메타버스 공간에서 콘텐츠를 소비하고 몰입 경험을 높이기 위해 디바이스가 역할을 하며, 몰입형 기기, 인터랙션, 디스플레이, 반도체, 하드웨어 부품 등의 기술이 필요하다. XR 콘텐츠 제작 및 이용이 디바이스에서 이루어진다. 메타버스 생태계를 콘텐츠(C)-플랫폼(P)-네트워크(N)-디바이스(D)로 구분하면 <표 2-21>과 같다.

〈표 2-21〉 메타버스 생태계

구분	콘텐츠 (생성)	플랫폼 (서비스화)	통신네트워크 (연결)	디바이스 (가시화)
공급자	XR 기반 실감형 콘텐츠기획제작	콘텐츠 작동, 배포 실감형 콘텐츠 운영 서비스 환경	플랫폼-디바이스 연결, 초고속 초저지연 초연결	콘텐츠 소비와 제작
주요 기술	데이터생성 콘텐츠 저작도구 3D Engines 인공지능(AI) Adtech, VFX, CG	운영체계(OS), 클라우드 컴퓨팅, 결제 플랫폼 반도체, IT 하드웨어	5G, 6G IoT 엣지 컴퓨팅	몰입형 기기 상호작용기기 디스플레이 반도체

구분	콘텐츠 (생성)	플랫폼 (서비스화)	통신네트워크 (연결)	디바이스 (가시화)
미국	디즈니, 워너뮤직 컴캐스트, Unity 넷플릭스, HTC Technologies, Adobe, Autodesk 메타 Horizon VIVEPORT 애픽게임즈	애플, 구글, 아마존, 메타, MS, Roblox, 엔비디아, 샌드스톰,	AT&T, Verizon	AR, VR 기기 SONY, 고어텍, Magic Leap, 애플 AR Glass MS 홀로렌즈 메타오큘러스 구글글래스
유럽	유니버설 미디어 그룹, S4Capital, WPP, Publicis Group	유비소프트	KPN	3i, Lux share, Pegatron, 홍하이
일본			NTT, KDDI	
중국		텐센트, NetEase	차이나모바일, 차이나텔레콤	
한국	VA코퍼레이션, 자이언트스텝, 덱스터스튜디오 SKT 이프랜드 네이버 제페토	네이버, 카카오, 엔씨소프트 넷마블, 넥슨,	SKT 5G KT 5G LGU+ 5G	삼성 VR 헤드셋
서비스	가상 세계, 아바타. NFT, 게임, 교육, E 커머스, 소셜미디어, 엔지니어링, 디자인, 엔터테인먼트 등 산업 전반			

(2) 경제적 관점의 인프라(D·N)-플랫폼(P)-콘텐츠(C)-지식재산권 (IP)으로 확장

메타버스 공간에서의 생태계는 C-P-N-D의 상호 유기적인 성장뿐만 아니라 메타버스 내 콘텐츠의 독창성과 경제적 가치에 초점을 둔 IP 영역도 필요하다. 왜냐하면, 최근 메타버스 가상 세계에서는 개방형 오픈 플랫폼 게임을 중심으로 이용자가 직접 개발한 수많은 연계 게임과 아이템들이 개발되고 있으며, 아바타에 새로운 가치와 개성을 부여하기 위해 외부 지식재산권 사업자들과의 제휴를 통한 서비스가 증가하고 있다. 따라서 인프라(D·N), 플랫폼(P), 콘텐츠(C), IP로 생태계가 확장되는 것이다.

인프라(D·N)는 메타버스를 구축하기 위한 하드웨어 및 네트워크 인프라를 의미하는데, D는 Data(데이터)를, N은 Network(네트워크)를 나타내며, 디지털 네이티브(Digital Native)한 시스템이다. AR·VR 디바이스와 기술혁신을 통해 발전하고 있다. 플랫폼(P)은 메타버스에서의 가상 공간을 제공하고, 이를 통해 이용자들이 상호작용할 수 있도록 해주는 기술적인 플랫폼을 의미한다. VR 기술, 블록체인, AI, 빅데이터 등의 기술을 활용하여 이용자들 간의 소셜 인터랙션을 가능케 하는 SNS 기능 등으로 가상공간에서 사회문화·경제 활동을 가능하게 한다. 콘텐츠(C)는 메타버스 공간에서 제공되는 다양한 콘텐츠를 의미한다. 이는 가상현실에서의 게임, 쇼핑, 교육, 음악, 영화, 방송 등과 이용자들이 저작도구를 활용한 결과물도 포함된다. 지식재산권(IP, Intellectual Property)은 메타버스에서의 다양한 콘텐츠와 기술들에 대한 지식재산권을 의미한다. 이는 특허, 상표, 저작권, 디자인 등 다양한 형태의 지식재산권을 포함한다. 해당 창작물의 소유자가 가진 권리로, 그들이 해당 창작물을 이용, 배포, 판매 등의 행위를 할 수 있다. 인프라는 AR·VR 디바이스와 기술혁신을 통해 발전하고, 플랫폼은 블록체인, AI, 빅데이터 등의 기술을 활용하여 가상공간에서 사회문화·경제 활동을 가능하게 한다. 콘텐츠·IP는 현실과 유사한 공간 및 인물 구현이 가능하며, 데이터 기술은 가상공간에서의 다양한 비즈니스 혁신을 가속화한다. 이용자 기반의 콘텐츠 생산과 가상공간의 브랜드 및 아티스트 IP의 제휴가 활발하다.

〈표 2-22〉 확장된 메타버스 생태계

인프라	플랫폼	콘텐츠	IP
초연결 네트워크 환경(5G), 실감형 디바이스	운영, 서비스	VR·MR·XR 등을 통해 즐길 수 있는 실감형 창작물	지식재산권
도구와 자원 공급 요소기술 데이터 SW 개발 도구[48]	서비스 제공 플랫폼 구현[49]	▸ 저작도구를 활용해 이용자 창작 활동 활성화, ▸ 3rd party 신기능[50] 연동	▸ 다국어 지원 ▸ 전 세계 공통 관광, 음악 등 관심 분야와 가이드북, 웹사이트, 앱 등으로 콘텐츠 연계

인프라		플랫폼	콘텐츠	IP
네트워크, 클라우드	실감형 디바이스	실감형 콘텐츠의 개발, 유통, 서비스, 운영	이용자 소비 고도화	브랜드 가치를 보유한 IP
Asure(MS), AWS(AMA ZON)	Oculus, Google Glass, Gear, Vive	Microsoft,[51] Meta[52], Unity[53]	Fortnite[54], Roblox[55], Animal Crossing[56], Zepeto[57]	YG, SM[58], GUCCI, NIKE, DKNY, MLB

미국의 Beamable사의 CEO인 존 라도프(Jon Radoff, 2021)*는 기존 산업의 공급구조가 해체되고 메타버스 플랫폼에 기반을 둔 대체 밸류체인으로 진화함으로써 새로운 공급망과 부가가치 창출이 필요하다며 메타버스의 가치사슬은 7개 층위를 가진다고 발표하였다.

---

48) 도구와 자원 공급 요소기술은 서버, 데이터센터, 보안 시스템, 스토리지 등이고, 데이터는 이용자 데이터, 콘텐츠 데이터, 메타데이터 등이며, SW 개발 도구는 프로그래밍 언어, 개발 프레임워크, 데이터베이스 등이다.

49) 서비스 플랫폼 구현이란, 기업이나 개인이 소프트웨어, 애플리케이션, 웹 서비스 등을 개발할 때 필요한 다양한 서비스들을 제공하는 플랫폼. 개발자들은 자신의 애플리케이션에 필요한 인프라, 데이터베이스, 보안, 결제 시스템 등의 서비스를 편리하게 활용할 수 있다.

50) 제3자가 개발한 새로운 기능이나 기술

51) Microsoft의 Azure는 다양한 클라우드 컴퓨팅, 인프라, 데이터베이스, 인공지능 등의 서비스를 제공하는 서비스 플랫폼으로, 개발자들은 이를 활용하여 애플리케이션을 개발하고 배포할 수 있다.

52) Meta는 가상 현실(VR) 플랫폼인 Meta Horizon을 제공하며, 개발자들은 이를 활용하여 다양한 VR 애플리케이션을 개발할 수 있다. 또한, 스탠드얼론 VR 디바이스인 Meta Quest를 출시하여 VR 경험을 제공하고 있다.

53) Unity는 게임 개발을 위한 플랫폼으로, 게임 개발자들은 간단한 인터페이스와 다양한 도구를 활용하여 게임을 개발할 수 있다. Unity는 또한 다양한 플랫폼에서 게임을 배포할 수 있는 기능을 제공하며, 모바일 게임부터 PC 게임까지 다양한 게임을 지원한다.

54) Fortnite는 전 세계에서 대규모 인기를 끌고 있는 대표적인 배틀 로얄 게임으로, 유저들은 게임 내에서 창작물을 만들고 서로 공유하며 즐길 수 있다.

55) Roblox는 이용자들이 직접 게임을 만들 수 있는 게임 개발 플랫폼으로, 이용자 창작 콘텐츠를 공유하고 즐길 수 있다.

56) Animal Crossing은 이용자들이 가상 섬에서 살며 일상생활을 즐길 수 있는 게임으로, 이용자들은 자신만의 창작물을 만들어 가상 섬에서 함께 공유하며 즐길 수 있다.

57) Zepeto는 이용자들의 얼굴과 몸체를 3D 모델링하여 가상 세계에서 자신의 캐릭터를 만들고, 그 캐릭터를 이용해 다양한 창작물을 만들고 공유할 수 있는 앱이다.

58) YG와 SM 엔터테인먼트는 K-pop의 대표적인 레이블 기획사이며 자사의 아티스트들을 중심으로 음반, 음원, 뮤직비디오, 콘서트 등 다양한 콘텐츠를 제작하며, 상표 등록 및 저작권 보호를 통해 IP 지식재산권을 보호하고 있다.

		메타버스에서 할 수 있는 것	
존 라도프 (Jon Radoff)의 가치사슬	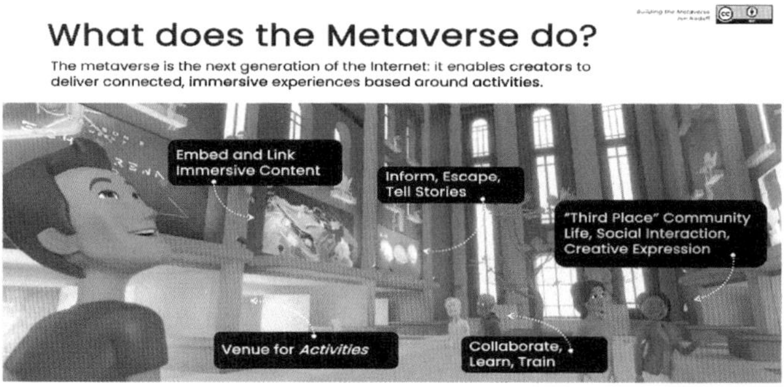 What does the Metaverse do?		
	경험 (Experience)	이용자들이 관여하게 되는 레이어로 게임, 소셜 경험, 라이브 이벤트, 쇼핑 등	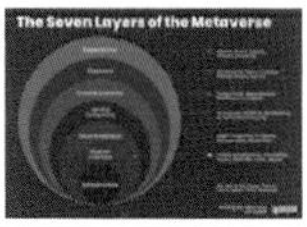
	발견 (Discovery)	광고, 소셜 큐레이션, 스토어 등 사례와 내용	
존 라도프 (Jon Radoff)의 가치사슬	크리에이터 경제 (Creator Economy)	디자인 도구, 애니메이션시스템, 그래픽 도구, 수익화 기술, 에셋 스토어 등 제공. 더 많은 마켓 형성과 이용자 관여도를 끌어냄	
	공간 컴퓨팅 (Spatial Computing)	3D 엔진, VR/AR/XR, 멀티태스킹 UI, 위치기반 매핑	
	탈중심화 (Decentralization)	엣지 컴퓨팅, AI 에이전트, 마이크로 서비스, 블록체인 등 기술	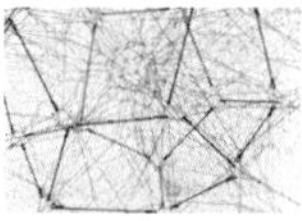
	휴먼 인터페이스 (Human Interface)	모바일, 스마트 글래스, 웨어러블, 햅틱, 제스처, 보이스 등 기술	
	기반 (Infrastructure)	5G, Wifi 6, 6G, 클라우드 등 기술 기반	

이미지 출처: https://medium.com/building-the-metaverse/the-metaverse-value-chain-afcf9e09e3a7

[그림 2-10] 메타버스 가치사슬 7층위

3) 메타버스 공간과 융복합콘텐츠 서비스

메타버스는 다양한 기술들이 융합되어 만들어지는 기술 집약적인 개념이다. 융복합콘텐츠를 구현하기 위해 인프라들이 필요하다.

첫째, 탈중앙화와 분산 기술, 중앙화 등의 기술이다. 탈중앙화 기술은 메타버스에서 가상화폐와 같은 자산을 보호하고, 중앙화된 권력이 가상 세계에서 지배력을 행사하는 것을 방지하는 데 활용된다. 분산 기술은 메타버스에서 대규모 이용자를 처리하고, 시스템의 확장성과 안정성을 높이는 데 사용된다. 중앙화 기술은 메타버스에서 중앙 집중식 게임 서버나 시스템에서 사용된다. 둘째, 메타버스에서는 가상자산이나 화폐를 거래하고 취득하는 등의 활동을 위해 규약, 계약, 프론트앤드 등 다양한 요소들이 사용된다. 규약은 메타버스 내에서 사용되는 다양한 암호화폐나 자산 등의 표준화된 규정을 의미한다. 예를 들면, ERC-20이나 ERC-721 같은 이더리움 기반의 토큰 규약이 있다. 계약은 스마트 컨트랙트를 의미하며, 자동화된 거래를 처리할 수 있다. 프론트앤드는 메타버스에서 이용자와 상호작용할 수 있는 인터페이스를 의미하며 크립토(Crypto) 기술과 고유한 소유권을 가진 디지털 자산인 NFT(Non-Fungible Token)가 사용된다. 셋째, 가상자산을 거래하는 온라인 마켓인 마켓플레이스가 필요하다. 이는 스왑(Swap)과 브릿지(Bridge) 기술을 활용하여 다른 가상자산과 교환하거나 서로 다른 블록체인 간에 자산을 이동할 수 있게 한다. 또한, 거래소(Exchange)를 통해 가상자산을 거래할 수 있다. 넷째, 이용자 간의 상호작용과 커뮤니케이션을 위해 부캐, 아바타, PFP(Personalized/Fungible Tokenized Portraits) 등의 요소들이 필요하다. 부캐는 이용자가 생성한 대리인 캐릭터를 말하며, 아바타는 직접 만든 또는 선택한 디지털 캐릭터이고, PFP는 개인화되고 토큰화 된 초상화를 의미한다. 이러한 요소들은 자신만의 아이덴티티를 표현하고, 소셜 활동을 할 수 있게 한다. 이외에도 이용자 경험(UX)을 개선하기 위해 직관적이고 사용하기 쉬운 인터페이스(UI)를 제공하고, 이용자들이 게임이나 가상환경에서 노력에 비례하여 보상을 받을 수 있는 시스템인 P2E(Pay-to-Earn)도 활용한다. 융복합콘텐츠를 구현하기 위해 대표적인 플랫폼은 <표 2-23>과 같다.

〈표 2-23〉 메타버스 플랫폼 특성 비교

구분	제페토 (2020)	이프랜드 (2021)	게더타운 (2021)	ZEP (2022)
그래픽	3D	3D	2D	2D
사용기기	스마트폰	스마트폰	스마트폰/PC	스마트폰/PC
프로그램 설치	앱 다운로드	앱 다운로드	앱 다운로드 불가	자바스크립트
월드생성의 편리성	주문제작 생성 불가	주문제작 생성 불가	인터넷 접속 편리	인터넷 접속 편리
공간 이름	월드	랜드	스페이스	스페이스
화면공유	불가	가능	가능	가능
인터페이스	입체적 높은 퀄리티	입체적 높은 퀄리티	아기자기 애니메이션	귀여움 애니메이션
서비스	게임	채팅 온라인 강의	온라인 강의실	게임 학습효과 미니게임 채팅
참여 인원	아바타 16명 (관전 60명)	아바타 31명 (관전 100명)	500명	5만 명

메타버스 플랫폼은 공간 컴퓨팅(Spatial Computing) 기술을 기반으로 하며, VR, AR, MR과 같은 기술을 활용하여 이용자가 위치한 가상공간을 구현한다.

모든 이용자는 아바타를 생성하여 가상공간에 참여하게 되며, 이는 HMD 기기 없이도 PC나 모바일을 통해 언제든지 이동할 수 있는 실시간 공간 기반 커뮤니케이션을 제공한다. 기존의 SNS(페이스북, 트위터 등)는 내가 올린 콘텐츠로 자신을 보여주는 반면, 메타버스 공간에서는 내 아바타가 어떤 모습인지, 어떤 공간을 꾸몄는지를 통해 자신을 표현

하게 된다. 이를 통해 이용자는 자신을 상징하는 대상인 아바타를 통해
새로운 자아를 발견하고 꾸밀 수 있다. 또한, 이용자는 위치하거나 직접
만든 공간에서 실시간 활동을 할 수 있다.

융복합콘텐츠는 기존의 콘텐츠 분야와 새로운 기술이 융합되어 새로
운 콘텐츠를 창출하는 것을 말한다. 메타버스 기술과 영화 기술을 융합
하여 가상공간에서 영화를 상영하거나, 게임 기술과 교육 기술을 융합하
여 가상교육 환경을 제공하는 방식이다.

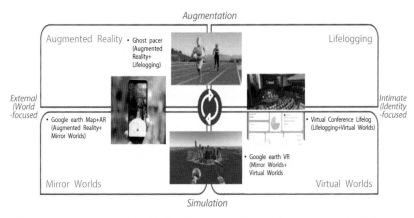

출처: Acceleration Studies Foundation(2006), "Meta verse Roadmap, Pathway to the 3D Web" SPRi
　　재구성, 재인용

[그림 2-11] 메타버스의 융복합화 서비스(Ghost pacer)

예를 들면, 고스트페이서(Ghost pacer) 서비스는 AR 안경(AR Glass)을
통해 현실 세계에 가상의 러너를 생성하고, 이용자가 아바타의 경로와
속도를 설정할 수 있다. 이를 통해 이용자는 실시간으로 아바타와 경주
를 할 수 있다. 이 서비스는 STRAVA 운동 앱과 연결되며, 러닝 데이터
를 기록하고 저장할 수 있다. 또한, 애플워치와도 연동하여 더욱 편리하
게 사용할 수 있다. 고스트페이서(Ghost pacer)는 AR 기술과 라이프로깅

(Life logging) 기술을 결합한 메타버스 융복합 서비스이다.

2. 메타버스 융복합콘텐츠 사례들

메타버스 기술은 다른 산업과의 융합을 가능하게 하여 새로운 콘텐츠 제작과 소비 경험을 제공할 수 있다. 체험형 쇼핑몰, 가상 경험 기반의 영화 및 드라마, 가상공간에서의 콘서트 및 이벤트, 창작 프로그램 등이 있다. 또한, 메타버스와 다른 기술을 융합한 사례로는 교육 프로그램 및 도시 관리 시스템 등이 있다. 최근에는 MZ세대를 대상으로 한 플랫폼과 인공지능 기술을 활용한 다양한 콘텐츠 제작이 활발히 이루어지고 있다. 본 저서에서는 메타버스 공간들을 엔터테인먼트와 융합한 공간으로 설정하고 분야별 메타버스 플랫폼들의 사례를 살펴본다.

1) 매스테인먼트

매스테인먼트(Masstainment)는 미디어인 매스커뮤니케이션(Mass communication)과 엔터테인먼트(Entertainment)의 합성어로, 대중 커뮤니케이션과 엔터테인먼트 산업이 융합된 새로운 형태의 산업을 지칭한다. 미디어는 실시간 공연(Live Events) 등 실제 경험과 같은 가상 이벤트 참여 즉 콘서트, 컨퍼런스 스포츠 패션쇼 등도 포함한다. 이러한 융합은 기존의 미디어 산업과 엔터테인먼트 산업의 경계를 허무는 것으로, 새로운 콘텐츠와 비즈니스 모델이 탄생하게 되었다.

〈표 2-24〉 매스테인먼트 사례

구분	내용			
미디어 분야	CBS 뉴스 2022.3.3.	BBC 뉴스 2021.12.20.	AI Arabiya 랜더링 영상 2022.2.2	KBS 대통령선거 개표방송 2022.3.9
	출처: CBS News.com, You've heard of the Metaverse.	BBC.com, What is the metaverse?	출처: Youtube.com, AI Arabiya metaverse explainer using mixed reality and augmented reality	출처: KBS News. 개표 방송
	https://youtu.be/LHOF HFFI75o	https://youtu.be/V6Vsx cVpBVY	https://youtu.be/0PgN AV6Q7Fo	https://youtu.be/1V2n ATHcD-M
	방송 보도	예능	광고	마케팅
	매일경제신문의 MK 기자 Zerry	폭스TV(Fox TV)의 노래 경연프로그램 'Alter Ego' 이미지[59]	가상 현실 광고(Virtual reality billboards)	버추얼 인플루언서 로지(Rozy, 2021. 8)[60]
	https://z3p.me/dEy2D3	https://www.unrealengi ne.com/ko/spotlights/t he-rise-of-the-virtual-si nger-the-making-of-fox -s-alter-ego	https://youtu.be/bnYg7 52URcE	https://www.instagram. com/rozy.gram/

59) "Alter Ego"는 참가자들이 자신의 신체적 외모나 인격을 변형하여 다른 아이덴티티를 취하고 무대에서 노래를 부르는 프로그램.

60) 로지(Rozy)의 마케팅 사례 최초는 2021년 8월에 진행된 프로젝트인 '네이버 NOW x 로지, 섬세한 일상의 케미'이다. 이 프로젝트에서 로지는 네이버 NOW에서 생방송을 진행하며 일상을 소개하고 제품홍보를 진행했다.

2) 엔터테인먼트

엔터테인먼트(Entertainment) 산업은 대형 기획사를 중심으로 메타버스를 활용한 플랫폼 및 AI 아바타 개발 등의 새로운 메타버스 융합을 시도하고 있다. JYP 엔터테인먼트와 네이버가 함께 비욘드 라이브 코퍼레이션 설립을 통해 세계 최초 슈퍼엠 유료 온라인 콘서트 개최를 통해 메타버스 플랫폼을 성공적으로 런칭하였으며, AI 아바타를 개발하여 유튜버, 인플루언서 등의 종합 엔터테이너로서 활동할 수 있도록 확장하고 있다. SM 엔터테인먼트는 에스파 걸그룹의 8명 중 4명을 AI 아바타로 구성하여 활동하게 하고, YG 엔터테인먼트는 블랙핑크 팬사인회를 메타버스 플랫폼인 제페토에서 열어 4,600만 명이 참여하는 성과를 올렸다. SM, YG, JYP, 빅히트 등 대표적인 엔터테인먼트 기업의 아티스트들이 제페토를 통해 다양한 콘텐츠를 내놓고 있다. 이 서비스는 MZ세대의 이용자들과 다양하게 소통하며, 새로운 팬덤 문화를 만드는 시너지를 발휘하고 있다.

대형 엔터테인먼트 기획사들이 메타버스를 활용하는 것은 MZ세대의 모바일 환경과 소셜미디어에 익숙한 특징을 반영한 것이다. 또한, 커뮤니케이션 채널을 구축하고 콘텐츠를 지속적으로 제공하고 있는 것은 메타버스를 기반으로 한 새로운 가치 창출 경제 활동으로 이어지며, 이용자가 소비자와 공급자 역할을 동시에 수행할 수 있는 확장 가능한 세계로 발전하고 있다는 것을 의미한다.

엔터테인먼트 산업에서는 인공지능 기술을 활용하고 있다. IBM은 '왓슨(Watson)'이라는 인공지능을 활용하여 100편의 공포 영화 트레일러를 미리 학습시키고, 인공지능 로봇을 소재로 하는 SF 스릴러 실사영화 '모건(Morgan, 2016)'의 예고편을 제작했다. MIT 공대에서는 인공지능인 Shelley를 개발하여 소설 집필을 위해 활용하고 있으며, 소셜미디어 플랫폼을 통해 인간 이용자와의 협업을 진행하고 있다. 영화 시나리오 창작을 위한 인공지능 '벤저민(Benjamin)'이 영화감독 오스카 샤프와 인공지능 연구자 로스 굿윈에 의해 개발되었다. 스탠리 큐브릭은 인공지능이 만든 최초의 상업 영화 <선스프링(Sunspring, 2016년)>을 제작했다.

E&M 기업들은 메타버스 생태계를 구현하기 위해 공간(플랫폼 구축), 참여자(가상 인간 구현), 거래 수단(NFT 사업 진출) 구축 등을 구축하고 있다. 미국의 소니 뮤직은 메타버스 플랫폼 로블록스와 협력하여 코로나 19로 인해 단절된 아티스트와 관객들을 위한 콘서트와 만남의 장을 마련하고 있다. 이전에 소속한 래퍼 릴 나스 엑스의 로블록스 내 콘서트는 전 세계 3,600만 회 이상의 방문 수를 기록했다. 또한, 메타버스에서 활동하는 참여자들과 가상 인간 구현을 위한 E&M 기업의 투자가 활발하다. 최근 유니버설 뮤직 그룹은 아바타 기술기업 지니스(Genies)와 파트너십을 맺어 소속 아티스트들을 가상 인물로 구현하는 일에 참여하고 있다.

엔터테인먼트 기업들이 메타버스 시장에서 성공하기 위해서는 양질의 콘텐츠 IP 확보를 위한 노력, 팬덤 커뮤니티 강화를 통한 시장 선도력 높이기, NFT를 통한 기회와 리스크 요인 파악 및 적절한 시장 설계로 콘텐츠 창작자와 소비자 모두의 효용 증진의 대책이 필요하다.

구분	이미지	내용	QR코드/출처
슈퍼엠의 '슈퍼엠 – 비욘드 더 퓨처' 공연		‣ SM 엔터테인먼트와 네이버가 온라인 유료콘서트 개최 ‣ AR 기술과 인터랙티브 소통 100분간의 공연, 109개국의 시청 ‣ 카메라 워킹, 모바일 시청 관객들과 아티스트가 마주 보는 듯한 시점을 연출하는 기법으로 생생한 현장감을 선사	https://youtu.be/-wvR7XrGt4k

---

61) 2018년 리그 오브 레전드(Leage of Legend)가 내놓은 가상 걸그룹 케이디에이(K/DA)

62) 에스파는 SM 엔터테인먼트에서 2020년에 데뷔한 걸그룹으로, 총 4명의 멤버로 구성되어 있다. 그들의 이름은 카리나, 겨울, 에이쌰, 닝닝이다. AI 기술을 활용한 가상 캐릭터 "ae-KARINA", "ae-WINTER", "ae-GISELLE", "ae-NINGNING"을 만들어서 함께 활동하고 있다.

구분	이미지	내용	QR코드/출처
뉴페스타 (newfesta)	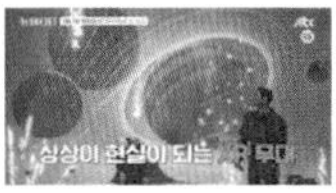	▸ JTBC에서 VR 스튜디오를 구현한 메타버스 프로그램	https://youtu.be/ BRMjeNnAFNY (13초~34초까지)
롤챔스 월드(2020)		▸ Riot Games와 "LoL PARK GLOBAL" 가 메타버스 공연과 온라인 쇼핑몰 연동 ▸ K/DA[61]와 True Damage 공연 ▸ 메타버스 내에서 채팅 ▸ 롤챔스 월드 대회 중계 ▸ 롤과 같은 게임 체험	출처:https://www .invenglobal.com/ articles/13145
에스파 (2020)[62]		▸ SM 엔터테인먼트 아이돌그룹 에스파의 아바 타들도 제작 ▸ 현실의 4명 멤버들이 가상 세계에 존재하는 아바타 4명들 모두 8명이 현실과 광야를 끊 임없이 오고 가는 뮤직비디오 제작	https://youtu.be/ WPdWvnAAurg
버츄얼 걸그룹 이터니티'제인'		▸ 이제는 버츄얼 휴먼 시대. '이터니티 제인' 첫 생방송(2022. 8. 1)	https://youtu.be/ LyNcuo4afEY

[그림 2-12] 엔터테인먼트 사례

3) 헤리테인먼트

헤리티지(Heritage)와 엔터테인먼트(Entertainment)를 합쳐서 만든 헤리테인먼트(Heritainment)는 문화유산을 바탕으로 한 새로운 엔터테인먼트 산업을 지칭한다.

문화유산과 기술의 융합을 통해 전통문화를 체험하고 가상 세계에서도 즐길 수 있는 차별화된 서비스를 제공하고 있다. 프랑스 파리 근교의 유로디즈니(EuroDisney)는 유럽의 문화유산과 디즈니의 캐릭터들이 만나는 VR 콘텐츠를 제공한다. 런던의 타워브릿지(Tower Bridge)에서는 문화유산과 엔터테인먼트를 융합한 새로운 콘텐츠를 제공하고 있다. 뉴욕의 메트로폴리탄 미술관(Metropolitan Museum of Art)과 영국의 버밍엄 국립전자미술관(National Museum of Computing)에서는 AR 기술과 컴퓨터 역사체험 프로그램을 활용하여 문화체험 프로그램을 제공하고 있다.

또한, 게임캐릭터와 상호작용하며 전통문화 체험을 제공하는 박물관도 등장하고 있다.

(1) 유네스코 세계유산 안동 도산서원

유네스코 세계유산 한국의 서원 "도산서원 병산서원"을 메타버스의 상호작용으로 전통문화를 VR 가상 현실에서 구현하고 있다. 실제 도산서원의 입구인 진도문과 중앙의 전교당, 그리고 책판을 보관하는 장판각 등을 메타버스로 구축하였으며, 특히 유교의 큰절을 하는 모습을 상호작용으로 구현하였으며, 교육적으로 매우 의미 있는 장면을 연출하고 있으며, 도산서원 곳곳에 양반 복장을 한 NPC를 터치하면 도산서원에 대한 안내와 설명으로 가상공간에서 도산서원을 체험할 수 있다.

〈표 2-25〉 헤리테인먼트 제작사례

	도산서원	메타버스 3D 도산서원 구축	QR코드
제페토			 https://z3p.me/MmoL HW2?invite_user=oki1
구축 범위	▸ 도산서원을 3D 모델링한 메타버스 공간 구축 ▸ 유네스코 세계유산을 3D 모델링으로 구현하여, 경북을 상징하는 가상공간 구성 ▸ 메타버스 상호작용 Unity 개발 빌드 ▸ 가상 서원을 배경으로 한 콘텐츠 개발 교육 프로그램 기획 및 진행 ▸ 상호작용 체험형 디지털 콘텐츠 개발 메타버스 과업과 연계한 디지털 기술 체험 오프라인 프로그램 개발 및 운영 ▸ 지속 가능 및 확장 가능한 가상공간 구축		

(2) 병산서원

세계유산 한국의 서원 "병산서원"을 메타버스 플랫폼(제페토) 월드에 구현하고 있다. 주요시설별로 집합공간 건축물을 3D 모델링으로 경북을 상징하는 가상공간을 구성하였다. 내부구성은 병산서원을 주제로 한 메타버스 가상집합 공간을 구성하였다.

〈표 2-26〉 헤리테인먼트 제작사례

	실제 병산서원	메타버스 월드 병산서원 구축	QR코드
제페토			 https://z3p.me/YVg GXm?invite_user=o ki1
구축 범위	▸ 병산서원을 3D 모델링한 메타버스 공간 구축 ▸ 실제 문화유산(집합공간 및 건축물)을 3D 모델링으로 구현하여, 경북을 상징하는 가상공간 구성 ▸ 메타버스 연계 교육 프로그램 진행 ▸ 가상 서원을 배경으로 한 콘텐츠 개발 교육 프로그램 기획 및 진행 ▸ 체험형 오프라인 디지털 콘텐츠 개발 　메타버스 과업과 연계한 디지털 기술 체험 오프라인 프로그램 개발 및 운영 ▸ 지속가능 및 확장 가능한 가상공간 구축		

4) 쇼퍼테인먼트

쇼퍼테인먼트(Shoper-tainment)는 쇼핑(Shopping)과 엔터테인먼트(Entertainment)의 결합어로서, 메타버스 플랫폼에서 제공되는 가상공간 내에서 상품을 판매하고 이를 바탕으로 다양한 엔터테인먼트 콘텐츠를 제공하는 형태의 비즈니스 모델을 말한다. 3D 카탈로그, 가상 매장, 디지털 쇼룸, 가상 피팅, 매장 및 설계 디자인, 창고 최적화 등을 포함한다.

'쇼미더머니'는 엔터미디어가 운영하는 메타버스 쇼핑몰이다. 온라인으로 상품을 판매하는 기존의 쇼핑몰과는 다르게 가상공간에서는 실제 상품을 구매할 수 있으며, 다양한 엔터테인먼트 프로그램도 제공한다. 쇼핑몰 내부에는 다양한 브랜드의 가게와 공간이 있으며, 소비자는 가상 아바타를 통해 쇼핑을 즐길 수 있다. 또한, 콘서트, 모델 캐스팅, 패션쇼 등 다양한 프로그램이 진행되어 고객에게 더욱 흥미로운 체험을 제공한다. 다양한 사례가 있는데, 이탈리아 메타버스 밀라노 패션위크 개최 23에서는 스마트폰으로 경험할 수 있는 몰입형 경험을 제공했다. 아모레퍼시픽이 참여하였고, 타미힐피거, 아디다스, 코치 등의 컬렉션은 증강현실의 실제 NFT와 연계하여 메타버스 커머스를 가능하게 했다. 롯데면세점의 메타버스 쇼핑몰 롯데면세점은 2022년, 메타버스 기술을 활용한 가상 쇼핑몰을 오픈했다. ZEPETO의 가상 쇼룸에서 ZEPETO는 가상 캐릭터를 만들고 가상 쇼룸을 오픈하여 다양한 브랜드와 콜라보레이션을 진행하고 있다.

구분	이미지	내용	QR코드/출처
디센트럴랜드		메타버스 밀라노 패션위크 개최	https://youtu.be/HABAsDJxxjg
버추얼 롯데면세점 타워(LDF Tower)		면세점 업계 최초 메타버스 쇼핑몰 오픈(2020.11.24)	https://kr.lottedfs.com/brand/media-library/view.do?seq=435
SSG_treasure (zep)		SSG_treasure (이벤트)	https://zep.us/play/87a3aY

[그림 2-13] 쇼퍼테인먼트 사례

스마일게이트는 메타버스 플랫폼을 활용한 가상 피팅 서비스를 제공했다. 가상공간 내에서 자신의 캐릭터에 옷을 입혀보고 구매할 수 있다. IKEA는 가상공간 내에서 자신의 제품을 살펴볼 수 있는 가상 매장을 운영하고 있다. 이를 통해 고객들은 집 안에서 제품을 확인하고 구매할 수 있다.

5) 라이프테인먼트

라이프테인먼트(Life-tainment)는 생활(Life)과 엔터테인먼트(Entertainment)의 결합된 형태로, 메타버스 플랫폼에서의 새로운 형태의 소통과 삶의 방식을 제시하는 개념이다. 이는 가상공간에서 다양한 활동을 하며, 자기 삶의 방식을 선택하고 공유할 수 있는 것을 의미한다. 라이프테인먼트의 대표적인 사례로는 한국의 '지하철 생활'이 있다. 이는 서울 지하철 노선도를 기반으로 한 메타버스 공간으로, 지하철에서의 일상생활을 가상으로 체험할 수 있도록 구축된 것이다. 이 공간에서는 가상으로 지하철을 타거나 다양한 상점을 방문할 수 있으며, 다른 사용자들과의 소통과 교류도 가능하다. 넷마블(2023.4.19.)은 메타버스 기반 부동산/보드게임인 메타월드를 뉴욕 맨해튼 등 주요 도시 실제 지적도를 기반으로 제작했다. 메타월드에서 토지 보유, 건물 건설, 업그레이드 등을 즐길 수 있으며, 가치가 높은 부동산을 확보할수록 더 많은 보상을 받는다.

Highstreet는 쇼핑과 게임을 결합한 P2E(Play-to-earn) 상거래 중심의 메타버스 플랫폼으로, 디지털 형태와 물리적 형태의 상품을 모두 제공하여 브랜드의 온라인 입지를 확장하고 메타버스 내에서 가상 매장을 쉽게 구축할 방법을 제공한다. 또한, 아바타 기반의 쇼핑 서비스와 메타버스 플랫폼인 Gaze Coin과의 협업을 통해 메타버스에서의 쇼핑 경험을 개선하고 있다.

구분	이미지	내용	QR코드/출처
넷마블 부동산/ 보드 게임 '마블 온'(2020. 12.28)		‣ 모두의 마블2: 메타월드 시네마틱 영상	https://youtu.be/ASHD05A6iEs (6초~30초까지)
KAIST, '메타버스 팩토리'(2023)		‣ 하노버 산업박람회에서 메타버스 체험관 제공 ‣ 9천㎞ 떨어진 공장 제어 기능	https://www.etnews.com/ 20230413000133
싱가포르 창이공항 "Changi Experience Studio" (2021. 6. 24)		‣ 창이공항의 역사와 문화를 체험할 수 있는 가상 공간실제 공항과 연동되어 고객들이 체험한 정보나 서비스는 공항 내에서 즉시 활용	https://www.klook.com/ko/activity/24020-changi-experience-studio-admission-ticket-singapore/
NH저축은행 제페토 픽 뱅크 월드(2021)		‣ 테마파크로 구성하여, NH저축은행 가상 창구, 회의실, 상품 소개 공간, 포토존, 이벤트존 등 구성	https://z3p.me/8wEJpH?invite_user=oki1
싱가포르 OCBC은행 "Virtual Property Tour"(2021)		‣ 부동산 소유자가 부동산을 메타버스에서 가상으로 체험하고 판매하는 것	https://www.ocbc.com/group/media/release/2021/apr/virtual-property-tour/
Highstreet (2020)		‣ 3D가상 공간 쇼핑네덜란드(2018)의 아멜로(Amello)와 아바타 기반의 쇼핑 서비스 제공 ‣ 2020년 메타버스 플랫폼인 Gaze Coin과 협업	https://highstreet.io/

[그림 2-14] 라이프테인먼트 사례

6) 메디테인먼트

메디테인먼트(Medi-tainment)는 "의료(Medical)와 엔터테인먼트(Entertainment)"의 결합된 형태로, 메타버스 플랫폼을 활용하여 가상공간에서 의료 서비스와 엔터테인먼트를 제공하는 것을 의미한다. 수술 지원(AR), 원격의료(정신건강, 통증 관리 등), 이미징, 병리학, 훈련, R&D 시뮬레이션 등 헬스케어 시스템과 서비스도 포함된다. 한국의 카이스트 메디컬 인포매틱스 연구팀에서는 'K-Hospital'을 개발하여 메타버스 기술을 활용하여 가상 병원을 구축하고, 환자들이 집에서 간편하게 진료를 받을 수 있도록 서비스를 제공한다. 이를 통해 지역 간 의료 서비스의 불균형 문제를 해결하고, 의료 서비스의 효율성을 높이고 있다.

해외에서는, 미국의 메타버스 기업 Surgical Theater와 세컨라이프와의 협력을 통해 수술 트레이닝 서비스를 제공하고 있다. 로블록스와 협력 업체인 에픽게임즈는 가상 현실(VR) 기술을 활용한 재활 치료용 게임을 개발하고 있고, 건강 모니터링 기능도 개발하고 있다. 이를 통해 사용자들의 건강 상태를 모니터링하고, 건강한 라이프스타일을 지향하는 캠페인을 진행하고 있다.

최근에는 메타버스가 의료 분야에서도 활용되고 있으며, 의료진 교육, 신약 개발, 의료 서비스 개선 등 다양한 분야에서 활용 가능성이 점차 인식되고 있다. 가상현실(VR)과 증강현실(AR)을 활용한 몰입형 3D 환경을 통해 의료 기술의 한계를 극복하고 환자 참여와 치료 접근성을 향상시키는 의료 혁신이 예상된다. 또한, VR 시뮬레이션을 통해 어려운 의료 절차를 연습하고 교육생이 중요한 의사결정 기술을 개발하는 동시에 실제 환자의 위험을 줄일 수 있다. 이 외에도, 가상 투어 가이드를 통해 바쁜 병원 환경에서 혼란을 줄이고 방문객과 직원 모두가 공간을 쉽게 탐색할 수 있도록 하는 등 VR을 활용한 다양한 서비스가 제공되고 있다. 서울대병원의 메디컬 아이피와 중앙대 광명병원의 메타버스 피탈은 의료 분야에서 메타버스 기술을 활용한 디지털 전환 사례이다. 메디컬 아이피는 메디컬 트윈 기술을 통해 의료 영상을 메타버스화하고 교육용 메타버스 커리큘럼을 구현했다. 메타버스 피탈은 디지털 트윈을 활용하여 병원을 구현하고 환자들이 직접 방문하지 않고도 다양한 의료경험을 체험할 수 있게 했다. 한림대의료원의 메타버스 어린이 화상병원은 어린이들의 화상 환자 및 보호자와의 소통을 위한 채널을 구축하고 사회복귀 지원 프로그램을 제공하는 등 의료 분야에서 메타버스 기술을 적용한 사례 중 하나이다.

구분	이미지	내용	QR코드/출처
경희대병원, 젭(ZEP)		건강상담센터(2022) 염증성장질환센터(2023) "질환정보 종합 허브"	https://zep.us/play/8rKv3W
서울대병원, 메디컬아이피[63]		메디컬 트윈(의료 분야 디지털 트윈)-해부학 구조물을 AR·VR·XR 기술로 확장해 의과대학에 교육용 메타버스 커리큘럼을 구현	https://medicalip.com/
중앙대광명병원 메타버스피탈 (Metaverspital)		병원에 직접 방문하지 않고도 진료 절차와 상담 등 다양한 의료경험을 체험	https://youtu.be/l-jhNN0xf8Y

---

63) 의료진들이 병원 내부 네트워크를 통해 안전하게 환자 정보 및 의료자료를 공유하고, 전문적인 상담 및 의견을 교환할 수 있는 플랫폼

구분	이미지	내용	QR코드/출처
한림대의료원 (2021년 12월) 게더타운		메타버스 어린이화상병원	https://app.gather.town/app /5NiJywwfkMKE1syD/Hall ym%20Medical%20Center
'Surgical Theater'	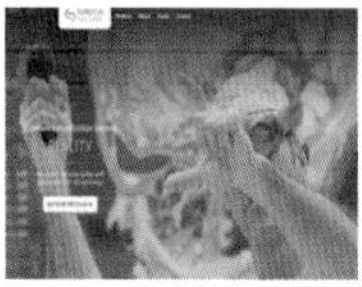	가상 현실(VR) 기술을 활용하여 수술 시뮬레이션을 제공	https://surgicaltheater.net/
Second Life		가상 세계에서 의료 진료 및 수술 과정을 시연하고 교육하는 서비스를 제공	https://secondlife.com/desti nations/search?search=health

[그림 2-15] 메티테인먼트 사례

7) 소셜테인먼트

소셜테인먼트(Social-tainment)는 "소셜미디어(Social Media)와 엔터테인먼트(Entertainment)"의 합성어로, 가상 세계에서 다양한 소셜 활동을 즐길 수 있는 기능을 제공한다. 예를 들면, VRChat, Rec Room 등에서 사용자는 VR 기기를 통해 가상 세계를 탐색하고 다른 사용자와 상호작용하며 새로운 친구를 만들 수 있다. 본디(Bondee, 2019)는 싱가포르 스타트업 '메타드림'이 개발한 메타버스 메신저로, 구글 플레이스토어와 애플 앱스토어에서 1위를 차지하며 대세로 자리 잡았다. 소셜테인먼트 메타버스 플랫폼으로, 2021년에는 방탄소년단(BTS)의 멤버 제이홉과 함께한 VR 콘서트가 개최되었다. 사용자는 3D 아바타를 생성하고 움직일 수 있고 실시간 음성 및 문자 채팅, 게임, 쇼핑 등 다양한 기능을 제공하며, 콘텐츠제작자들도 자신의 아바타를 만들고 고유한 콘텐츠를 제작하여 판매할 수 있다.

구분	이미지	내용	QR코드/출처
메타 (Meta, 2021)		▸ Facebook에서 출범 ▸ 소셜메타버스 서비스 ▸ Oculus VR을 이용한 가상현실 경험으로, Oculus Quest 2와 같은 VR 기기를 이용 ▸ 메타버스 공간에서 친구들과 소통, 쇼핑, 게임	 https://youtu.be/ L4pnQFLmHds
본디 (BonDy, 2021)		▸ 본디는 가상 공간에 나의 아바타를 만들어 친구들과 소통하는 메타버스 메신저 ▸ 본디는 싱가포르의 IT 스타트업 메타드림이 제작해 일본, 태국, 필리핀 등 아시아 7개국에서 서비스 ▸ 찐친들의 메타버스 아지트 ▸ 폐쇄성을 강조하여 사용자들의 프라이버시와 보안을 보장	 https://short.bon dee.cc/61YlYVTo x0Y
VRChat (2017)		▸ 가상 현실 세계에서 다른 사용자들과 인터랙션하며 소셜 경험을 공유하는 소셜 메타버스 ▸ 커스텀 아바타, 월드, 게임 및 활동 등 다양한 콘텐츠를 제작하고 공유 ▸ VR 헤드셋 없이도 PC 브라우저나 모바일 앱을 통해 VRChat에 접속	 https://vrchat.co m/
Rec Room (미국,2016)	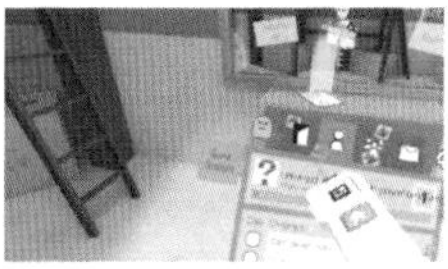	▸ 가상 현실과 일반적인 모바일 게임을 결합한 다중 플랫폼 소셜 메타버스 ▸ 다중 플랫폼 지원과 게임 요소가 강조 ▸ VR 헤드셋, PC, PlayStation, iOS 및 Android에서 모두 사용가능	 https://youtu.be/ bjm3zituHx8

[그림 2-16] 소셜테인먼트 사례

8) 거버테인먼트

거버넌트(Government)와 엔터테인먼트(Entertainment)의 결합어는 "거버테인먼트(Govern-tainment)"이다.

메타버스에서 구현된 거버테인먼트의 사례로는, 정부가 가상공간에서 다양한 콘텐츠를 제공하여 대중들에게 상호작용하고 교류할 수 있는 가상 세계를 구현하는 경우가 있다. 예를 들면, 가상공간에서 문화 공연, 박람회, 전시회, 교육 프로그램 등을 개최하고, 대중들이 이를 가상으로 참여하며 정보를 공유하고, 소통하도록 하는 것이다. 또한, 가상공간에서 정부의 정책을 시뮬레이션하거나, 대화를 통해 시민과 소통하며, 정부와 시민 간의 상호작용을 증진하는 경우도 있다.

메타버스에 구축된 대화도서관은 로비, 어린이자료실, 청소년자료실, 종합자료실을 24시간 이용할 수 있으며 도서 퀴즈를 실시하고 명예의 전당에 오른 방문자에게는 상품을 제공한다. 대화 메이커스페이스는 다양한 교육 프로그램과 장비 예약, 가상의 작품 전시 공간, 온라인 강의 등을 제공한다.

구분	이미지	내용	QR코드/출처
대화도서관 메타버스		‣ 가상 대화 도서관(23.4.11)	https://dhverse.goyanglib. or.kr/
서울시청 메타버스		‣ 서울시청 건물과 주변 지역을 모방한 공간메타버스 내부에는 시청 내 각 부서별 부스실제 서울시청과 비슷한 경험을 서울시청 메타버스에서는 시정, 문화, 관광, 교육 등 다양한 분야의 콘텐츠를 제공.	https://youtu.be/BUh4qF KbRBE
프랑스 3D 도시(3D City)		‣ 정부에서 운영하는 공공메타버스로, 프랑스 내 다양한 도시들의 모형을 3D로 구현하여 제공	https://www.3d-city.com/ ?pgid=jcig7m8z-29d3b94 f-6da3-48a3-b486-76409 37a054d

구분	이미지	내용	QR코드/출처
일본 미래도시 (Miraitoshi)		▸ 산업통상자원부에서 운영하는 메타버스 도시로, 일본의 미래 도시 형태를 예측하고 모형화한 것	https://www.meti.go.jp/english/index.html
뉴욕 시티 메타버스(NYC Metaverse)		▸ 미국 뉴욕 시에서 운영하는 공공 메타버스. 시내의 유명 관광지와 문화재 체험 서비스	https://youtu.be/eSo9Y23H1ik?si=wHMayoooVFalsCPo https://www.nycgo.com/virtual-nyc/metaverse

[그림 2-17] 거버테인먼트 사례

9) 에듀테인먼트

에듀테인먼트(Edu-tainment)는 교육(Education)과 엔터테인먼트(Enter-tainment)의 합성어로, 교육적인 목적과 엔터테인먼트적인 요소를 결합한 콘텐츠를 뜻한다. 메타버스 플랫폼에서 제공되는 에듀테인먼트 콘텐츠는 놀이와 게임을 통해 사용자들이 즐길 수 있는 동시에, 교육적인 요소를 담아서 지식 습득이 가능하게 만들어져 있다. 교육 외에도 훈련(TRAINING), 학습 및 개발, 원격협업, 원격업무 지원, 컨퍼런스 및 이벤트 등을 포함한다.

로블록스(Roblox)는 가상 세계에서 게임, 쇼핑, 교육 등의 다양한 경험을 제공하는 플랫폼으로, 에듀테인먼트 콘텐츠도 다양하게 제공된다. 로블록스에서는 코딩 교육 프로그램을 비롯하여, 수학, 과학, 역사 등 다양한 교육 분야의 프로그램을 제공하고 있다. 데카드 시티(Decentraland)는 분산형 가상 세계로, 메타버스 플랫폼 중 하나이다. 예술, 음악, 교육 등 다양한 분야의 콘텐츠가 제공되며, 학습을 유도하는 게임 등의 프로그램이 제공된다. 샌드박스는 블록체인 기술을 이용하여 사용자들이 콘텐츠를 제작하고 공유하는 가상 세계 플랫폼이다. 게임, 미술, 교육 등 다양한 분야의 콘텐츠를 제공하며, 블록코딩 교육 등의 프로그램이 제공된다.

이 외에도, VRChat, AltSpaceVR, Somnium Space 등의 메타버스 플랫폼에서도 에듀테인먼트 콘텐츠가 제공된다.

VRChat은 가상 현실(VR) 기술을 활용한 메타버스 플랫폼으로, 사용자가 가상 세계에서 다른 사용자들과 만나 소통하고, 게임이나 미디어 콘텐츠를 즐길 수 있는 공간을 제공한다. VRChat에서는 예술, 게임, 교육 등 다양한 분야의 콘텐츠가 제공되며, 커스텀 아바타나 공간을 직접 제작하여 사용할 수도 있다.

AltSpaceVR은 다양한 VR 기기를 지원하는 메타버스 플랫폼으로, 가상 세계에서 사용자들이 소통하고 콘텐츠를 공유할 수 있는 공간을 제공한다. 게임, 공연, 강연, 워크숍 등의 콘텐츠가 제공되며, 사용자들이 직접 만든 콘텐츠도 공유할 수 있다. LG유플러스는 대학생을 대상으로 한 메타버스 플랫폼 '유버스(UVERSE)' 출시를 기념하여 더본코리아와 함께 이벤트를 진행했다. 이벤트는 유버스 가입 대학인 숙명여자대학교에서 '스노우버스'로 진행되었고, 빽다방과 한신포차 팝업스토어가 3D 모델링으로 구현되었다.

구분	이미지	내용	QR코드/ 출처
경희대병원, 젭(ZEP)		▸ 건강상담센터(2022) 염증 성장질환센터(2023) "질환 정보 종합 허브"	https://zep.us/play/8rKv3W
성균관대		▸ 메타버스 플랫폼 스페이셜 (Spatial)에서 전시회를 진행 ▸ 인공지능(AI) 기술과 메타 버스 결합 ▸ SSU AI+Metaverse Exhibition	https://youtu.be/hMSnCmJ odg0

구분	이미지	내용	QR코드/ 출처
고려대(OT)		‣ 응원 오리엔테이션(OT) 행사 SKT '이프랜드(ifland)'에서 개최 ‣ 라이브 영상 중계 기능	https://youtu.be/VjpomIYfacQ
연세대(2022)		‣ 신입생 온라인 교육 ‣ 새내기 예비대학	https://youtu.be/xufXqAE0v1Q
숙명여대		‣ 메타버스 플랫폼 스노우버스 2.0 오픈	https://youtu.be/OPV7th6L5tM
한국공학대학교(2021)		‣ 구)한국산업기술대(2021) 퓨처 VR랩 공학교육실습실	https://youtu.be/pK5FHHzLN_U (1:00분부터 2:42초까지)
AltSpaceVR		‣ VR 기기를 지원하는 메타버스 플랫폼, 실험적인 VR 콘텐츠를 제공	https://youtu.be/WWJezeX20Bo (https://altvr.com/)
VRChat		‣ 가상 현실(VR) 기술을 활용한 메타버스 플랫폼	https://www.vrchat.com/

[그림 2-18] 에듀테인먼트 사례

3. 메타버스 공간분석

메타버스는 가상공간에서의 소비 경험과 타인과의 소통 수단으로 중요한 가치를 가지고 있으며, 미디어가 물리적 공간에 디지털을 가져와서 다양한 사적, 공적인 공간이 이루어지게 되었다. 또한, 디지털 기술의 발전으로 인해 중앙 집권체제에서 탈중앙화 체제로 전환되고, 사용자들은 적극적인 소비자에서 창작자로 변화하고 있다. 인터넷 웹3.0 시대에는 인간이 아닌 기계나 사물이 사용자 맞춤형 서비스를 제공하는 센서를 내재하고 있다. 이로 인해 인터넷상에서 현실 세계의 사람들과 상호작용할 수 있으며, 가상 현실 공간에서도 현실 공간과 같은 경험을 할 수 있게 되었다. 이러한 기술 발전은 메타버스 시대를 이끌고 있으며, 분산컴퓨팅과 블록체인 등은 메타버스 시대의 공간을 더욱 확장시키며, 넥스트미디어의 패러다임을 전환하게 될 것이다. 이에 따라 메타버스 공간에 대한 분석을 통한 이해와 전략이 필요하다.

메타버스 공간에 대한 분석은 제공하는 서비스와 이용 형태, 그리고 공간 인터페이스의 특징을 <표 2-27>과 같은 요소들을 중심으로 살펴볼 필요가 있다. 메타버스 공간을 분석하면, 메타버스 시대의 흐름과 가능성을 파악하고 미래의 방향성을 제시할 수 있다. 메타버스 공간은 실제 세계와 비교할 때 매우 다른 특성이 있다. 메타버스 공간의 인터페이스는 사용자와 가상 세계 간의 상호작용을 담당한다. 따라서 메타버스 공간에서는 실제 세계에서의 인터페이스와는 다른 새로운 디자인 패턴과 인터랙션 방식이 필요하다.

〈표 2-27〉 메타버스 공간의 분석 요소

구분	플랫폼 분석	공간분석	
서비스특성	메타버스를 제공하는 서비스의 특징과 기능, 이용자의 인터랙션 방식 등 탐색	가상 현실 (VR) 인터페이스	‣ 사용자와 가상 세계 간의 상호 작용 담당
공간형태	메타버스 공간의 형태, 크기, 구조, 주요시설 등 파악		‣ 새로운 디자인 패턴과 인터랙션 방식

구분	플랫폼 분석	공간분석	
사용자그룹	메타버스를 이용하는 사용자의 특성, 목적, 행동 패턴 등 도출	모의 (Simulation) 특성	‣ 모의 시뮬레이션은 시나리오를 시뮬레이션하고 검증할 수 있는 특성
기술적 측면	메타버스를 구성하는 기술적 요소들인 분산컴퓨팅과 블록체인 기술 등 이해		
경제적 측면	메타버스를 이용하는 비즈니스 모델, 수익 구조 등 분석	3D 가시화	‣ 가상공간에서 발생하는 정보 및 데이터를 시각적으로 나타냄
시장 동향	메타버스 시장의 동향, 경쟁 구도, 선도 기업 등 인지	실시간 (Real-time) 다중적 (Multi-user)	‣ 정보 및 데이터가 즉각적으로 전달되어 실시간 협업, 교류, 행위 가능
사용성	메타버스 공간 인터페이스의 사용성과 사용자 경험 등을 평가	다중적 (Multi-user)	‣ 모의 시뮬레이션에서 여러 사용자가 동시에 가상공간 참여, 정보 및 데이터 공유, 협업

1) 제페토 플랫폼 분석

메타버스 공간을 구현할 때는 공간구조는 가능한 정확하게 구현해야 하며, 내부 구성은 이용자들이 쉽게 이해할 수 있도록 해야 하고, 인터랙션은 공간을 자유롭게 탐색하고 둘러볼 수 있도록 편리해야 한다. 게임 개발자 대회인 GDC(Game Developers Conference, 2013)[64]에서 David Rosen은[65] 공간설정에 대한 기준을 레벨 디자인 십계명으로 제시했다. 이 기준에 따르면 게임의 공간설정은 탐사하는 즐거움을 제공하고, 텍스트에 의존하지 않으며, 계속해서 연구되고 발전해야 한다. 또한, 놀라움을 제공하며, 플레이어를 강화하고, 단계별 난이도가 존재하며, 효율적이어야 하고, 정서적인 반응을 끌어내며, 메카닉을 바탕으로 디자인되어야 한다. 이를 통해 이용자들의 플레이어 경험을 개선하고 플랫폼 공간의 퀄리티를 높일 수 있다. 메타버스 공간디자인에서 블로킹이란, 공간설정

---

64) GDC는 Game Developers Conference의 약자로 게임 개발자들이 모여 다양한 주제로 발표와 세미나를 진행하는 세계적인 게임 개발자 대회

65) David Rosen은 Wolfenstein 3D와 DOOM을 개발한 id Software에서 일한 게임 개발자이자, 게임 디자인 전문가로 ION Storm이라는 게임 개발 회사를 창업하여 Deus Ex와 Thief: Deadly Shadows와 같은 게임을 만들었다.

에서 불필요한 요소들을 제거하여, 플레이어의 이동 경로나 시야를 제한함으로써, 플레이를 좀 더 흥미롭게 만드는 기술이다. 이와 같이 메타버스 공간 구성에는 구조, 내부구성, 인터랙션 등 고려할 사항이 있다.

〈표 2-28〉 제페토 플랫폼 분석

구분			특성	비고
	제페토 스튜디오		‣ 3D 아바타 기반 글로벌 소셜네트워킹 AR 온라인플랫폼 ‣ 이용자가 자신의 사진을 촬영하면 자동으로 3D 아바타를 생성하고 다양한 스타일 변환 가능 ‣ 다양한 맵을 활용하여 게임, 팬미팅, 콘서트 등 제공 ‣ 화폐 코인을 사용해 가구, 장식, 제스처 등을 구매하여 정체성 표현	‣ 제페토 플랫폼에서 제공하는 콘텐츠 제작 도구 ‣ 이용자들은 자신만의 게임, 맵, 아이템 등을 제작하고 공유 ‣ 제페토 스튜디오는 블록 프로그래밍, 스크립트 작성, 3D 모델링 등 다양한 기능을 제공하여 이용자가 쉽고 빠르게 콘텐츠를 제작 지원 ‣ 제페토 스튜디오는 이용자들이 제작한 콘텐츠를 제페토 플랫폼에 업로드하여 다른 이용자들과 공유 지원 ‣ 제페토 스튜디오는 제페토 플랫폼에서 창작성과 참여성을 높이는 핵심적인 역할
공간 이용 행태	제페토월드맵	커스텀 맵	‣ 이용자가 직접 창작하거나 다른 이용자가 만든 맵 ‣ 다양한 도구와 자료가 제공 ‣ 참여형 커뮤니티를 형성	
		공식 월드맵	‣ 제페토 운영 측에서 만든 맵 ‣ 이용자들이 고급파티를 즐길 수 있는 '레드카펫' ‣ 미니게임과 쇼핑 할 수 있는 '제페토 마트' ‣ 문제를 풀며 머리를 쓸 수 있는 '제페토 미스터리' 등 다양한 액티비티를 제공	
		커머스	‣ 이용자들이 화폐 코인을 사용하여 가구, 장식품, 액세서리 등 가상 아이템을 구매할 수 있는 기능 ‣ 자신만의 아바타를 꾸밀 수 있는 아이템 제공 ‣ 다양한 브랜드와의 콜라보레이션 아이템 제공 ‣ 자신만의 스타일을 완성하고, 다른 이용자들과의 소셜 인터랙션 즐길 수 있음	
		소셜	‣ 소셜 기능이 풍부한 플랫폼 ‣ 이용자들은 친구를 추가, 채팅을 할 수 있으며, 다른 이용자들과 협력 또는 경쟁하며 게임을 즐길 수 있음 ‣ 이용자가 만든 커스텀 맵을 공유할 수 있고, 커뮤니티 기능으로 관심사 공유하고 정보 교류 ‣ 소셜 기능을 통해 제페토 월드 맵은 다양한 사람들과 소통하며, 새로운 인연을 만들 수 있는 공간	
		업무, 강의	‣ 스크린 공유, 도구 상자, 실시간 채팅 등의 기능을 활용하여 협업과 소통을 강화 ‣ 강의 자료나 문서 등 간편하게 공유 ‣ 강의나 워크숍 등 교육 프로그램 제공	

제페토는 3D 아바타를 활용한 AR 온라인 플랫폼으로, 이용자들은 자

신의 사진을 이용하여 아바타를 생성하고 다양한 방법으로 꾸밀 수 있다. 아바타는 눈, 코, 입 등 각 부위별로 스타일 변환을 할 수 있으며, 화폐인 코인을 사용하여 가구, 장식, 제스처 등을 구매하여 정체성을 표현할 수 있다.

제페토(ZEPETO)는 2018년에 출시된 증강현실(AR) 아바타 서비스로, 얼굴인식과 증강현실(AR), 3D 기술 등을 이용해 '3D 아바타'를 만든 이용자들과 소통하거나 다양한 가상 현실 경험을 제공하는 서비스이다. 제페토는 3D 가상공간에서 다양한 상호작용을 제공하는 인터페이스를 가지고 있으며, 사용자들이 자신만의 공간을 만들고 창작물을 공유할 수 있도록 다양한 도구와 기능을 제공한다.

메타버스 공간을 제페토를 중심으로 플랫폼과 인터페이스를 분석하기로 한다.

2) 제페토 공간(인터페이스) 분석

제페토는 모의 시뮬레이션을 구현하는 인터페이스 유형 중 하나이다. 제페토 인터페이스의 특성은 첫째, 모의(Simulation) 시뮬레이션 특성이 있다. 현실 세계를 가상공간에 구현함으로써 시나리오를 시뮬레이션하고 검증할 수 있다. 이는 가상공간과 실제 공간이 연계되어 정보 및 데이터가 전달되는 메타버스 특성을 갖는다.

둘째, 제페토의 인터페이스는 모션 센싱, 감각 센서 등을 이용하여 이용자의 움직임을 감지하고 주변 환경의 감각을 전달함으로써 몰입감과 실감형 경험을 제공한다. 이용자의 움직임에 따라 시간성과 현장감이 조절되며, 대상의 움직임과 유사한 유도 운동이 이뤄지고 자신이 움직이는 것과 같은 운동감을 느낄 수 있다. 이를 통해 이용자는 소통, 감정표현, 전달 등 다양한 경험을 할 수 있다.

셋째, 실시간(Real-time)이고 다중적 (Multi-user) 속성이 있다. 모의 시뮬레이션에서 발생하는 정보 및 데이터가 즉각적으로 전달되어 여러 사용자가 동시에 실시간 협업, 교류, 행위 등이 가능하다.

넷째, 제페토의 인터페이스는 초월적인 연결성을 가지고 있으며, 쌍방향 커뮤니케이션이 가능하고 실시간 상호반응을 통해 어디서든 정보의 움직임이 이루어진다. 채팅, 음성, 움직임 등 다양한 방법으로 상호작용이 이루어지며, 이를 통해 지속적인 정보의 움직임이 발생하고 쌍방향 커뮤니케이션이 유도된다. 이러한 인터페이스는 물리적 방법을 넘어 초월한 커뮤니케이션이 가능하며, 사용자들은 어디에서든 실시간으로 상호반응을 통해 커뮤니케이션할 수 있다. 또한, 제페토의 인터페이스는 공간, 인간, 정보의 관계성이 증가하면서 확장성이 증가하며, 창조적인 다각적 확장의 장이 된다는 특징을 가진다.

다섯째, 메타버스 인터페이스는 융합된 새로운 공간을 탐색함으로써 새로운 감각 기능을 생성하고 감각 기능 사이의 균형을 찾아 확장된 공간을 새롭게 인식할 수 있다. 물리적인 제약을 넘어선 확장된 공간은 새로운 가능성을 제시하며, 사용자는 직접 체험하고 경험할 수 있는 커뮤니케이션을 가능하게 한다. 무한한 공간을 자유롭게 탐색하며 다양한 체험과 경험을 쌓을 수 있는 것이 메타버스 인터페이스의 특징이다.

〈표 2-29〉 메타버스 공간에 나타난 인터페이스 유형

인터페이스 유형	유형 속성	특성
모의 시뮬에이션 공간	▸ 모의 시뮬레이션을 구현하는 인터페이스 유형 중 하나 ▸ 시뮬레이션 정보가 실제 물리적 공간에 즉각적으로 전달되는 것	현실과 가상공간이 연계되어 정보 및 데이터가 전달되는 메타버스 특성을 지님

인터페이스 유형	유형 속성	특성
몰입 실감	▶ 모션 센싱, 감각 센서 등을 이용하여 이용자의 움직임을 감지하고 주변 환경의 감각을 전달 ▶ 이용자의 움직임에 따라 시간성과 현장감이 조절 ▶ 대상의 움직임과 유사한 유도 운동이 이뤄지고 자신이 움직이는 것과 같은 운동감을 느낄 수 있음	존재감을 통한 소통, 감정표현, 전달 등 다양한 경험
실시간 (Real-time) 다중적 (Multi-user)	▶ 모의 시뮬레이션에서 발생하는 정보 및 데이터가 즉각적으로 전달되어 실시간 협업, 교류, 행위 가능 ▶ 모의 시뮬레이션에서는 여러 사용자가 동시에 가상공간에 참여할 수 있으며, 정보 및 데이터를 공유하고 협업	다양한 인터랙션 방식과 디자인 패턴이 필요
초월한 연결성	▶ 쌍방향 커뮤니케이션과 실시간 상호반응이 가능 ▶ 채팅, 음성, 움직임 등 다양한 방법으로 상호작용이 이루어져 언제 어디서든 정보의 움직임이 발생 ▶ 공간, 인간, 정보의 관계성을 더욱 증대시키며 창조적인 다각적 확장 가능	물리적 방법을 넘어 초월한 커뮤니케이션이 이루어지는 상호작용
공간 탐색과 공간 확장 인식	▶ 융합된 새로운 공간을 탐색함으로써 새로운 감각 기능을 생성하고 감각 기능 사이의 균형을 찾아 공간을 새롭게 인식 ▶ 물리적인 제약을 넘어선 확장된 공간은 새로운 가능성을 제시	무한한 공간을 자유롭게 탐색하며 다양한 체험과 경험을 쌓을 수 있는 것

4. 다가오는 메타버스 공간의 미래는 메타커머스

인터넷을 활용한 상거래를 의미하는 커머스는 네이버 스마트스토어, 쿠팡, 인스타 마케팅, 카페, g마켓, 11번가 등의 대표적인 이커머스 플랫폼들이 있다. 이커머스는 기존의 현실감이 부족한 한계를 극복하기 위해 생생한 제품 소개와 고객과의 실시간 소통과 상호작용 방식으로 발전하고 있다. 메타커머스는 메타버스 플랫폼 안에서 가상 매장을 구축하여 상거래를 이루는 것을 의미한다. 초기 메타커머스 모델은 제페토의 아이템 마켓, 로블록스의 게임 콘텐츠, 제페토 월드에 가상 매장을 구축하는 형태이다. 또한, ZEP에서는 에셋 스토어를 통해 오브젝트와 템플릿을 구매할 수 있다.

메타커머스는 메타버스 플랫폼 안에서 가상 매장을 구축하여 기존의 이커머스를 연결하는 발전된 형태로, 제품과 서비스에 대한 정보를 공유하고 고객과 소비자들과 실시간으로 상호작용할 수 있다. 이는 24시간 영업하는 가게와 같이 항상 열려 있으며, 후기와 피드백도 실시간으로 주고받을 수 있다. 라이브커머스는 버추얼 휴먼이 사람을 대체할 것이다.

게더타운이나 ZEP에서 가상 매장을 구축하는 것은 이커머스의 새로운 변신이 된다. 소상공인들에게는 새로운 기회가 될 것이다. 소상공인들이 이 기회를 활용하기 위해서는 스스로의 디지털 도구와 기술을 활용하는 역량을 개발해 비즈니스 모델을 디지털화 해야 한다.

메타버스에서 라이브커머스를 하기 위해서는 가상공간에서 제품을 전시하고 판매하는 가상 매장을 구축해야 한다. 이를 위해 가상공간 디자인과 가상 제품 디자인, 라이브커머스 플랫폼과 결제 시스템 등 다양한 기술과 요소가 필요하다. 현재 메타버스에서 라이브커머스를 진행하고 있는 구체적인 사례로는 로블록스에서의 라이브커머스가 있다. 로블록스는 전 세계에서 인기 있는 메타버스 플랫폼 중 하나로, 가상 매장에서의 상품 전시 및 판매를 지원한다. 로블록스 내에서는 가상 제품을 구매할 수 있는 가상화폐인 '로블록스'를 사용하며, 가상 매장을 구축하는 데 필요한 툴킷과 API를 제공한다.

또한 디센트럴랜드는 블록체인을 기반으로 한 메타버스 플랫폼으로, 사용자가 직접 가상 토큰을 구매하고 가상 매장에서 상품을 구매할 수 있도록 지원하고 있다. 이를 통해 블록체인 기술을 활용하여 라이브커머스 플랫폼 내에서 보안과 투명성을 높이고 있다.

메타버스 플랫폼은 가상공간에서의 소비 경험과 타인과의 소통 수단으로 중요한 가치를 가지고 있으며, 공간의 중심이 오프라인에서 온라인으로 이동하면서 많은 사람들과 기업들이 참여하고 경험하게 되었다. 이는 메타버스가 더 이상 이원적으로 분리될 수 없는 융합의 형태로 발전하고 있다는 것을 의미한다. 또한, 공간의 인식도 변화하면서 공간은 입체적인 3차원과 시간적인 4차원으로 구성되며, 생각과 추억, 경험이 융합된 형식이다. 이러한 변화는 미디어가 물리적 공간에 디지털을 가져와서 다양한 사적, 공적인 공간이 이루어지게 되었다는 것을 의미한다.

디지털 기술의 발전으로 인해 공간의 개념과 접근 방법이 변화하고, 초연결과 초지능이 가능해졌다. 이로 인해 중앙 집권체제에서 탈중앙화 체제로 전환되었으며, 블록체인, NFT 등의 기술로 모든 거래가 확대되고 있다. 또한, 양자기술 등 최신 기술의 대두로 인해 산업 전반에서 가능성과 기회가 창출될 것으로 기대된다. 이에 따라 실제와 가상이 융합되어 네트워크가 확장되고, 사용자들은 적극적인 소비자에서 창작자로 변화하고 있다.

인터넷 웹은 1.0 시대에서는 콘텐츠를 생산하는 사람들이 일방적으로 지배하던 시기였다. 그러나 웹2.0 시대에서는 이용자들이 생산자와 소비자의 역할을 모두 수행하는 시대로 발전하였다. 웹3.0 시대에는 인간이 아닌 기계나 사물이 사용자 맞춤형 서비스를 제공하는 센서를 내재하고 있다. 이로 인해 인터넷상에서 현실 세계의 사람들과 상호작용할 수 있으며, 가상 현실 공간에서도 현실 공간과 같은 경험을 할 수 있게 되었다. 이러한 기술 발전은 메타버스 시대를 이끌고 있으며, 버추얼 휴먼과 AI 등은 메타버스 시대의 공간을 더욱 확장시키며, 인류 문명의 패러다임을 혁신하게 될 것이다.

<참고문헌>

* 표시는 참고문헌. 이하 동일.

유현주(2018). 키틀러의 유산 −프리드리히 키틀러의 매체이론을 둘러싼 논쟁들. 브레히트와 현대연극, 38, 147-164.

하버마스(2006) "The Theory of Communicative Action: Life world and System: A Critique of Functionalist Reason"

정규형(2014). 다층적 구조에서 보여지는 디지털 공간의 재구성에 관한 연구. 디지털융복합연구, 12(12), 513-520.

이동은, 손창민(2017). 시각 미디어의 진화에 따른 VR 매체 미학. 만화애니메이션연구, 633-649.

Gibson, J. J.(1979). The ecological approach to visual perception. Houghton Mifflin.

Norman, D. A.(2013). The Design of Everyday Things: Revised and Expanded Edition. Basic Books.

Hartson, R. & Pyla, P.(2012). The UX Book: Process and Guidelines for Ensuring a Quality User Experience. Morgan Kaufmann.

Pine II, B. Joseph and Gilmore, James H. (2007). "Authenticity: What Consumers Really Want". Harvard Business Review Press.)

조희경(2021). 메타버스 환경에서 어포던스 디자인 요소 분석에 대한 연구. 한국디자인문화학회지, 27(3), 441-453.

나은영, 나은경(2015). 미디어 공간 인식과 프레즌스. 한국언론학보, 59(6), 507-534.

Sagan, C.(1961). The Planet Venus. Planetary and Space Science, 9(11), 971-987. doi: 10.1016/0032-0633(61)90151-0

John R. Stanley, Jr., Ting Lu, James Watson, James Mabbott, Larissa Galhardo, Mark Vaessen, Marlies de Ruiter(2021,5). ESG and Metaverse: Exploring the Intersection. KPMG (https://home.kpmg/us/en/home.html)

신승원(2015). 칸트 공간론의 전개. 칸트연구 35권 0호. 한국칸트학회. 1-28

Michel Foucault, Surveiller et punir: Naissance de la prison (Paris: Gallimard, 1975)

Karl Marx(1867). Capital, Hamburg-based Verlag von Otto Meissner.

James B. Twitchell(1999). 'Lead Us Into Temptation: The Triumph of American Materialism'

나은영(2015). 미디어 공간에서의 공존적 프레즌스: 컴퓨터게임 속 대인관계 연구. 한국방송학보, 29(4), 96-141.

Innis, H. A.(1951). The Bias of Communication. University of Toronto Press.

McLuhan, M.(1964). Understanding Media: The Extensions of Man. McGraw Hill.

Anthony Giddens(1991). The consequences of modernity. Stanford University Press.

Lombard, M., & Ditton, T.(1997). At the heart of it all: The concept of presence. Journal of computer-mediated communication, 3(2). https://doi.org/10.1111/j.1083-6101.1997. tb00072.x

Ball, M.(2021). The Seven Properties of Highly Persistent Metaverses.

김상균(2021) '메타버스의 특징과 콘텐츠 개발', 제29회 한국디지털 미디어학회 학술대회 논문집

이옥기(2023). 메타버스 플랫폼의 이용자 경험이 교육 효과에 미치는 영향: 메타버스 MBTI S/W 측정을 중심으로 에듀테인먼트연구. 한국에듀테인먼트학회. Vol. 5, No. 1. 97-112

강수호·손미애(2012), 온톨로지 기반 디지털 휴먼 모델의 작업 적용성 제고 방안 연구, 한국CDE학회 논문집, 17(2).

이승환·한상열(2021), 메타버스 비긴즈 : 5대 이슈와 전망, 소프트웨어정책연구소 이슈리포트 116호,

https://www.businesspost.co.kr/BP?command=article_view&num=269643

Milgram, P., & Kishino, F.(1994). A taxonomy of mixed reality visual displays. IEICE TRANSACTIONS on Information and Systems, 77(12), 1321-1329.

https://www.scientificamerican.com/article/kryders-law/

https://www.nngroup.com/articles/law-of-bandwidth/

Jane McGonigal(2011). Reality is Broken: Why Games Make Us Better and How They Can Change the World.

MarketsandMarkets.(2020). Augmented Reality and Virtual Reality Market by Offering (Hardware and Software), Device Type (HMD, HUD, Handheld Device, Gesture-Tracking Device), Application (Consumer, Commercial, Enterprise, Healthcare, Aerospace & Defense) and Geography - Global Forecast to 2025.

IDC (International Data Corporation). (2020). Worldwide Augmented and Virtual Reality Spending Guide. Retrieved from https://www.idc.com/getdoc.jsp?containerId=IDC_P35215

Statista.(2021). Global AR/VR smart glasses market size from 2018 to 2025. Retrieved from https://www.statista.com/statistics/1097649/global-augmented-reality-virtual-reality-smart-glasses-market-size/

Urry, J.(2007). Mobilities. Polity Press.

임명환, 이중만.(2013). 콘텐츠의 융합요소 및 융합경로와 융합 유형 분석. Journal of Information Technology Applications & Management, 20(3), 295-314.

https://www.law.go.kr/

박용재 외(2010). 콘텐츠산업의 융합 유형별 사례 및 전망. ETRI. 전자통신동향분석 제25권 제5호

JON RADOFF(2021). "The Seven Layers of the Metaverse", https://medium.com/building-the-metaverse/the-metaverse-value-chain-afcf9e09e3a7

제3장

메타버스 마케팅
(marketing)

마케팅에 메타버스를 등장시킨 이유는 무엇일까?

메타버스 마케팅이 어디까지 진행되고 있는지를 알아보고

필요한 요인들은 무엇인지

메타버스 마케팅전략은 어떻게 해야 하는지

마케팅산업을 기업과 소비자를 파악하여

사례를 살펴보고

메타버스 마케팅의 전망을 제시해 본다.

"메타버스는 새로운 디지털 경제 생태계를 만들어낸다. 이러한 경제 생태계에서는 마케팅이 매우 중요한 역할을 할 것이다. 기업들은 소비자들과 더 밀접한 상호작용을 이루며, 제품 또는 서비스의 인지도와 판매량을 높일 수 있을 것이다."

― NVIDIA의 CEO인 젠슨 황

Ⅰ. 디지털과 마케팅

1. 메타버스 마케팅의 등장

메타버스는 가상현실과 증강현실 기술을 이용하여 현실 세계와 유사한 가상세계를 만들어내는 기술이다. 이미 게임 산업에서 널리 사용되고 있으며, 최근에는 마케팅 분야에서도 활용되고 있다. 메타버스 마케팅은 가상현실과 같은 온라인 공간에서 상호 작용할 수 있는 몰입형 3D 경험을 제공하여, 상품 경험을 현실적으로 전달하고 색다른 경험을 제공한다. 메타버스는 물리적인 제약을 해소하고, 브랜드 인지도와 충성도를 높이기 위한 효과적인 마케팅 방안이 될 수 있다.

메타버스는 시간적 제약을 받지 않고 자유롭게 마케팅 메시지를 전달할 수 있으며, 고도의 몰입도를 제공하는 경험을 제공하는 이점이 있다. 다양한 산업에서 활용이 가능하며, 특히 제품 시연이 중요한 산업에서는 3D 가상 공간을 활용하여 불편함을 해소할 수 있다. 또한, 콘텐츠 산업이나 소비자 경험을 적극적으로 추구하는 산업에서도 메타버스를 활용하여 브랜드 이미지를 강화하고 새로운 경험을 제공할 수 있다.

메타버스가 마케팅 분야에서 등장한 이유는 다양하다.

첫째, 메타버스는 마케팅 활동을 보다 참여적이고 상호작용적으로 만들어 줄 수 있다. 마케팅 활동을 단순한 광고로 제공하는 것이 아니라, 가상세계 안에서 소비자와 직접 상호작용을 하면서 제품과 브랜드를 홍보할 수 있다.

둘째, 메타버스는 소비자들의 감정적인 결합을 높여 주는 역할을 한다. 가상세계 안에서 소비자들은 실제 세계와는 다른 경험을 할 수 있으며, 이로 인해 제품과 브랜드에 대한 호감도가 증가할 수 있다.

셋째, 메타버스는 시장 접근성을 높여 주는 역할을 한다. 예를 들어, 지리적으로 떨어져 있는 소비자들도 메타버스를 통해 제품과 브랜드를 경험할 수 있다.

메타버스 마케팅은 가치 창출 잠재력이 크고, 현재 각 산업에서 효과적인 마케팅을 구현하는 기업도 많다. Nintendo의 Animal Crossing 게임에서는 메타버스 마케팅을 통해 많은 상호작용이 이루어졌다. 따라서 메타버스 마케팅에서는 사용자 경험과 함께 메시지 전달 방법을 고려하는 것이 중요하다. 메타버스 마케팅이 등장한 배경은 웹의 발달과정에서 찾을 수 있다.

2. 메타버스와 웹 3.0

가상의 '나' 아바타를 통해서만 들어갈 수 있는 공간이 등장하였다. 가상공간 메타버스이다. 강원대학교 김상균 교수(2021)는 인터넷과 스마트폰이 혁명이라면 메타버스는 디지털 빅뱅이라고 칭하였다. '인터넷이, 스마트폰이 세상을 바꿀 줄 누가 알았을까?'라는 시대적 변화에서 이제는 우주를 탄생시킨 대폭발을 뜻하는 빅뱅이 메타버스의 상황을 설명하고 있다.

메타버스는 공간의 물리적 한계를 뛰어넘을 수 있다는 장점을 내세우며 오프라인에서 이루어지는 체험 등을 가상의 공간으로 확장하고 있다. Web 3.0 시대 3D 기반 새로운 플랫폼 비즈니스 모델 기술력을 기반으로 한 오픈소스 소프트웨어는 메타버스 플랫폼 서비스의 시장진출을 더욱 가속하고 있다. Web 3.0 시대의 상호연결된 다중 가상세계(multi-verse)가 가져온 변화이다. 알파 세대와 MZ세대는 공상과학 소설과 게임에서 등장하는 가상공간을 현실의 일부분으로 받아들이며 메타버스의 새로운 경험을 즐기며 확산시키고 있다.

초기의 메타버스는 현실 세계를 모방한 상상의 공간으로 현실 대체재라는 특성이 두드러졌지만, 지금은 현실의 세계를 뛰어넘은 물리적 공간과 가상의 인지 공간으로 공존한다(Smart, Cascio, Paffendorf, 2010). 가상과 현실이 융합되어 상호작용하며 사회, 문화, 경제활동이 이루어지기에(이승환, 한상열, 2021) 가치 창출이라는 잠재력을 가진 새로운 세계인 것이다.

3. 메타버스와 마켓 5.0

마케팅은 '고객에게 상품이나 서비스를 제공하는 것과 관련된 경영 활동'이다. 소비자에게 우리가 만든 좋은 제품과 서비스를 알리기 위해서 마케팅을 해야 한다.

마켓의 발전과 진화는 현재 5.0시대로 접어들었다. 이러한 변화는 다양한 시대적 특성을 고려하여 진행된다. 1900년대 처음 사용된 마케팅이란 용어는 인류가 생존에 필요한 것들을 생산하고 거래와 소비가 이루어지면서 등장하였다. 점차 시장이 형성되면서 발달하며 함께 성장해 왔다.

초기에는 생산자와 소비자 사이에서 물건을 사고파는 단순한 구조로 정의되었다. 그러나 마케팅의 정의도 시장의 변화에 따라 개념, 범위, 역할과 위치도 진화하고 중요성도 달라졌다. 인간과 기술이 융합하는 새로운 시대로 기술과 사회구조가 전환되면서 소비자가 생산자이며 수요자가 되도록 하였다. 필립 코틀러는 이러한 마케팅의 변화를 마켓 1.0에서 5.0으로 설명하고 있다.

1) 마켓 1.0: 제품 중심의 마케팅

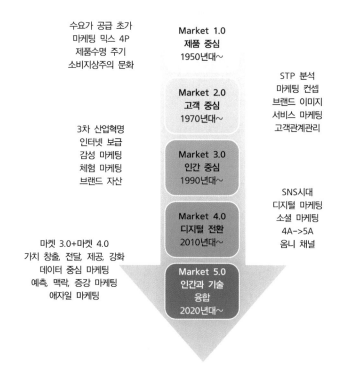

출처: https://story.pxd.co.kr/1598
출처: 필립 코틀러, 허마원 카타자야, 이완 세티아완(2021). 마켓 4.0, 옮긴이; 이진원, 서울; 길벗 참고 및 재구성.

[그림 3-1] 마켓의 변화

미국에서는 제품 중심의 마케팅인 '마켓 1.0' 시기가 있었다. 이 시기는 공급보다 수요가 많은 시기며, 1960년에 이르러 마케팅 mix '4P 분석'이 등장하였다. 제롬 매카시(Jerome McCarthy) 교수가 1960년 처음 제시한 개념으로 이는 제품(Product), 가격(Price), 유통경로(Place), 판매촉진(Promotion) 4개의 요인으로 구성되어 있다. 기업이 어떤 제품을 만들고 가격을 어떻게 측정하며, 어떤 유통채널을 통해 전달할 것인지, 제품의 가치와 효용성을 소비자에게 알릴 것인지에 대한 마케팅의 핵심 개념으로 등장했다. 또한, 1965년에는 Harvard Business Review에서 제품수명주기(PLC; Product Life Cycle)가 발표되었다.

2) 마켓 2.0: 고객 중심의 마케팅

1970년대에 경제가 급격히 성장함에 따라 마케팅은 제품 중심에서 소비자 중심으로 진화했다. 기업들은 다양한 제품들을 출시하면서 소비자들의 제품 선택 폭이 증가했다. 그러나 1980년대 세계의 경기침체는 소비자들의 구매력에도 영향을 미쳤다. 이러한 상황과 치열한 기업 경쟁으로 마켓 2.0 시대에는 고객 중심으로 마케팅이 전환되었다. 아베 테츠야(2021)는 이 시기에 기업들은 STP 전략을 도입하여 시장을 세분하고 타깃 마켓을 설정한 후 포지셔닝을 결정하였다고 했다.

고객 욕구를 충족시키기 위해 서비스 마케팅도 도입되었는데, 새로운 고객을 창출하기보다는 기존 고객의 욕구를 파악하고 관리하여 만족도를 높이는 고객 관계관리(CRM; Customer Relation Management)방식을 적용했다. 이러한 전략은 경쟁사 등으로 고객 이탈을 방지하며 고객을 유지시킨다는 것을 목표로 하였다.

3) 마켓 3.0: 인간 중심의 마케팅

이 시기는 초고속 인터넷이 대중화되어 컴퓨터와 인터넷 기반의 지식 정보 사회가 3차 산업혁명 시대이다. 인터넷 보급으로 소비자들은 제품뿐만 아니라 기업의 태도와 사회적 책임에도 관심을 가졌다. 기업도 전문성과 투명성을 갖춘 사회공헌과 윤리적 활동을 적극적으로 홍보하였다. 그러나 2000년대 이후 국제유가 급등으로 인해 경제 악화와 금융 산업의 스캔들이 발생했다. 이로 인해 고객은 이익만 추구하는 기업을 신뢰하지 않으며 사회와 환경에 긍정적인 영향을 주는 제품이나 서비스 문화를 요구하였다. 이러한 변화는 인간 중심의 마켓 3.0시대를 등장시켰다.

마케팅전략도 감성 마케팅과 체험 마케팅이 중요시되며, 필립 코틀러, 허마원 카타자야, 이완 세티아완(2021)은 이를 '3i Model'(독특한 개성, 좋은 이미지, 신뢰할 수 있는 품격)로 제시하였다.

4) 마켓 4.0: 전통 마케팅에서 디지털 마케팅으로 전환

2010년대 이후에는 기업과 소비자 상호작용에서는 온라인과 오프라인의 결합이 중요해졌다. 이를 통해 기업은 브랜드에 충성도 높은 옹호자를 확보하고 고객의 더 많은 참여를 유도하며 커뮤니티로 인정받을 수 있는 마케팅 활동이 요구되었다(하영원, 2017). 또한, 정보통신기술(ICT) 발전은 모바일 인터넷, 소셜미디어를 활성화하였다. SNS는 커뮤니케이션 수단으로 일상화되고 보편화되었다. 이처럼 다양한 소셜네트워크 수단을 사용하는 연결의 시대로 접어들면서 고객의 제품 구매 경로에도 영향을 주게 되었다. 마케팅은 전자상거래와 같은 디지털 방식으로 전환되는 마켓 4.0 시대에 접어들었다. 기업의 마케터는 소셜미디어를 활용한 마케팅과 디지털 마케팅을 구현하였다. 또한, 오프라인, 온라인, 모바일 등 다양한 경로를 통해 제품을 검색하고 구매할 수 있는 옴니채널(Omni

Channel)을 활용했다. 이를 통해 일관된 커뮤니케이션을 제공하여 고객 경험 강화와 판매를 증대시키는 마케팅전략을 진행하였다. 필립 코틀러, 허마원 카타자야, 이완 세티아완(2021)은 이러한 변화에 맞춰 4A: 인지 (Aware), 태도(Attitude), 행동(Act), 반복 행동(Act Again)을 5A: 인지 (Aware), 호감(Appeal), 질문(Ask), 행동(Action), 옹호(Advocate)로 변경되어야 함을 주장하였다.

5) 마켓 5.0: 인간과 기술의 융합

디지털 중심으로 시장 구조가 재편되자 마케팅은 훨씬 더 복잡한 형태로 진화하고 있다. 인간 중심의 마켓 3.0과 디지털 중심의 4.0을 통합한 마켓 5.0은 인간과 디지털 기술의 융합으로 필립 코틀러(2021)는 기업이 마켓 5.0 시대에서 세대 차이, 부의 불평등, 그리고 디지털의 격차를 줄이며 지속 가능한 사회로 인도해야 한다고 주장하였다. 마켓 5.0의 주요 주제는 인간의 능력을 모방하는 차세대 기술이다. 인공지능(AI), 증강현실(AR), 가상현실(VR), 혼합현실(MR), 로봇공학, 블록체인 등의 기술 조합이다. 이러한 기술을 토대로 기업은 데이터 중심에서 예측 마케팅, 맥락 마케팅, 증강 마케팅, 애자일 마케팅까지 수용하는 것이다. 이제 휴머니티를 중요시하는 디지털 기술 활용이 기업과 소비자 모두에게 선택이 아닌 필수로 맞이하고 있다.

6) 마켓 5.0 구성요소

(1) 데이터 중심 마케팅

데이터 중심 마케팅은 데이터를 기반으로 이루어진 마케팅이며 마켓 5.0을 구축하는 첫 단계이다. 데이터는 기업에 적합한 고객을 찾기 위한 정보이다. 70년 전부터 실행되어 온 고객 세분화는 마케팅 활동을 극대화 시키기 위해 적합한 고객을 찾아 이들에게 마케팅전략을 실행하여 성과를 획득하는 것이다. 고객 세분화는 지리적, 인구통계학적, 심리적, 행동적 특성이라는 4가지 기준을 고려한 시장조사로 데이터를 획득한다. 빅데이타를 활용한 데이터 분석으로 새로운 데이터 수집과 최소 단위의 고객 세분화가 가능해지면서부터 1:1 맞춤형 마케팅을 실행할 수 있게 되었다. 필립 코틀러, 허마원 카타자야, 이완 세티아완(2021)에 의하면, 미디어 데이터, 소셜 데이터, 웹 데이터, 판매 데이터 IoT 데이터, 참여 데이터 등 빅데이터들은 역동적으로 데이터를 포착, 저장, 관리함으로써 풍부하고 유용한 데이터 생태계를 구축할 수 있게 해준다.

(2) 예측 마케팅

예측 마케팅은 빅데이터나 머신러닝 등의 테크놀로지를 활용한 예측 분석을 통해 이루어지는 고객 관계 접근으로 마케팅 효과를 극대화 시키는 것이다. 현재와 과거의 고객 데이터를 분석하여 미래에 어떠한 행동을 할 것인지 예측 분석한다. 예측 분석은 AI나 알고리즘으로 시장의 움직임을 예측하고 예방하며 효율적인 선택을 위해 활용된다. 또한, 신규 고객 유치, 고객가치 증대 및 고객 이탈 방지, 고객 관리 등을 위한 전략 수립에도 사용된다(Omer Artun, Dominique Levin, 2017). 제품 출시의 성공 확률과 고객별 맞춤 제품 추천 및 마케팅 캠페인 효과를 예측할 수 있기 때문에 데이터 기반 마케팅은 제품과 브랜드 관리에 효과적이다. 이를 통해 마케터는 시장에 능동적으로 대응하고 결정할 수 있다.

(3) 맥락 마케팅

맥락 마케팅은 위치기반 서비스를 활용하여 고객 개인화 정보제공과 맞춤형 상호작용으로 상품 구매 가능성을 높일 수 있는 전략이다. 스마트폰에 설치된 모바일 앱과 네비게이션으로 머신러닝, AI, IoT를 활용한 고객에게 맞춤형 메시지와 제품 정보제공 등 고객 개인의 특성에 적합한 경험을 제공할 수 있다. 스마트폰은 연동되어 시선 추격, 고객의 감정 감지, 말의 속도와 음색 인식이 가능하다.

최근에는 생체인식기술을 활용하여 맞춤형 지역 광고와 제품 쿠폰이나 상점의 정보를 스마트폰으로 제공하며 고객의 반응을 확인할 수 있다. 고객은 스마트폰 증강현실(Augmented Reality; AR)을 활용한 광고와 제품을 경험하고 사물인터넷(Internet of Things; IoT) 기반의 디지털 피팅룸을 활용한 가상 탈의실을 이용해 볼 수 있다. 고객이 원하는 제품 디자인과 컬러를 입체적으로 선택하고 확인해보는 몰입감 경험을 제공받는다.

(4) 증강 마케팅

증강 마케팅은 첨단 기술을 활용한 인공지능 AI가 빅데이터를 토대로 인간처럼 대화를 진행하는 챗봇, 스마트폰의 AR 어플, 라이브 채팅 등의 디지털 인터페이스로 잠재고객과 상호작용하며 마케팅 기능을 향상시키는 것이다. 잠재고객과 등급이 낮은 고객은 챗봇으로, 설득이 필요한 상담 판매는 직원이 업무를 담당함으로써 고객에게 맞춤형 서비스를 제공할 수 있다. 이러한 증강 마케팅은 AI(Artificial Intelligence)가 아닌 IA(Intelligence Amplification) 시스템을 활용하는 것이다. 따라서, 디지털 도구 제공과 교육으로 인간과 기계의 협업을 구축해야 한다.

☞ AI와 IA의 차이점이 궁금해요?

• AI(Artificial Intelligence)는 인간의 지능을 복제한 독립된 인공지능 시스템이다. 학습, 인지, 판단, 행동기능을 갖고 있어 인간의 능력을 앞선다.
• IA(Intelligence Amplification)는 지능 증폭의 뜻으로 인간의 지능과 의사결정 능력을 향상시키기 위한 보조 기능의 시스템이다.

(5) 애자일 마케팅

애자일(Agile) 마케팅은 상황과 환경에 맞춰 유연하고 신속하게 대처하며 일하는 방법론을 의미한다. '날렵한, 민첩한, 재빠른'의 뜻이 있는데, 소프트웨어 개발 방법론 중 하나이다. 애자일 마케팅을 실행하기 위해 기업은 실시간 시장을 꿰뚫어 보는 안목, 대규모의 계획보다는 분산된 소규모 팀의 점차적 업무 설계, 순차적 프로세스가 아닌 동시적 프로세스, 신속한 테스트, 상호작용과 혁신 수용이 필요하다.

시장 변화에 따른 즉각적인 대응은 기업의 생존과 성장에 꼭 필요한 요소이다. 이러한 맥락에서 마켓 5.0은 데이터 중심 마케팅을 기반으로 예측 마케팅과 맥락 마케팅, 증강 마케팅을 적용하여 애자일 마케팅으로 이루어진다.

애자일(Agile)은 다소 생소한 단어이지만 근원은 소프트웨어 개발 방법론 중 하나이다. 그러나 최근에는 경영 트렌드로 나아가 활용되고 있다. '날렵한, 민첩한, 재빠른'의 뜻을 가진 애자일(Agile)은 상황과 환경에 맞춰 유연하고 신속하게 대처하며 일하는 방법론을 의미한다.

급변하는 시장과 변덕스러운 고객의 욕구를 충족시키기 위해 실시간 데이터 분석과 신속한 대응, 유연한 제품 개발과 시장 창출은 애자일 마케팅을 수용해야 하는 이유이다.

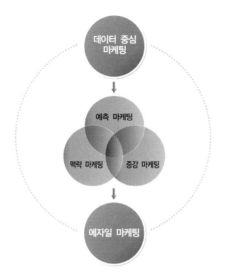

출처: 필립 코틀러, 허마원 카타자야, 이완 세티아완(2021).

[그림 3-2] 마켓 5.0의 구성요소

이상에서 살펴본 바와 같이 마켓 5.0은 인간과 기술 융합 시대의 새로운 시장 환경을 의미한다. 이 시대에는 기술과 인간의 역량을 융합시켜서 새로운 가치를 창출해내는 기업들이 성장해나갈 것이다. 마켓 5.0시대의 마케팅전략의 성공조건도 있다.

첫째, 플랫폼 기술이다. 기술의 발전으로 인해 많은 데이터가 생성되고 이를 활용하여 고객과 기업 간의 상호작용이 가능해졌다. 이러한 상호작용을 위해서는 플랫폼 기술이 필수적이다.

둘째, 디지털 경험이다. 기업은 고객들에게 혁신적인 디지털 경험을 제공함으로써 고객의 만족도와 충성도를 높일 수 있다. 이를 위해 기업은 AI, AR, VR 등의 기술을 활용하여 디지털 경험을 개선할 필요가 있다.

셋째, 인간 중심적 디자인이다. 고객의 요구사항을 인간 중심적인 디자인으로 반영하여 제품, 서비스, 경험 등을 제공하는 것이 중요하다.

넷째, 창의성과 협력이다. 인간과 기술의 융합을 통해 새로운 가치를 창출하기 위해서는 창의성과 협력이 필수적이다. 기업은 내부 및 외부의 다양한 인재와 협력하여 창의적인 아이디어를 만들고 이를 구현할 수 있는 환경을 조성해야 한다.

다섯째, 지속 가능성이다. 환경 문제와 사회적 책임성에 관한 관심이 증가함에 따라, 지속 가능성이 마켓 5.0에서 중요한 요소가 되었다. 기업은 환경, 사회, 경제적 가치를 모두 고려한 지속 가능한 비즈니스 모델을 개발하고 이를 실천해야 한다.

☞ **함께 생각하기**

기업이 메타버스에 주목해야 하는 이유는 무엇일까요?
메타버스로 인해 미래의 기업은 어떠한 변화를 기대해 볼 수 있을까요?
메타버스로 인해 달라질 수 있는 주변 환경에 관해 토론해 봅시다.

---

4. 메타버스 어디까지 왔나?

1) 월드 와이드 웹에서 메타버스로 진화

1990년의 12월 20일 본격적으로 시작된 인터넷 월드 와이드 웹(World Wide Web, WWW)은 PC 환경에서 사용할 수 있는 인터페이스 웹 1.0의 시대를 열었다. 이를 통해 정보를 검색하고 생성하고 소비할 수 있는 새로운 세상이 열렸다. 그리고 이후 10년이 지나 2000년대는 스마트폰의 대중화와 함께 앱의 시대를 맞이하며 웹 2.0 시대를 열게 되었다. 이는 스마트폰 디바이스에 최적화된 소셜미디어의 시대를 의미한다. 이에 따라 SNS 플랫폼이 등장하면서 이용자들은 직접 콘텐츠를 생성하고 소비하는 새로운 시장을 창출하였으며, 다양한 페르소나를 보여주게 되었다.

2020년 이후 비대면 문화 확산은 새로운 문화 양상과 생활을 변화시

컸다. 5G 서비스와 디바이스의 연산속도 증가, 고해상도 콘텐츠 등으로 기술력이 향상되면서 웹 3.0 시대를 열게 된 것이다.

이를 통해 3D 공간 웹 인터페이스에서 아바타는 게임, 소통, 관광 등 모든 활동이 가능하게 되었으며, 인터넷 웹의 다음 버전 메타버스의 시대가 시작되었다.

메타버스의 태동은 1840년으로 찰스 휘트스톤의 반사식 입체경으로 거슬러 올라가지만, 2016년 포켓몬고의 등장을 계기로 메타버스가 주목을 받게 되었다. 이후 2017년 페이스북은 VR 기반의 메타버스 서비스 '페이스북 스페이스'를 발표하며 메타버스는 새로운 변신을 맞이하게 된다. 페이스북은 오큘러스 인수와 함께 3D 소셜 서비스, 온라인 게임, 증강현실과 가상현실의 결합으로 메타버스에서는 특별한 장소에서 다른 사람과 함께 있는 존재감을 느낄 수 있다고 발표하며 세계의 주목을 받았다(Genevieve Bell, 2022).

웹 1.0 포털 시대	웹 2.0 소셜미디어 시대	웹 3.0 메타버스 시대
• 1990년대 후반 • PC 초고속 인터넷 확산 • 채팅, 이메일 • 정보검색, 생성, 소비 • WWW, 웹 브라우저 • msn, 야후, ebay	• 2000년대 이후 • 스마트폰의 대중화 • 어플리케이션 • 참여, 공유 • 빅데이터, 클라우드 • 페이스북, 유튜브, 아마존	• 2020년 이후 • 5G 시대 • 비대면 문화 확산 • 증강현실, 가상 세계, 융합 세계 • NFT, 탈중앙화, 아바타 • 로블록스, 제페토, 애플

[그림 3-3] 웹 1.0에서 웹 3.0 메타버스로

☞ **메타버스 어디까지 진화했나요?**

메타버스의 4가지 유형 증강현실, 가상세계, 라이프로깅, 거울 세계 중 VR과 XR 기반의 가상세계가 가장 빠른 성장을 보이고 있어요. VR과 XR의 기술력은 현실과 가장 가깝게 대체되는 확장 세계의 몰입감을 높여 아바타로 쇼핑, 게임, 경제활동 등 다채로운 활동을 할 수 있어요. 애플은 홍채 스캐닝 생체 인식을, 마이크로소프트는 지문 사용이 가능한 메타버스를 구축하고 있습니다. 메타버스에서 TactGlove의 진동으로 촉감을 느낄 수도 있습니다.

출처: 윤정현(2021). 메타버스, 가상과 현실의 경계를 넘어. Future Horizon+, 미래연구 포커스, 과학기술정책연구원, 01・02호 Vol. 49.

[그림 3-4] 가상과 현실이 분리된 패러다임에서 확장 가상세계로의 진화

2) 메타버스에서 마케팅하기

메타버스 마케팅이란 온라인과 같은 가상 현실에서 여러 플랫폼을 활용하여 유저가 상호 작용할 수 있는 몰입형 3D 경험을 제공하는 마케팅이다. 증강현실을 통해 경험을 다채롭고 실감 나게 전달할 수 있으며, 실제가 아닌 가상으로 상품에 대한 경험을 증진시켜 색다른 경험을 가져다 줄 수 있다.

메타버스 마케팅의 목표는 직접적인 상품의 판매촉진이나 구매 연결을 위한 마케팅보다는 사용자 경험을 위한 마케팅 성격이 강하다. 물리적인 공간에서 얻을 수 있는 경험을 메타버스라는 3D 가상 공간을 통해 실감 나고 몰입도 높은 경험을 제공할 수 있고 물리적으로 제한이 있었던 경험을 해소할 수 있어서 브랜드의 긍정적인 포지셔닝과 인지도 제고가 필요한 경우에 효과적이다. 브랜드의 충성도를 높이고자 하는 경우에도 효과적인 마케팅 방안이 될 수 있다.

메타버스를 마케팅에 활용하면 좋은 이유는 다양하다.

첫째, 가상 현실에서 항상 존재하기 때문에 비교적 시간적 구애를 받지 않고 자유롭게 마케팅 메시지를 전달하고 활용할 수 있다.

둘째, 광고보다 몰입도가 높은 유저 경험을 제공한다. 증강현실이라는 새로운 플랫폼에서 브랜드 경험을 제공함으로 사용자에게는 새로운 경험을 제공하여 효과적으로 활용될 수 있다.

셋째, 현실에서는 직접 상품을 보고 확인하고 구매할 수 있었던 구매자에게도 직접 오프라인에서 보지 않아도 3D로 상품의 크기를 가늠할 수 있도록 물리적인 경계가 있었던 영역을 확장시킬 수 있다.

3) 메타버스 마케팅과 광고

미국의 대형 유통업체인 월마트는 최근 메타버스 플랫폼 로블록스 내에서 '월마트 랜드'와 '월마트 유니버스 오브 플레이'라는 두 개의 가상 공간을 구축하여, 이용자들이 다양한 게임과 음악 축제를 즐길 수 있고, 가상 상품을 구매할 수 있도록 했다. 이는 Z세대 쇼핑객을 끌기 위한 월마트의 전략 중 하나이다. 2023년 2분기 로블록스의 일일 활성 사용자 중 13세 미만의 이용자가 4분의 1을 차지하는 등, 월마트는 메타버스 산업의 성장과 더불어 이용자들의 새로운 소비 패턴을 고려하여 로블록스를 시험장으로 활용할 예정이다.

국내 유통업계도 메타버스에 관심이 있다. CU, 이마트, 현대백화점, 에버랜드 등 국내 유통기업들도 메타버스 플랫폼에서 매장이나 체험 공간을 열고 고객과 소통하고 있다.

첫째, 온라인 쇼핑몰에서 메타버스를 활용하여 제품 체험을 제공하고 있다. 예를 들어, 가구 쇼핑몰에서는 가구 제품을 가상 공간에 배치하여 실제로 제품을 사용하는 듯한 경험을 제공한다. 이를 통해 제품의 크기, 색상, 디자인 등을 더욱 생생하게 확인할 수 있으며, 소비자들은 제품을 더욱 잘 알고 선택할 수 있다.

예를 들면, 스마트폰이나 가전제품 등을 메타버스 안에서 다양한 기능들을 체험하며 제품의 장단점 등을 더욱 상세하게 파악할 수 있다. 또 다른 예는 소비자들이 메타버스 안에서 미션을 수행하거나, 쿠폰이나 할인 코드 등을 찾아보며 쇼핑할 때, 즉각적인 보상이 제공되는 등의 인터랙티브 마케팅이 가능하다.

둘째, 가상 패션쇼를 통해 소비자들은 온라인에서도 다양한 디자인과 스타일을 확인할 수 있으며, 패션 브랜드들은 메타버스를 활용하여 소비자들에게 보다 생생하고 다양한 경험을 제공하고 있다.

셋째, 온라인 쇼핑몰에서의 가상 상점을 운영하고 있다. 소비자들은 메타버스에서 가상 상점을 방문하여 제품을 확인하고 구매할 수 있으며, 판매업체들은 메타버스에서 가상 상점을 운영하여 다양한 소비자들을 만날 수 있다.

넷째, 소비자들은 메타버스에서 가상 쇼룸을 방문하여 제품을 체험하고 구매할 수 있으며, 판매업체들은 제품을 소개하고 홍보하고 있다.

다섯째, 메타버스에서는 다양한 가상 미디어 광고를 제공하고 있다.
- ▣ 가상 광고판: 메타버스 내에 있는 건물이나 벽면에 가상 광고판을 배치하여 광고를 전시할 수 있다. 이 광고판에는 정적인 이미지나 동영상 광고가 출력된다.
- ▣ 가상 광고물: 메타버스 내에서 브랜드의 제품이나 로고가 삽입된 가상 광고물을 배치하여 광고를 전시할 수 있다. 이 가상 광고물은 메타버스 내에서 브랜드와 상호작용할 수 있는 기능을 제공할 수

도 있다.

▣ 가상 이벤트: 메타버스 내에서 브랜드가 주최하는 가상 이벤트를 통해 광고를 전달할 수 있다. 이벤트 내에서 브랜드의 제품이나 서비스를 체험하거나 상호작용할 수 있는 기능을 제공할 수 있다.

▣ 가상 쇼핑몰: 메타버스 내에 가상 쇼핑몰을 구축하여 제품을 판매할 수 있다. 이 쇼핑몰 내에서는 실제 제품과 같은 가상 제품을 판매할 수 있다.

▣ 가상 스폰서십: 메타버스 내에서 개최되는 가상 이벤트나 대회의 스폰서십으로 광고를 전달할 수 있다.

▣ 가상 소셜미디어 광고: 메타버스 내에서 운영되는 가상 소셜미디어 플랫폼에서 광고를 전달할 수 있다. 이 플랫폼에서는 가상세계 내에서 사용자들이 소통하고 정보를 공유하는 기능을 제공한다.

II. 메타버스 기업과 소비자

1. 메타버스와 함께하는 기업들

메타버스 기술을 주력 사업으로 전환한 빅테크 기업들은 페이스북(Meta), 구글(Google), 아마존(Amazon), 마이크로소프트(Microsoft) 등이다. 가상 경험 콘텐츠 제작 및 서비스 제공 기업들은 로블록스(Roblox), 샌드박스(The Sandbox), 엑스피어(XPeng), 에픽 게임즈(Epic Games)가 있다.

가상 아바타 및 가상 물품 제작 기업들로는 디지털 아티스트즈(Digital Artists), 코코코인(Cococoin), 엔진 코인(Engine Coin), 오케이 에이씨(Okay

AC) 등이 있다.

메타버스를 활용하는 분야별로 NFT 플랫폼은 엔진(Engine), 가상 이
벤트 기업은 미라지(Mirage), 가상 체험 기업은 Somnium Space, 가상 협
업 툴은 얼림(AltspaceVR) 등도 있다.

부동산 플랫폼은 어스2, 캐시존랜드, 어스 오아시스 등이 있으며 비즈
니스 플랫폼으로는 페이스북의 호라이즌이 있다. 메타버스 이용이 가장
활발한 음악, 쇼핑, 패션 등으로 문화산업 플랫폼으로 네이버의 제페토와
닌텐도 동물의 숲 등이 있다.

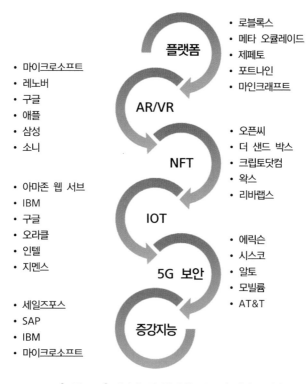

[그림 3-5] 메타버스와 함께하는 글로벌 빅테크 기업

1) 메타버스 플랫폼과 콘텐츠 그리고 디바이스

(1) 플랫폼

◙ 포트나이트(FORTNITE)

https://www.epicgames.com/fortnite/ko/home

포트나이트(FORTNITE)

https://www.fortnite.com/

포트나이트는 온라인 비디오 게임으로 미국 10대들 Z세대의 놀이와 소통의 공간이다. 아바타를 통해 자신을 표현하며 소통하고 음악을 듣고 공연을 즐기며 영화도 시청하고 라이브 팟캐스팅 방송도 들으며 일상이 이곳에서 이루어진다. BTS의 Dynamite 뮤직비디오 안무 버전을 최초 공개한 미국의 메타버스 플랫폼이다(고수찬, 2021).

◙ 제페토(ZEPETO) https://app.zepeto.me/ko

제페토는 2018년 8월 국내 네이버 제트(Z)가 출시한 증강현실(AR) 버추얼 플랫폼이다. 비즈니스 모델 플랫폼으로 3D 아바타를 제작하여 가상현실을 체험할 수 있다.

아바타는 AI, VR, AR 기술을 활용하여 맞춤 제작하거나 이용자가 직접 찍은 사진이나 저장된 사진을 통해 내가 원하는 대로 만들 수 있는 3D 캐릭터이다. 또한, ZEPETO를 생성할 때 부여되는 코드로 팔로우도 가능하다(위키백과, 2023). 아바타를 통해 월드 투어, 채팅, 게임, 교육 등 다양한 활동을 할 수 있다. 사용 방법은 스마트폰이나 태블릿에서 앱을 다운로드 받아 사용하면 된다. 최근에는 PC버전도 사용이 가능하다. 전 세계 3억 명 이상이 사용하고 있으며 해외 이용자 수가 90% 이상이다.

제페토는 자체 디지털 화폐 코인과 젬을 발행하며 크리에이터 생태계를 활성화시키고 있다. 구찌, 디올, 나이키, 뷰티, 배스킨라빈스, 현대자동차 등의 브랜드들이 입점해 있다.

▣ 호라이즌(Meta Horizon) https://www.playstation.com/ko-kr/horizon/
호라이즌은 메타에서 구축한 메타버스 기반의 소셜 SNS, VR 플랫폼이다. 호라이즌은 퀘스트 헤드셋을 이용해 디지털 공간 클럽, 콘서트, 화상회의 플랫폼을 경험할 수 있다.

▣ 로블록스(Roblox) https://www.roblox.com
로블록스(Roblox)는 2004년 설립되고 2006년 출시되었다. 이용자가 게임을 프로그래밍하고, 다른 사용자가 만든 게임을 즐길 수 있는 온라인 게임 플랫폼 및 게임 제작 시스템으로 구축된 메타버스이다. 로블록스는 이용자가 로블록스 내에 있는 게임엔진 "로블록스 스튜디오"(Roblox Studio)를 사용하여 자신만의 게임을 만들고 만든 게임을 다른 이용자가 이용할 수 있도록 한다(위키백과, 2023). 로블록스 역시 자체적으로 디지털 화폐를 생성하여 사용하고 있다. 디지털 화폐는 '로벅스'를 도입하고 있다. 가상경제를 구축하고 활성화시키기 위한 것이다. '로벅스(Robux)'로 이용자가 가상 캐릭터 아바타를 장식하는 아이템을 구매할 수 있다. 또한, 이용자가 제작한 게임을 판매할 수 있도록 디지털 화폐 로벅스(Robux)가 결제 수단으로 활용된다. 로블록스(Roblox)는 이러한 거래가 이루어질 때 거래 수수료로 받아 수입을 창출한다. 2022년 로블록스 일일 이용자 수는 평균 42만 명 정도이며 게임을 만들어서 판매하는 이용자는 800만 명 이상이며 현재 5,000만 개 이상의 게임이 운영되고 있다 (이은주, 2022).

로블록스에는 명품 브랜드 구찌, 스포츠웨어 브랜드 반스, 나이키의 나이키 랜드, 포에버 21 숍 시티, 타미힐피거, 폴로 가상의류 컬렉션을 만들어 MZ세대들에게 디지털 경험을 제공하고 있다.

☞ **로블록스 VR 게임은 어떻게 할 수 있나요?**

Meta Quest에서 Roblox VR을 재생하려면 링크 케이블을 사용하여 헤드셋을 PC에 연결한다. 그리고 Roblox 설정 메뉴에 들어가서 VR을 선택하면 된다.

◎ 나이키 로블록스 즐기기

1. 회원가입을 한다. 회원가입은 생년월일, 닉네임, 비밀번호, 성별 쓰고 바로 회원가입이 간단하게 이루어진다. 주의할 점은 가입자가 많아 웬만한 닉네임은 이미 다 선택되었다는 점이다.
2. 웹 브라우저를 통해 다운로드한 RobloxPlayer.exe를 클릭하여 설치 프로그램을 실행한다.
3. 설치가 완료되면 하단의 관심 있는 LAND를 클릭해서 시작한다.
   로블록스에서 NIKELAND를 즐기려면 이용자는 나이키 용품으로 자신의 아바타 스타일링을 할 수 있다. NIKELAND를 탐험하고 호수에서 수영하며 친구들과 트랙에서 경주도 즐길 수 있다.

출처: Roblox Player NIKELAND 캡처

[그림 3-6] 로블록스 NIKELAND

(2) 콘텐츠

메타버스에서 땅따먹기 놀이 부동산 플랫폼은 현실 세계와 똑같은 공간을 복제하여 실주소와 연동한 플랫폼과 현실 세계와 다른 공간으로 구성된 플랫폼 2개로 이루어진다. 부동산 거래가 이루어지는 플랫폼은 현실 세계와 연동된 플랫폼에서 이루어진다. 현재 한국, 미국, 중국, 유럽 등의 토지 거래가 이루어지고 있다. 가상 부동산의 소유권은 블록체인을 통해 발행되며 소유권 주장과 거래로 인한 수익을 창출할 수 있어 자산

가치를 인정받고 있다. 부동산 플랫폼으로는 인그레스(Ingress), 어스2(earth2), 더 샌드박스(The Sandbox), 디센트럴랜드(Decentraland), 크립토복셀(Cryptovoxels) 등이 있다.

◼ 인그레스(Ingress): https://www.ingress.com/

Ingress는 땅을 빼앗는 경쟁 규칙으로 운영되는 메타버스이다. 이런 놀이를 컴퓨터 앞에 앉아서 하는 것이 아니라 실제 우리 동네를 돌아다니면서 스마트폰 인그레스 앱으로 지도를 보고 진행된다. 실제 공간에 포탈이 나타나면 그 포탈을 내 것으로 만드는 방식이다. 어린 시절 운동장에서 친구들과 즐겼던 땅따먹기 놀이를 전 지구를 대상으로 즐기는 셈이다(김상균, 2022).

궁금해요

☞ 블록체인이 무엇인가요? 네트워크에 참여하는 모든 이용자의 모든 거래 내역 데이터를 분산, 저장한 기술입니다.

☞ 왜 이러한 기술을 블록체인이라고 하나요? 블록들을 체인 모양으로 묶어 놓았기 때문입니다.

☞ 그럼 블록은 무엇인가요? 개인과 개인의 거래 데이터가 기록되는 장부입니다.

◼ 가상세계의 부동산 거래소 어스2(earth2) https://earth2.io/

어스2(Second Life)는 현실에 존재하는 땅을 구글 맵을 이용하여 메타버스라는 가상의 세계 공간에서 거래하는 부동산 거래소이다.

메타버스 기반으로 지구라는 행성을 디지털로 만날 수 있는 가상세계 earth2는 지구에서 만나서 실제 부동산처럼 땅을 구매하며 게임을 즐길 수 있다.

위키백과(2023)에서는 이 가상세계에서 땅은 10m*10m = 100㎡ 넓이로 나뉘어서 타일처럼 블록이 설정되어 있다고 소개하고 있다. 내가 구매한 타일의 주변에 다른 이용자들이 많이 사면 살수록 해당 타일의 가격이 오르는 형식으로 거래가 이루어진다. 주식이나 코인과 비슷한 원리로, 일반적인 부동산 거래 원리와 동일하게 수요가 많을수록 타일의 가치가 상승하고 더 높은 가격으로 거래할 수 있다. earth2가 제공하는 가상세계 지구에서 가상 부동산의 크기와 위치, 그리고 가격 등에 대한 정보를 확인할 수 있다. 부동산 거래소에서는 사용자들이 가상 부동산을 등록하고 거래를 요청할 수도 있다. 이때 거래의 유형에 따라 다양한 요금이 부과된다.

출처: https://app.earth2.io/

[그림 3-7] earth2 청와대 캡처

어스2의 부동산 거래소는 사용자들이 가상세계 내에서 자신의 공간을 확보하고, 자신만의 공간을 창조하고 관리할 수 있도록 도와준다. 이를 통해 사용자들은 자신의 창의력을 발휘하며 가상세계에서 자유롭게 활동할 수 있다.

☞ **메타버스에서 부동산을 구매하려면 어떻게 해야 할까요?**

메타버스 플랫폼 earth2, Decentraland, The Sandbox를 통해 가상 부동산을 구입하면 된다.

☞ **결제는 어떻게 하나요?**

신용카드나 암호 화폐로 결제가 이루어진다.

☞ **내가 부동산 구매한 것을 어떻게 알 수 있나요?**

부동산 소유권은 블록체인에 기록된다.

☞ **그럼, earth2에서 땅을 구매해 볼까요?**

첫째, earth2 사이트 회원가입을 한다.

둘째, BUY LAND에 구매하고자 하는 땅을 검색한다. 빈 공간이 나오면 블록을 선택한다. 구매당 허용되는 최대 타일은 750개이다. 맵에서 붉은색이나 국기나 나오면 판매가 완료된 것이다.

셋째, Tiles 한 개당 가격이 사이트에 제시되어 있다. Tiles 개수만큼 계산한다.

넷째, earth2에서 화폐 단위는 E$이며 1E$의 가치는 1$와 같다.

다섯째, 신용카드로 결제한다.

여섯째, 거래 완료 후 구매한 땅을 선택하면 명칭, 위치, 국기 그리고 가격이 표기되어 있음을 확인할 수 있다.

미국: 백악관

 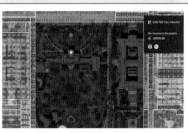

구매 이력:

 The White House Washington, District of Columbia, United States(38.897179, -77.035961) | Tiles: 529
Market value:E$33,952.28(Per Tile: E$64.182)
New land value: E$33,952.28(Per tile: E$64.182)
출처: https://app.earth2.io/#thegrid/cc41e54d-fb01-4f1b-9490-7c6e30b79fa6

프랑스: 에펠탑

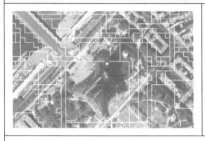 

구매 정보:

 7th arrondissement of Paris | Paris, France(48.858278, 2.29434) | Tiles: 182
Market value:E$1,622.53(Per Tile: E$8.915)
New land value: E$1,622.53(Per tile: E$8.915)
출처: https://app.earth2.io/#thegrid/33db6c1e-9f15-4ee9-97a8-a8d2b086e0c

대한민국: 청와대

구매 정보:

 Blue House Korea | Jongno-gu, Seoul, South Korea(37.585602, 126.975002)
| Tiles: 506
Market value:E$19,990.04(Per Tile: E$39.506)
New land value: E$19,990.04(Per tile: E$39.506)
출처: https://app.earth2.io/#thegrid/31b4566c-f6dc-4af4-9698-092426aaf089

중국: 천안문

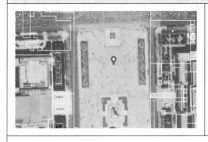 

구매 정보:

 ≡ARTH2 MΛNIA 천안문 | Beijing Shi, China(39.904688, 116.391209) | Tiles: 1826
Market value: E$17,597.16(Per Tile: E$9.637)
New land value: E$17,597.16(Per tile: E$9.637)
출처:https://app.earth2.io/#thegrid/e531c7e7-bb2d-4b8d-bf63-db970e51c5d1

[그림 3-8] earth2 BUY LAND

◼ E2V1 게임

Earth2는 이용자가 끝없이 펼쳐지는 가상의 지구에서 신비하고 특별한 장소를 발견하고 개척하는 메타버스 공간이다. earth2가 제공하는 모든 공간은 디지털 지도와 완벽하게 일치시켜 게임엔진 속에 복원되어 있다. 토지 영역을 표기하는 타일의 상세 정보와 프로퍼티 경계도 매우 상세하게 제공된다. 지구의 구석구석 모든 곳을 earth2에서 탐험할 수 있다. 또한, 이용자는 자신이 원하는 땅을 구매하고, 자원을 캐고, 이를 활용하여 도시와 건물을 지을 수 있다. earth2에서 토지를 구매하고 구매한 토지에

도시 건설이 가능하다. 또한, 건설된 도시에는 나만의 공간으로 아파트를 설계하여 아바타의 생활 공간으로 사용된다. 이곳에서는 물류 유통도 가능하다. 또한, 다른 이용자와 소통하며 물리적 공간과 동일한 모든 활동이 펼쳐지는 가상 공간이다.

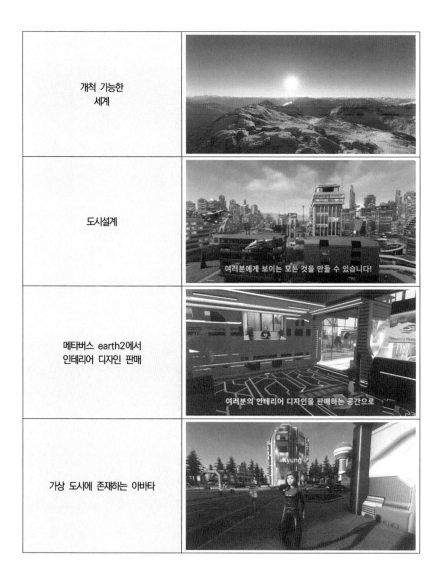

출처: https://www.youtube.com/watch?v=3pXhGTSUnrI

[그림 3-9] 2022.12.17 어스2 E2V1(어스2 버전1) 홍보영상

■ 디센트럴랜드(Decentraland) https://decentraland.org

Decentraland 메타버스 세계에서는 부동산 거래와 게임, 공연, 전시회 등 다양한 놀이 공간이 존재하며 구찌, 프라다 등의 명품 브랜드와 나이키, 아디다스 등의 브랜드 쇼핑몰도 존재한다. 디센트럴랜드의 땅은 Parcel 이라는 단위로 이루어지며 Parcel 1개의 크기는 16m x 16m이다. 구매한 땅에 건물도 올릴 수 있으며 디센트럴랜드의 가상화폐 NFT는 마나(MANA)로 거래가 이루어진다.

■ 더 샌드박스(The Sandbox) https://invtech.tistory.com/84

메타버스 부동산 플랫폼 더 샌드박스는 이더리움 블록체인에서 이용자들이 토지구매, 게임 등의 콘텐츠 창작, 소유 등이 이루어진다. 거래는 자체 발행한 샌드박스 코인 NFT로 이루어진다.

(3) 디바이스

◉ 메타 AR/VR

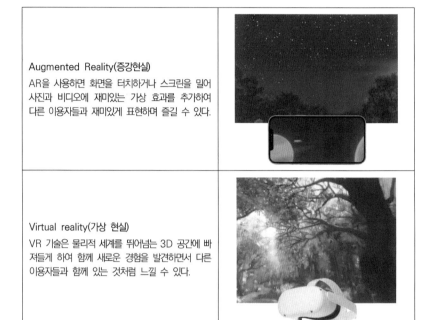

출처: https://about.meta.com/technologies

[그림 3-10] meta AR/VR

◉ 메타 Oculus

메타 오큘러스 퀘스트는 VR 헤드셋 기기이다(VR을 통해 세상을 보여주는 장비). 메타 퀘스터2 이전 오큘러스 퀘스터2는 2020년 가을에 출시되어 2022년 1분기까지 출하량이 1천480만 대에 이른다고 시장조사기관 IDC가 공개하였다(TECH G, 2022).

이 판매량의 수치는 과거 아이폰의 초기 판매량과 비슷한 수치이다. 현재 VR기기가 완전히 상용화되지는 않았지만, 미래에서 사용할 가능성도 충분하다. 메타는 VR기기를 통한 수입보다 그 안에서 발생할 수 있는 마켓으로 수입을 창출할 계획이 있다(마크의 지식 서재, 2023).

◎ **Meta Quest** / 게임, 앱, 엔터테인먼트 즐기기

META HORIZON WORLDS에 필요한 장비	
META QUEST 헤드셋 그래픽 아이당 1830x1920 픽셀의 그래픽을 통해 멀티 플레이 게임에서 생산성 앱과 360도 동영상까지 모든 영상이 화면에 표현된다.	
제어기 Touch 컨트롤러를 통해 가상의 손을 자유롭게 움직이거나 핸드 트래킹 기술로 손을 직접 사용하여 가상 세계를 경험할 수 있다.	
프로세스 6GB RAM 및 초고속 Qualcomm Snapdragon XR2 플랫폼을 통해 활성화된다.	
플레이 공간 설정 컨트롤러를 사용하여 안전 보호 경계를 설정하면 실제 공간에서 안전한 플레이 공간을 가상으로 설정할 수 있다.	

META HORIZON WORLDS에 필요한 장비
헤드셋 미러링 동료들과 함께 전투에 참여하거나 프레젠테이션을 준비해 볼 수 있다. Oculus 앱을 이용하여 지원 가능한 TV, 휴대폰으로 미러링 할 수 있다. 

출처: https://www.meta.com/kr/quest/products/quest-2/

[그림 3-11] META HORIZON WORLDS 즐기기

META HORIZON에서 볼링 즐기기

프리미엄 볼링은 실제 물리적인 볼링공을 들지 않으면서도 진짜 볼링을 하는 것과 가장 근접한 경험을 할 수 있는 게임이다. 최고의 볼링 물리 시뮬레이션으로 보는 재미가 있으며 음성 서비스가 가능한 볼링 앨리이다.

출처: https://www.oculus.com/experiences/quest/2773034772778845/?ranking_trace=0_2773034772778845_
    QUESTSEARCH_b6cfc638-ceee-4954-af75-79f26aefa89d&utm_source=www.meta.com&utm_medium
    =oculusredirect

[그림 3-12] META HORIZON에서 볼링 즐기기

Fit XR- Boxing, High Intensity Intervals, Dancing Workouts

Fit XR은 음악에 맞춰 전문가가 직접 구성한 수백 가지 워크아웃으로 누구든지 이용자에게 적합한 운동을 선택하여 땀을 흘릴 수 있다. 멀티플레이어를 이용하면 최대 6명의 친구와 함께 실시간으로 운동하고, 음성 서비스로 서로 소통할 수 있다.

출처: Meta Quest 캡처 https://www.oculus.com/experiences/quest/2327205800645550/?utm_source=www.meta.com&utm_medium=oculusredirect

[그림 3-13] Fit XR- Boxing, High Intensity Intervals, Dancing Workouts

▣ 구글 스타라인

구글은 AR·VR 안경이나 헤드셋 없이 3D 영상 채팅으로 실물 같은 사실감을 전달하는 혁신 기술 '라이트 필드 디스플레이 시스템'을 제공한다. 하드웨어 기술에 컴퓨터 비전, 머신러닝, 공간감 오디오, 실시간 압축 등 소프트웨어 기술을 결합해 마치 누군가가 바로 앞에 앉아 얘기하는 것처럼 느낄 수 있다(ZDNET Korea, 2021).

(4) 메타버스 디지털 콘텐츠

■ 에픽게임즈(Epic Games)

미국의 다국적 기업으로 게임 소프트웨어를 개발 및 공급하는 회사이다. 언리얼 시리즈, 기어스 오브 워 시리즈, 인피니티 블레이드 시리즈 그리고 F2P 게임 포트나이트 출시로 유명하다. 에픽에서 제공하는 온라인 서비스는 이용자만의 아바타 캐릭터구현과 음성채팅, 친구목록 업적 등 게임에 필요한 다양한 기능들을 무료 서비스로 제공한다. 수익은 게임 서비스를 지속적으로 업데이트하며 이를 소액결제로 받아 수익을 창출하는 게임회사이다. 에픽게임즈와 방탄소년단은 Dynamite 최초 뮤직비디오를 포트나이트에서 공개하였다.

출처: SBS 뉴스 유튜브 자료 캡처, "공개합니다" 뜻밖의 화면서 나온 BTS 새 뮤직비디오/SBS, https://www.youtube.com/watch?v=pAn8MJrbLWQ

출처: The Tonight Show Starring Jimmy Fallon 유튜브캡처, https://www.youtube.com/watch?v=x5HUs5IxFc0&t=66s

[그림 3-14] 방탄소년단과 메타버스

게임엔진 개발사인 에픽게임즈와 방탄소년단이 함께 메타버스 포트나이트에서 'Dynamite' 안무 뮤직비디오를 2020년 9월 26일 세계 최초로 공개하였다. '포트나이트' 파티로얄 모드는 이용자들이 전투 게임 없이 지인이나 다른 이용자들과 함께 콘서트와 영화를 관람하며 함께 즐길 수

있는 소셜 장소이다. 뮤직비디오 공개 이후에는 'Dynamite(Tropical Remix)'
에 맞춰 리스닝 파티를 즐길 수 있도록 제공하였다. 포트나이트에서 아
바타가 방탄소년단의 Dynamite 춤을 따라 할 수 있는 게임 아이템도 제
공하였다. 포트나이트 게임 내에서 아바타의 감정을 표현하는 데 사용된
다. 포트나이트를 활용한 방탄소년단의 'Dynamite' 뮤직비디오 공개는
지미 팰런이 진행하는 미국의 투나잇 쇼에 출연하여 에픽 게임즈 게임
(TPS) '포트나이트' 게임에서 춤을 추며 엔터테인먼트가 메타버스를 이
용하는 새로운 세계를 선보인 것이다.

● Meta Horizon Worlds

● Meta Quest Puzzling Places

Puzzling Places는 남녀노소 누구나 편안하게 즐길 수 있는 퍼즐을 3D VR로 구현한 것이다. 세계 각지의 아름다운 장소 아르메니아의 문화유산, 스톡홀름의 웅장한 저택 내부에서 4개의 방을 소개하는 퍼즐 등으로 현실적인 미니어처로 재구성된다. 사운드와 함께 명상처럼 흘러가는 퍼즐 속으로 들어와서, VR 퍼즐을 완성할 때마다 살아 움직이는 듯한 개성적인 각 지역의 몰입감 넘치는 음악적 풍경을 즐길 수 있다. 각 퍼즐은 25개에서 400개까지 선택 가능하다.

출처: Meta Quest, Puzzling Places 캡처,
https://www.oculus.com/experiences/quest/3931148300302917/?utm_source=www.meta.com&utm_me
dium=oculusredirect

[그림 3-15] Meta Quest Puzzling Places

● Meta Horizon Worlds

Meta Horizon Worlds는 탐험, 새로운 놀이 등을 창조할 수 있는 소셜 커머스를 경험할 수 있다. 친구와 함께 새로운 장소를 탐험하고 상호작용하며 퍼즐을 풀거나 팀을 구성하여 액션이 있는 게임을 즐길 수 있다. 또한, 자신만의 세계를 디자인할 수 있으며 커뮤니티에서 다른 이용자들을 만날 수 있으며 그들과 함께 Horizon Worlds를 즐길 수 있다.

출처: Meta Quest, Meta Horizon Worlds,
　　　https://www.oculus.com/experiences/quest/2532035600194083/?utm_source=www.meta.com&utm_med
　　　ium=oculusredirect

[그림 3-16] Meta Horizon Worlds

☞ **함께 생각하기**

웹 3.0 시대 기업은 어떠한 변화를 가져올 것인지 함께 생각해 보아요.

PC 중심의 인터넷 시대에서 스마트폰 중심의 소셜미디어 시대까지 우리 생활은 어떻게 달라졌는지 함께 생각해 보아요.

웹 3.0과 메타버스의 만남으로 기업은 어떠한 변화를 겪고 있는지 함께 생각해 보아요.

2. 메타버스 소비자

1) MZ세대와 알파세대는 누구인가?

세대의 구분은 환경의 변화, 사회와 문화적 특성 그리고 가치관 등의 다양한 요인을 고려하여 표현한다. MZ세대는 Millennials 시대와 Generation 시대에 태어난 이들로 1980년 초부터 2000년대 초에 출생한 이들을 일컫는다. 현재 20대 후반에서 40대 초반에 해당하는 이들은 국내 인구의 34%에 이른다(통계청, 2022). 이들은 미디어 중심 사회에 태어나 디지털 문화를 향유하는 성장기를 갖고 있어 디지털 기기를 활용한 정보탐색과 구매, 커뮤니티 활용과 게임에 익숙하다. 기존 세대와는 다른 소비심리와 특성이 있는 이들은 디지털 주역으로서 메타버스에 빠르게 적응하며 탑승하고 있다.

(1) MZ세대 이후의 세대는 알파세대이다.

이들은 2010년도 이후에 출생한 세대로 스마트폰이 대중화된 시대에 태어났다. 미디어에 익숙한 밀레니엄 세대의 부모님과 함께 디지털 미디어로 일상을 함께하고 있다. 또한, 이미지와 영상에 익숙하며 수많은 영상콘텐츠 속에서 자라고 있어 텍스트 정보보다는 유튜브를 활용한 정보검색에 익숙하다.

고도로 발달한 경제와 기술 환경 속에서 자란 이들은 5G 시대의 인공지능과 AR, VR 등이 어색하지 않은 테크놀로지 사회에 살고 있다. 또한, AI 비서 지니, 빅스비, 시리와 소통하며 디지털 수혜를 누리는 디지털 친화적 세대이다. 알파 세대의 디지털 미디어 활용 능력은 세대를 아울러 가장 활발하고 능숙하게 다룬다. 익숙함과 능숙함을 갖춘 알파 세대는 이제 메타버스 세대로 새롭게 탄생하고 있다.

☞ **MZ세대의 MZ는 어떤 단어의 약자인지 궁금해요**

MZ세대는 밀레니엄(Millennials)과 제너레이션(Generation)을 합한 단어지만 발음 표기에서 G를 Z로 부르기도 해서 MZ세대로 표현합니다.
Millennials 세대의 부모님은 베이비부머 세대이며 Generation 세대의 부모님은 X세대입니다.

☞ **Z세대의 다음 세대를 왜 알파세대(Generation Alpha)라고 하나요?**

알파벳 Z를 끝으로 새로운 시작을 의미해서 알파세대로 표현합니다.

2) 알파세대와 MZ세대는 메타버스에서 무엇을 하고 있나?

메타버스의 주역은 알파세대와 MZ세대이다. 이들에게 메타버스는 게임 공간을 넘어 소통하고 공유하며 또 다른 자아를 영유하고 있다. 오프라인에서의 놀이는 이제 가상과 현실이 융합된 메타버스 세계에서 아바타로 내면의 욕구를 표출한다. 이들에게 아바타는 또 다른 자아 부캐(부캐릭터를 줄인 말)로 현실 속 본캐보다 더 과감하고 다채로운 모습으로 자신을 드러내며 아바타 놀이를 즐긴다. 현실 속 나와는 다른 모습의 얼굴과 신체를 만들며 의상 꾸미기와 다양한 아이템을 활용하여 자기만의 코디로 취향을 즐기기도 한다. 요정에서 근육질의 전사로 변신하며 현실에서 꿈꿔온 삶을 메타버스에서 마음껏 실현하고 있다. 자신의 존재감을 드러낼 수 있는 월드로 쇼핑과 여행을 즐기거나 미술, 음악, 운동 등 다양한 활동을 한다. 시간과 공간을 초월하여 원하는 셀럽을 만나기도 한다. 또한, 이들은 메타버스를 단순히 놀이 공간으로만 생각하지 않는다. 소비자에서 생산자로 경제활동을 펼치고 있다. 게임 플랫폼에서 가상의 부동산을 분양받거나 매매하며 건물주가 되어 임대료 등의 수익을 창출한다. 또한, NFT 크리에이터로 갤러리를 운영하거나 제작 아이템과 콘텐츠 파일 등으로 발행 수익을 창출하기도 한다. 지금도 알파세대와 MZ

세대의 또 다른 자아 아바타는 메타버스에서 사회, 경제, 문화 등 다양한
활동을 즐기고 있다.

☞ **함께 생각해 보기**

- 알파세대와 MZ세대가 메타버스에 열광하는 이유가 무엇인지 함께 생각해 보아요.
- 메타버스 시대에서 소비자 행동에는 어떠한 변화가 있을 것인지 함께 생각해 보아요.
- 알파세대와 MZ세대를 위한 기업의 변화는 어떠한 것이 있었는지 함께 생각해 보아요.

---

3. 소비자, 메타버스 마케팅을 만나다

1) 해외의 메타버스 마케팅 활용사례

(1) 8th wall 전 세계의 Web AR 지원

8th wall은 피자헛의 AR cade, 버거킹과 Tinie의 AR 콘서트, Sony
Pictures의 Spider-Man, 엔터테인먼트 영화, Sony Pictures의 Spider-Man
등 패스트푸드, 영화, 가수, IT 기업, 여행 등 전 세계의 다양한 기업들에
Web AR 지원을 지원한다.

10달러짜리 테이스트 메이커를 주문하면 피자헛 상자에 있는 탁상용 아케이드 AR 게임을 즐길 수 있는 이벤트이다.

출처: https://www.8thwall.com/toolofnorthamerica/pizza-hut-pacman

[그림 3-17] The Pizza Hut AR cade – PAC-MAN

Whopper에서 Tiny Tinie가 본인의 노래 Whoppa를 부르는 콘서트이다. 영국, 콜롬비아, 페루 전역에서 Burger King에 부착된 QR코드를 통해 캠페인을 진행하였다.
메타버스 캠페인 효과는 인플루언서 활동, 468,000 Tik Tok 조회 수 그리고 전 세계 220개 미디어 보도로 인해 1,080만 개의 소셜미디어 노출 효과를 이루었다(8th Wall, 2023).

출처: https://www.8thwall.com/bullyentertainment/bk-tinie

[그림 3-18] Burger King과 Tinie를 위한 세계 최초의 버거 전용 AR 콘서트

● 엔터테인먼트 - 영화

Sony Pictures의 Spider-Man: Into The Spider-Verse Trigger는 8th Wall과 Amazon Sumerian의 기능을 활용한 Web AR 경험을 제공한 것이다. 이용자들이 앱을 다운로드하지 않아도 모바일 웹 브라우저에서 증강현실을 경험할 수 있다. 또한, 이용자들은 증강현실을 경험하며 슈퍼히어로로 옆에서 사진을 찍어 SNS 등에 공유도 가능하다(8th Wall, 2023).

출처: https://www.8thwall.com/trigger/intothespiderverse

[그림 3-19] SPIDER-MAN: INTO THE SPIDER-VERSE WEB AR

출처: https://www.8thwall.com/powster/top-gun-helmets

[그림 3-20] Top Gun Call Sign Generator

출처: https://www.8thwall.com/rockpaperreality/intel

[그림 3-21] Intel smart factory for Microsoft Build

EVA Airline의 Gateway to Asia 캠페인
EVA Airline은 로스앤젤레스 시내와 샌프란시스코 주변의 잡지(Wired, Condé Nast, Fast Company) 및 OOH 버스정류장에 Web AR를 설치하였다. 이용자들은 스마트폰을 이용하여 타이베이, 호찌민, 방콕의 아름다운 정적인 인쇄물을 immersive videos를 활용한 포털로 전환하여 타이베이, 호찌민, 그리고 방콕의 아름다움을 제공한다(8th Wall, 2023).

출처: 8th Wall 홈페이지 캡처,
     EVA Airline's Gateway to Asia AR https://www.8thwall.com/toolofnorthamerica/eva-air-ar-case-study

[그림 3-22] EVA Airline's Gateway to Asia AR

2) 한국의 메타버스 마케팅 활용사례

(1) 메타버스 패션 전시회: KMFF 2022 더현대 서울 팝업스토어

KMFF 2022는 '패션 그리고 메타시티(Fashion & The Metacity)'를 주제로 가상 공간에서 메타버스 전시회를 열었다. 메타버스 패션은 국내 패션 브랜드와 글로벌 소비자와의 만남을 확대하며 국내외 유통망을 연결하고자 개최되었다. 가상의 공간 쇼핑시티를 현실에서 입체적으로 구현하여 의류와 아이템을 소비자들에 직접 확인하고 체험할 수 있는 확장된 경험을 제공하였다(오은별, 2023).

출처: 오은별(2023). 현실 세계로 확장된 메타버스 패션 전시회: KMFF 2022 더현대 서울 팝업스토어

[그림 3-23] KMFF 2022 더현대 서울 팝업스토어

(2) 기업의 체험관

■ 현대자동차와 메타버스

출처: 제페토 현대자동차에서 캡처

[그림 3-24] 제페토 현대자동차 그랜저 전시관

현대자동차는 제페토에 그랜저 전시관과 드라이빙 존을 2020년 6월에 구축하였다.
The all-new GRANDEUR를 이제 메타버스에서 체험할 수 있다.

현대자동차는 2019년 5월 다운타운 미래를 오픈하며 플랫폼 '다운타운(미래)'월드, 현대 모터스튜디오, S-Link(목적 기반 모빌리티), S-Hub(미래 모빌리티 환승 거점)와 같은 가상 공간과 콘텐츠를 구현하여 소비자와 만남을 갖고 있다(김미영, 2022).

출처: 제페토 다운타운 미래에서 캡처

[그림 3-25] 제페토 현대자동차 다운타운 미래

◾ 롯데월드와 메타버스

출처: 제페토 롯데월드에서 캡처

[그림 3-26] 제페토 롯데월드

롯데월드! 매직 아일랜드에서 로티와 로리도 만나고 자이로스윙 타고 석촌호수 위로 슝~ NEW 범퍼카 타고 친구와 쿵쿵쿵!	드디어 자이로드롭 탔어요.

(3) 메타버스에 탑승한 한국의 지자체

▣ 메타버스에서 만난 경주

역사를 품은 경주	

경주 황리단길, 메타버스와 만나다.	

출처: 제페토 경주에서 캡처

[그림 3-27] 제페토 경주 관광

▣ 메타버스에서 만난 부산

◎ "감천 문화 마을" 메타버스와 만나다

Gamcheon Culture Village	

부산의 감천문화마을은 1950년 6.25 피난민들의 힘겨운 삶의 애환이 담긴 곳으로 부산의 역사를 그대로 간직하고 있는 곳이다. 산자락을 따라 늘어선 계단식 거주 형태와 미로 같은 골목길의 경관을 메타버스에서 섬세하게 잘 녹여 놓았다. 한국의 산토리니라고 부를 만큼 경관이 좋은 감천문화마을을 이제 메타버스에서 먼저 만나볼 수 있다.	

출처: 제페토 감천문화마을에서 캡처

[그림 3-28] Gamcheon Culture Village

◎ 부산의 공공 기관

부산 남부 경찰서	부산경찰청 아바타 상담소 및 홍보관
	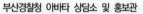
부산 남부 경찰서는 청소년 경찰학교, 지역주민의 생활 안전, 여성 청소년, 지역 교통경비 정보, 유치장 체험하기, 교통안전 캠페인 체험실, 황령마루 등의 공간으로 구성되어 있다.	부산경찰청 청사의 실제 모습과 유사하게 구현하여 간접적으로 체험할 수 있도록 구축되어 있다. 내부는 117 학교폭력센터, 아동 청소년 아바타 홍보관에서 미아방지 가이드, 안전 드림, 학교폭력 예방 등 다양한 자료를 볼 수 있다.

출처: 제페토 부산 남부 경찰서에서 캡처
출처: 제페토 부산경찰청에서 캡처

[그림 3-29] 메타버스에서 만난 부산 관공서

(4) 메타버스와 광고

☑ AR을 활용한 옥외광고 사례

패러다임을 제시하는 AR 옥외광고	

출처: MAXSTVPS 캡처, https://vps.maxst.com/Usecase/

[그림 3-30] 메타버스 AR 광고

공간적 제한 없이 이용자가 원하는 위치와 내용을 자유롭게 표현할 수 있다.	

출처: MAXSTVPS 캡처, https://vps.maxst.com/Usecase/

[그림 3-31] 메타버스 AR 광고

▣ AR Marketing 사례

| AR 소셜 마케팅 소셜 플랫폼에서 이루어지는 새로운 경험으로 인터랙티브한 AR 효과를 얻을 수 있다. | 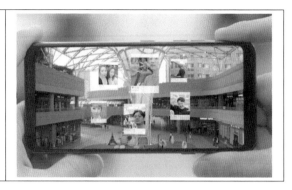 |

출처: MAXSTVPS 캡처, https://vps.maxst.com/Usecase/

[그림 3-32] 메타버스 AR Marketing

| 소비자가 직접 참여하는 인터랙티브한 고객 경험은 브랜드 이미지에도 긍정적인 효과를 제공한다. |  |

출처: MAXSTVPS 캡처, https://vps.maxst.com/Usecase/

[그림 3-33] 메타버스 AR Marketing

☞ 함께 생각해 보기

- 메타버스의 등장으로 인해 광고 산업은 어떠한 변화를 가져올 것인지 함께 생각해 보아요.
- 메타버스 속 광고가 어떠한 유형으로 이루어질 수 있는지 함께 생각해 보아요.

4. 디지털 세상에만 존재하는 NFT

1) NFT의 등장과 개념

NFT(Non-Fungible Token)는 블록체인 게임 개발사 대퍼랩스(Dapper Labs)가 2017년 11월에 고양이를 수집하고 키우는 게임 '크립토키티'를 출시하면서 시작되었다. 크립토키티 게임 속 고양이를 게임의 아이템이 아닌 NFT로 발행한 것이다(박근모, 2022). 개발자, 투자자, 이용자들 사이에서 일반적인 암호화폐와는 달리 독특하고 상호 교환이 불가능하도록 만들어야 한다는 의견과 함께 이더리움(Ethereum)은 NFT의 표준 ERC-721을 개발하였다. 대부분의 NFT는 무료공개 표준안 ERC-721를 기반으로 구축하고 있다.

NFT는 Non(불가능) + Fungible(대체 가능한) + Token(토큰)의 약자로 '대체 불가능 토큰' 또는 '대체 불가 토큰'을 뜻한다. 토큰마다 블록체인 기술로 고유 정보가 기록되어 있어 다른 토큰으로 대체가 불가능한 가상의 디지털 자산이다(김도현, 2022). NFT는 유권, 판매 이력 등이 암호화된 거래 내역이 블록체인에 영구적으로 저장된다. 그러므로 최초 발행자의 이력과 데이터가 기록되고 확인할 수 있어 위조나 변조가 불가능하여그 고유성을 보장받으며(Seona Kim, 2022), 블록체인에 기록된 정보는 누구나 열람할 수 있다. 대체 가능한 비트코인(암호 화폐 중 하나)과는 달리 각각의 NFT는 이러한 고유성을 갖고 있어 같은 성격을 가진 NFT가 존재할 수 없어 교환, 모방, 중복, 복제가 되지 않아 대체 불가능이라는 독자적 가치를 갖고 있다. 또한, 거래 수수료를 지불하면 누구나 발행이 가능하다.

☞ ERC-7210이 무엇인가요?

ERC-721(Ethereum Request for Comments 721)로 이더리움이라는 플랫폼 회사가 대체 불가능한 토큰을 표준화하기 위해 개발한 것입니다. ERC-721 표준을 사용하면 NFT의 전송과 추적이 보장되며 모든 거래내역과 소유권도 기록됩니다. 또한, ERC-721 토큰 계약은 특정 유형 NFT 하나만을 생성하도록 설계되어 있습니다(김민수, 2022). 그래서 크립토키티에서 만든 NFT 고양이는 똑같은 모양이 없고 각각 다른 모습을 갖고 있습니다.

2) NFT의 특성

NFT는 발행인의 목적에 따라 가치전송, 권리전송 등 다양한 용도로 사용된다. 기존에 알려진 FT 코인과는 다른 특성을 가지며, 김도현(2022)은 고유성이 그중 하나라고 보았다. 각각의 토큰은 출처와 발행시각, 소유자 정보 등의 고유한 정보를 갖고 있기 때문에 토큰을 삭제하거나 다른 토큰으로 복사, 모방 등이 불가능하다.

둘째, 안전성이다. 각각의 NFT는 고유한 정보와 속성을 가지고 있어 각 토큰의 구분이 가능하여 안정성을 보장한다. 셋째, 분리 불가능이다. NFT는 분할이 불가능하지만, 대체 가능한 토큰을 발행하여 소유권을 분할할 수 있다. 넷째, 첫 번째라는 소유권과 재산권 증명이 용이하다. NFT는 블록체인에 정보가 기록되어 있기 때문에 타사의 검증 없이 쉽게 디지털 자산의 소유권을 증명할 수 있다. 다섯째, 추적의 용이성이다. 거래 내역이 블록체인에 공개되어 누구한테 언제, 어디로 갔는지, 현재 어디에 있는지 쉽게 확인할 수 있다. 여섯째, 거래의 용이성이다. NFT의 거래는 NFT 플랫폼(디지털 자산 거래소)에서 암호화폐로 거래가 이루어지며 공급량, 판매방법, 결제 방법까지 이용자가 결정하여 손쉽게 거래할 수 있다. 경매방식이나 오픈씨의 클레이튼, 폴리곤, 솔라나를 이용하여 거래할 수 있다.

☞ ERC-721이 무엇인가요?

ERC-721(Ethereum Request for Comments 721)로 이더리움이라는 플랫폼 회사가 대체 불가능한 토큰을 표준화하기 위해 개발한 것입니다. ERC-721 표준을 사용하면 NFT의 전송과 추적이 보장되며 모든 거래 내역과 소유권도 기록됩니다. 또한, ERC-721 토큰 계약은 특정 유형 NFT 하나만을 생성하도록 설계되어 있습니다(김민수, 2022). 그래서 크립토키티에서 만든 NFT 고양이는 똑같은 모양이 없고 각각 다른 모습을 갖고 있습니다.

▣ NFT(Non-Fungible Token) 특성

고유성	각 토큰의 출처, 발행시각, 소유자 정보, 링크 등 고유한 정보를 갖고 있어 대체 불가함
안전성	같은 유형의 토큰이라도 각각 다른 정보와 속성으로 인해 서로 구분이 가능하여 안전성을 갖고 있음
분리 불가능	비트코인 사토시처럼 최소의 단위로 분할 불가능
증명의 용이성	디지털 소유권 증명을 통해 디지털 자산 획득 여부를 쉽게 확인할 수 있음
추적의 용이성	크리에이터와 모든 거래 내역이 블록체인에 공개적으로 영구히 기록됨으로 쉽게 추적할 수 있음
거래의 용이성	공급량, 판매방법, 결제 방법까지 모두 이용자가 결정할 수 있음

출처: 김도현(2022). NFT 최근 산업 동향과 시사점 및 이괄렬(2022). NFT 개념과 특징, 그리고 다양한 활용사례 재구성

3) NFT 성장과 생태계

(1) NFT 성장

마켓앤마켓(MarketsandMarkets)은 NFT의 성장세는 아직은 느리지만 지속적으로 성장할 것으로 예측하고 있다. MARKET RESEARCH REPORT (MarketsandMarkets, 2022)에 의하면 2022년 NFT의 전 세계 시장 규모가 20억 달러에서 연간 35%의 성장으로 2027년에는 136억 달러로 성장세를 전망하였다. 이러한 성장은 NFT 채택의 모멘텀을 촉진하기 위한 유명인의 영향력, 게임 산업의 혁명, 느리지만 지속적인 NFT 디지털 예술품에 관한 수요 증가이다(MarketsandMarkets, 2022). 메타버스와 NFT의 상생과 시장 확대이다. 또한, 대기업의 노력으로 가상세계의 메타버스

가 블록체인과 함께 다양한 테크닉을 접목하고 확장하여 NFT를 활용한 여러 유형의 수익 모델을 구축하고 있기 때문이다(김달훈, 2022).

(2) NFT 생태계

NFT의 생태계는 다양한 구성요소로 형성되어 있다. 인프라 카테고리, NFT 개발 도구를 제공하는 플랫폼과 마켓플레이스, 게임 스튜디오, 메타버스, NFT 지갑, Defi(NFT 금융), 예술과 음악 그리고 스포츠 등의 디지털 자산 거래소, NFT 시장 리서치 사이트 등이 존재한다(Kyros, 2021).

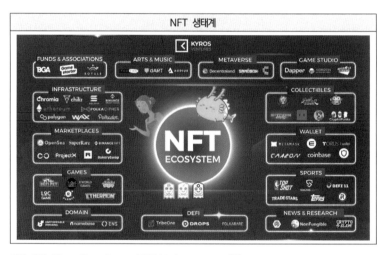

사진 출처: Kyros, Kyros Report: NFT Market in 2021 캡처
https://blog.kyros.ventures/2021/07/02/nft-market-report-2021/#ftoc-heading-2

[그림 3-34] NFT 생태계

(3) NFT 생태계 구성요소

▣ 인프라(Infrastructure)

인프라 서비스는 NFT를 생성하고 위조를 감지할 수 있는 프로그래밍 연결장치의 블록체인 프로토콜이다. 지원되는 블록체인은 이

더리움(Ethereum), 폴리곤(Polygon), 솔라나(Solana) 등이 있다.

▣ 마켓플레이스(Marketplace)

개인의 NFT를 저장, 표시 및 이용자 간 거래를 생성하는 전용 플랫폼이다. 마켓플레이스를 구성하고 있는 플랫폼은 이더리움(Ethereum; 전자거래 과반이 이곳에서 이루어지고 있음), 왁스(WAX; 14만 개 이상의 자산을 보유한 NFT 마켓플레이스), 오픈씨(OpenSea; NFT 최초 최대 규모의 P2P 마켓플레이스), 크립토닷컴(Crypto.com; 최고의 NFT 마켓플레이스), 라리블(Rarible; 탈중앙, 멀티체인 지원 NFT 아트 마켓플레이스), 도시(DOSI; 라인 넥스트에서 만든 국내 NFT 마켓플레이스), 탑포트(TopPORT; SK텔레콤이 만든 국내 최대의 마켓플레이스) 등이 있다.

▣ 디파이(DeFi; 탈중심화 금융)

디파이(DeFi)는 P2P(per to per; 중앙 서버를 거치지 않고 개인과 개인 이용자들끼리 직접 통신하는 방식) 형태로 거래가 되며 거래 수단은 가상화폐이다. 전자지갑, 금융상품 등 기존 금융기관이 했던 업무를 블록체인을 통해 암호화폐로 대체하여 송금, 결제, 대출이 블록체인과 암호화폐로 이루어지는 생태계이다.

▣ 게임(Games)

NFT 게임은 이용자에게 크립토 형태의 보상을 제공하며 실제 수익 창출 기회도 제공한다. 게임은 롤플레잉 전략 게임, 트레이딩 카드 게임, 부동산 게임, 반려동물 키우기 게임 등 종류가 다양하다.

▣ Sports(스포츠)

스포츠를 소재로 한 NFT가 발행된다. 스포츠는 메타버스 이용자들에게 익숙하여 팬덤에 수집가치 있어 팬덤 상품을 발행하고 있다. 발행되는 스포츠 NFT는 축구 클럽, 농구팀, 선수카드, 스포츠 선수의 하이라이트 영상, 주요 경기장면, 챔피온 패키지 등 다양하게 생성되고 있다.

■ 메타버스(Metaverse)

현실 세계와 가상세계가 융복합된 세계이다. 메타버스에서 취득한 디지털화 자산은 NFT로 소유권을 증명한다. 또한, NFT를 통해 메타버스에서 다른 이용자들과 자산을 거래하며 자신의 메타버스 세계를 확장할 수 있다.

■ 예술 및 음악(Art and Music)

NFT를 활용한 디지털 예술 작품이나 음악을 소유할 수 있다. 예술가들은 이러한 작품 활동에 참여하며 이용자들은 NFT 예술품을 구매하는 것은 한정판이 지니는 희소가치성 또는 소유권을 구입하는 것이다.

■ 수집품(Collectibles)

메타버스 이용자나 일반인이 수집할 NFT 수집품을 발행하는 것이 주요 기능이다. 컬렉션으로는 크립토키티(CryptoKitties; 고양이), 타마도지(고유한 특성을 가진 가상의 펫), 뮤턴트 캣(Mutant Cat; 다양한 특성을 가진 독특한 고양이 아바타), 빌리빌리(bilibili; 비둘기 캐릭터), 폭스 연맹(Fox Federation; 여우 NFT와 폭스의 픽셀화된 버전인 픽셀 컬렉션) 등이 있다.

■ 도메인(Domain)

블록체인에서 생성된 고유한 도메인 이름으로 구성된다.

4) 발행된 NFT는 어떤 게 있나요?

▣ NFT 코인: 마나(MANA)

마나(MANA)는 디센트럴랜드(Decentraland)에서 사용되는 암호화폐 토큰이다. 이더리움 블록체인을 기반으로 가상현실(VR) 플랫폼의 디센트럴랜드(Decentraland)에서 이용자는 토지와 부동산 건물을 구매하고 거래에 사용되는 암호화폐이다(해시넷, 2023). 탈중앙화 플랫폼으로 콘텐츠를 통해 발생한 수익은 제작자가 수수료 없이 모두 가져간다.

▣ NFT 코인: 샌드(SAND)

샌드(SAND)코인은 더 샌드박스 게임에서 사용되는 암호화폐이다. 샌드박스라는 블록체인 게임 개발사가 더 샌드박스라는 메타버스 게임을 출시하였다. 이용자들이 메타버스 공간에서 직접 콘텐츠를 생산하거나 게임을 샌드(SAND)를 통해 판매하거나 보상을 받을 수 있다. 현재 샌드(SAND) 코인은 메타버스에서 사용이 가능하기에 게임 이용자가 늘어나면서 코인의 가치가 상승하고 있다.

▣ NFT 코인: 스무스 러브 포션(SLP: Smooth Love Potion 사랑의 묘약)과 엑시(Axie)

엑시 인피니티(Axie Infinity)는 이더리움 기반의 전투를 벌이는 NFT 온라인 비디오 게임이다. SLP와 엑시(Axie)는 엑시 인피니티 게임에서 사용되는 블록체인이다. SLP 코인으로만 게임 보상을 받을 수 있으며 게임 속에서는 브리딩에 필요한 재화 중 하나이다. 가상자산 코인 SLP는 다른 가상자산 이더리움 등으로 바꾸거나 바이낸스 거래소에서 거래할 수 있다. 다른 보상은 엑시 인피니티(Axie Infinity) 코인 엑시(AXS)이다. AXS는 여러 거래소에서 거래

되고 있는 코인이다. 엑시 인피니티(Axie Infinity)에서 디지털 애완
용 캐릭터(Axie)를 키워 거래하는 NFT 토큰이다. 즉, 전투를 벌이
는 디지털 애완동물을 만드는 게임에서 사용되는 지불수단의 암호
화폐로 사용된다. 이용자들은 자신이 키운 애완용 캐릭터(Axie)를
NFT 코인을 통해 거래하며 수익이나 보상을 받을 수 있다. 보상 코
인은 SLP로 제공된다. 블록체인 기술을 통하여 각각의 엑시들이
NFT로 만들어졌다. 각각의 게임 캐릭터가 고유한 블록체인 상의 데
이터라고 볼 수 있다. 하나의 게임 캐릭터 엑시가 NF이다(Do.Log,
2021).

▣ NFT 코인: 모스코인(MOC; Mosscoin)

모스코인(MOC)은 모스랜드(Mossland)에서 부동산을 구매하거나
P2P 광고를 집행할 때 사용할 수 있는 디지털 자산 화폐이다. 또
한, 현실의 부동산을 소유할 수 있으며 건물을 구매하고 판매할 수
있다. 또한, 다양한 미니 게임으로 포인트를 쌓고 이벤트에 참여할
수 있다. 모스랜드(Mossland)는 현실과 가상세계를 잇는 블록체인
기반의 메타버스 부동산 게임이다.

▣ NFT 코인: 세타(THETA)

세타(THETA) 토큰은 동영상 스트리밍 플랫폼 쎄타 TV(Theta TV)
를 지원하기 위해 쎄타랩스(Theta Labs)가 개발한 블록체인 프로토
콜이다(이영민, 2022). 동영상 플랫폼 서비스에서 사용되는 암호화
폐로 이해하면 된다. 또한, 세타(THETA)는 본인의 네트워크 정보
를 타인에게 공유하고 그 대가로 세타(THETA) 코인을 보상받을
수 있다.

■ FT 코인: 왁스(WAXP)

왁스(WAXP) 코인은 메타버스 NFT 게임 토큰이다. 게임 아이템 거래소 OPSkins를 새운 창업자가 개발하였다. 전 세계 4억 명 이상이 이용하고 있으며 왁스(WAXP) 토큰은 게임 아이템과 다른 디지털 자산을 수용할 수 있다. 왁스(WAXP) 내에서는 다양한 NFT 기반의 게임들이 있다. 플랫폼에서 판매되는 아이템을 생성, 수집, 판매 및 거래할 수 있도록 만들어진 NFT 코인이다.

5) NFT 어떻게 활용되나요?

NFT는 토큰화된 모든 디지털 자산에서 활용되며 다양하게 발행되고 있다. 온라인 게임에서 시작된 NFT는 캐릭터, 무기, 파워업, 아이템 등으로 활용된다. 이러한 발행은 게임 내 자산으로 활용된다.

NFT의 대부분은 크립토키티(CryptoKitties), 엑시인피니티(Axies), 이더리움(ETH)이고 블록체인에서 처음으로 탄생한 NFT 립토펑크(Cryptopunks)는 스포츠 거래 카드와 같은 암호화 콜렉터블(collectible: 수집품)로 활용된다(Kirsty Moreland, 2022). 또한, NFT는 디센트럴랜드(MANA, Decentraland) 등의 가상 부동산에서 토지를 매매하는 데 사용되거나 토지소유권으로 활용되어 그 가치를 인정받는다. NFT는 블록체인 도메인으로도 사용되고 있다. name.eth 혹은 token.crypto는 특정 암호화 도메인의 소유권을 나타내는 NFT이다(Kirsty Moreland, 2022). 음원이나 그림 등의 예술 작품이 NFT로 발행되기도 한다. 특정 예술 작품을 NFT로 소유할 수 있다. NFT는 마켓플레이스에서 거래하는 투자 수단으로도 활용된다(Kirsty Moreland, 2022). 국내에서는 2020년 프렌즈게임즈에서 크립토트래곤을 출시하면서 NFT를 게임 내 드래곤과 아이템으로 발급하였다(이광렬, 2022). 디지털 수집품으로 디지털 아트, 디지털 부동산, 엔터테인먼트 굿즈, 스포츠 선수의 영상, 유명인사의 디지털 컬렉션, 트레이딩 카드, 디지털 운동화, P2P 대출 등이 다양하게 발행되고 있다. 이는 NFT 발행이 어떤 유형이든 상관없이 디지털 세상에 존재하는 모든 것에 적용될 수 있음을 의미한다.

◉ NFT 발행 해외 사례

■ CryptoKitties 발행 NFT
크립토키티(CryptoKitties)는 고양이 NFT를 육성하고 판매하는 블록체인 게임이다.

출처: https://www.cryptokitties.co/search?include=sale

[그림 3-35] 크립토키티(CryptoKitties) NFT

■ Lucky Block 발행 NFT

*럭키 블록Lucky Block은 암호화폐 및 NFT 플랫폼이다.

출처: Lucky Block 마켓 캡처
　　https://nft.luckyblock.com/collections/0x967c31c07daa332e51bbe36f503648687a7d698B

[그림 3-36] Lucky Block NFT

■ Crypto.com 발행 NFT

* 크로토 닷컴은 암호화폐 거래소이며 암호화폐 결제 서비스 제공업체이다.

출처: crypto.com 마켓 캡처
　　https://crypto.com/nft/collection/82421cf8e15df0edcaa200af752a344f?tab=items

[그림 3-37] rypto.com 발행 NFT

▣ NFT 발행 국내 사례

■ KBO 발행 NFT

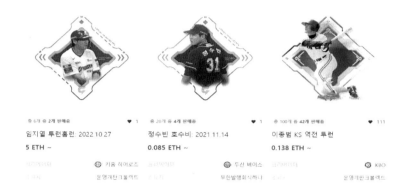

출처: UPbit NFT, https://upbit.com/nft/

[그림 3-38] KBO 발행 NFT

■ 기아 자동차 NFT 발행

기아 EV6 NFT 'Opposites United of EV6'	기아 EV9의 NFT 'Sustainable movement'
기아가 자사의 전기차 EV6를 활용해 자체 제작한 NFT 'Opposites United of EV6'	2023년 출시 예정인 플래그십 전기차 EV9의 콘셉트카를 활용해 자체 제작한 NFT 'Sustainable movement'
'기아 자동차는 2022년 3월 국내 자동차업계 최초로 NFT를 발행하였다. 기아 EV의 현재와 미래'를 주제로 차량 3종을 디지털 아트로 제작하며 NFT 유통 플랫폼 클립 드롭스에서 판매했다. NFT는 전기차 'EV6', '니로 EV', 2023년 출시 예정인 '콘셉트 EV9' 등이다(김희자, 2022).	

출처: 서울경제 캡처 https://www.sedaily.com/NewsView/263JIDNLMW

[그림 3-39] 기아 자동차 NFT

◨ 국내 게임사의 NFT 발행 사례

■ 카카오게임즈
- 카카오게임즈의 자회사 메타보라의 '버디샷'에서 카카오프렌즈 IP 기반의 NFT 발행
- 카카오는 보라 포탈을 내놓고 보라 지갑, 디파이(Defi), 런치패드 토큰 변환, 대체 불가능한 토큰(NFT) 공식화함(이수호, 2022).

■ 위메이드
- 위메이드의 DAO & NFT 플랫폼 '나일(NILE, NFT Is Life Evolution)' 정식 사이트 오픈, DAO, LIFE, MARKETPLACE, COMMUNITY, TOKENS 등 서비스 제공
- NFT를 거래할 수 있는 MARKETPLACE와 이러한 토큰의 자산가치를 실시간으로 확인할 수 있는 대시보드 TOKENS 시스템 도입(곽민구, 2022).

■ 넥슨
- 메이플 스토리 유니버스 블록체인 시장진출: '메이플스토리 N'에는 캐시샵이 없어 이용자들이 게임 플레이로 아이템을 획득하고 NFT 실현함(원태용, 2022).

■ 넷마블
- '제2의 나라' 글로벌 버전에 블록체인 시스템을 도입, 블록체인 게임 시스템 적용은 이용자가 인앱 매출에 영향을 주는 방식으로 코인 거래 과정에서 발생하는 토큰 수수료 내지 않음(원태용, 2022).

■ NC

– 2023년 북미와 유럽 등에 출시 예정인 리니지W에 블록체인 기반 NFT를 적용할 계획(Coinness, 2023).

☞ **함께 생각하기**
- 메타버스 내 NFT의 활용사례와 필요성에 대하여 함께 생각해 보아요.
- NFT와 가상경제의 장점과 단점은 무엇인지 함께 생각해 보아요.

이상에서 살펴본 바와 같이 NFT(Non-Fungible Token)는 각각 고유한 특성을 가진 디지털 자산을 나타내는 토큰이다. 이러한 NFT가 열어가는 메타버스(Metaverse)의 미래는 매우 흥미로울 것이다.

메타버스는 가상세계로, 현재는 비교적 제한적인 형태로 존재하지만, 디지털 기술의 발전으로 인해 더욱 발전할 것이 예상된다. 이러한 메타버스에서 NFT는 다양한 형태로 사용될 수 있다.

첫째, NFT는 메타버스에서의 디지털 자산의 소유권을 나타낼 수 있다. 예를 들어, 메타버스 안에서 캐릭터, 아이템, 부동산 등의 디지털 자산은 NFT로 등록될 수 있다. 이는 디지털 자산의 소유권을 증명할 수 있어, 다양한 경제적 이익을 가져올 수 있다.

둘째, NFT는 메타버스에서의 작품의 인증과 판매를 쉽게 할 수 있게 해준다. 예를 들어, 예술가가 자신의 작품을 NFT로 발행하면, 해당 작품의 저작권과 소유권을 증명할 수 있으며, 작품을 판매할 때도 이를 이용할 수 있다.

셋째, NFT는 메타버스에서의 경제활동을 더욱 활성화할 수 있다. 예를 들어, 게임 내에서 아이템을 구매하거나, 부동산을 구매할 때 NFT를 사용할 수 있으며, 이러한 경제활동은 메타버스의 생태계를 더욱 활성화할 수 있다.

따라서, NFT는 메타버스의 미래에서 매우 중요한 역할을 할 것으로 예상된다. NFT를 이용하여 디지털 자산의 소유권을 증명하고, 작품의 인증과 판매를 쉽게 할 수 있으며, 경제활동을 더욱 활성화할 수 있기 때문이다.

\<참고문헌\>

고수찬(2021). 메타버스를 선점할 1순위 후보: 포트나이트, 미래 미디어 이야기. MOBLLNSIDE, 2022.12.20. https://www.mobiinside.co.kr/2021/02/02/fortnite/

곽민구(2022). 위메이드, DAO & NFT 플랫폼 '나일' 정식 사이트 오픈, 데일리포스트, 2022.11.12. https://www.thedailypost.kr/news/articleView.html?idxno=90055

김달훈(2022). "NFT 시장 2027년까지 연간 35% 성장… 2027년 시장 규모 136억 달러 추정", CIO, 마켓앤마켓, 2022.08.10.https://www.ciokorea.com/tags/87955/%EB%A7%88%EC%BC%93%EC%95%A4%EB%A7%88%EC%BC%93/249538#csidxdc0ca9a09b1fc7397b52346afaeadcb

김도현(2022). NFT 최근 산업 동향과 시사점, 이슈 분석 219호, 정보통신 기획평가원(IITP), 2022-07-29. https://now.k2base.re.kr/portal/issue/ovseaIssued/view.do?poliIsueId=ISUE_000000000001015&menuNo=200046&pageIndex=1

김미영(2022). 우리는 메타버스로 통한다 현대 모터스튜디오 제페토 협업. 지피코리아, 2022.05.30. http://www.gpkorea.com/news/articleView.html?idxno=86390

김민수(2022). [NFT 길라잡이] 이더리움 토큰 표준 'ERC-721'이란, ND 뉴스드림, 2022.09.01, http://www.newsdream.kr/news/articleView.html?idxno=40707

김상균(2021). 인터넷 스마트폰보다 강력한 폭풍, 메타버스 놓치면 후회할 디지털 빅뱅에 올라타다. DBR, 317호, 2021년 3월 lssue 2.https://dbr.donga.com/article/view/1202/article_no/9977/ac/magazine

김상균(2022). 나이앤틱의 지구 땅따먹기 '21세기 봉이 김선달', 김상균 교수의 메타버스, 메타뉴스, http://www.metanews.co.kr/news/articleView.html?idxno=15743

김희자(2022). 기아, 국내 車 브랜드 최초 NFT 발행, 서울경제, 2022.03.24., https://

www.sedaily.com/NewsView/263JIDNLMW

문동민(2021). 경주 황리단길, 메타버스와 만나다. 경상북도 홈페이지, 보도자료,

아베 테츠야(2021). 필립 코틀러의 마케팅 수업. 옮긴이: 서희경, 감수자: 아베 테츠야, 서울; 소보랩.

윤정현(2021). 메타버스, 가상과 현실의 경계를 넘어. Future Horizon+, 미래연구 포커스, 과학기술정책연구원, 01·02호 Vol. 49.

이승환, 한상열(2021). 메타버스 비긴즈(BEGINS): 5대 이슈와 전망, 이슈리포트, 소프트웨어 정책 연구소.

필립 코틀러, 허마원 카타자야, 이완 세티아완(2021). 필립 코틀러 마켓 5.0, 옮긴이; 이진원, 서울; 더퀘스트.

위키백과(2023). ZEPETO, 2023.01.16. https://ko.wikipedia.org/wiki/ZEPETO

위키백과(2023). 로블록스, 2023.01.12. https://ko.wikipedia.org/wiki/%EB%A1%9C%EB%B8%94%EB%A1%9D%EC%8A%A4

위키백과(2023). 어스2, 2023.01.12. http://wiki.hash.kr/index.php/%EC%96%B4%EC%8A%A42

이은주(2022). '화폐 만들고 아이템 팔고' 메타버스 가상경제는 진행 중, IT Chosun. 2022.04.18. https://it.chosun.com/site/data/html_dir/2022/04/15/2022041502115.html

SBS 뉴스(2023). "공개합니다" 뜻밖의 화면서 나온 BTS 새 뮤직비디오 / SBS, 2023.01.09. https://www.youtube.com/watch?v=pAn8MJrbLWQ

마크의 지식 서재(2023). 메타버스를 대표하는 세계적인 기업 TOP 3, 2023.01.09. https://www.youtube.com/watch?v=WqY1TBM29E8

박근모(2022). NAVER 포스트, NFT, 기본 개념만 쉽게 정리한 14가지 Q&A, 2022.03.28., https://post.naver.com/viewer/postView.naver?volumeNo=33525069&memberNo=39727918&vType=VERTICAL

위키백과(2023). 어스2, 2023.01.12. http://wiki.hash.kr/index.php/%EC%96%B4%EC%8A%A42

오은별(2023). 현실 세계로 확장된 메타버스 패션 전시회 콘진원, 더현대 서울서 KMFF 2022 팝업스토어 오픈. 한국콘텐츠진흥원 보도자료, 2023.01.06.

원태용(2022). 넥슨도 진출…게임 빅3 블록체인 활용 '3사 3색', 이코노미스트 2022.06.13. https://economist.co.kr/article/view/ecn202206130048

이괄렬(2022). NFT 개념과 특징, 그리고 다양한 활용 사례 | 엑시인피니티, 크립토 키티, 미르4, 하이브, 디센트럴랜드, 더샌드박스, 투이 컨설팅, 2022.03.28,

https://www.2e.co.kr/news/articleView.html?idxno=301890

이수호(2022). [테크M 이슈] 카카오 게임코인 '보라' 첫 NFT 판매 10분 만에 완판, TechM, 2022.04.26. https://www.techm.kr/news/articleView.html?idxno=96781

이영민(2022). 탈중앙 스트리밍 네트워크 '쎄타(THETA)' [블록체인 Web 3.0 리포트], 한경 코리아마켓, 2022.02.23. https://www.hankyung.com/finance/article/202202220297g

통계청(2022). 통계개발원 「KOSTAT 통계 플러스」 2022년 봄호 발간, 2022. 03. 30 보도자료, 통계청.

팀스파르타(2021). NFT, 확실하게 정리해 드립니다!, 2021.11.24., https://spartacodingclub.tistory.com/41

하영원(2017). 디지털 경제 환경 속 '마케팅 4.0' 충성도 높은 '옹호자'를 확보하라, 동아비즈니스포럼 2017: Revisit Marketing 4.0, 237호, 2023.01.03.https://dbr.donga.com/article/view/1203/article_no/8382/ac/magazine

황정호(2022). NFT 신뢰성 확보, 무엇을 알아야 할까?, 테크 42 (daum.net), 2022.07.20. https://v.daum.net/v/1sZsOw0god

해시넷(2023). http://wiki.hash.kr/index.php/%EB%94%94%EC%84%BC%ED%8A%B8%EB%9F%B4%EB%9E%9C%EB%93%9C

8th Wall(2023). PizzaHut Pac-Man - The WebAR Edition, 2023.01.05. https://www.8thwall.com/toolofnorthamerica/pizza-hut-pacman

8th Wall(2023). Burger King - Tiny Tinie on a Whopper, 2023.01.05. https://www.8thwall.com/bullyentertainment/bk-tinie

8th Wall(2023). EVA Airline's Gateway to Asia AR, 2023.01.07 https://www.8thwall.com/toolofnorthamerica/eva-air-ar-case-study

8th Wall(2023). Intel smart factory for Microsoft Build, 2023.01.07 www.8thwall.com/rockpaperreality/intel

CALIVERSE(2023). 홈페이지, http://www.caliverse.co.kr/

Coinness(2023). 엔씨소프트, 내년 출시 리니지W에 블록체인 기반 NFT 적용, 코인리더스, 2023.01.22. https://www.coinreaders.com/50766

Do.Log(2021). 엑시인피니티 게임과 엑시인피니티(AXS) 코인, 스무스 러브 포션(SLP) 코인, 2021.11.15. https://ddka.tistory.com/entry/%EC%97%91%EC%8B%9C%EC%9D%B8%ED%94%BC%EB%8B%88%ED%8B%B0-%EA%B2%8C%EC%9E%84%EA%B3%BC-%EC%97%91%EC%8B%9C%EC%9D%B8%ED%94%BC%EB%8B%88%ED%8B%B0AXS-%EC%BD%94%EC

%9D%B8-%EC%8A%A4%EB%AC%B4%EC%8A%A4-%EB%9F%AC%EB
%B8%8C-%ED%8F%AC%EC%85%98SLP-%EC%BD%94%EC%9D%B8

Genevieve Bell(2022). '메타버스'는 어디에서 왔을까?, MIT Technology Review, 2022.02.21. https://www.technologyreview.kr/%EB%A9%94%ED%83%80%EB%B2%84%EC%8A%A4%EB%8A%94-%EC%96%B4%EB%94%94%EC%97%90%EC%84%9C-%EC%99%94%EC%9D%84%EA%B9%8C/

Kirsty Moreland(2022). 대체 불가능 토큰(NFT)이란 무엇인가요?, Ledger Academy, 2022.09.05. https://www.ledger.com/ko/academy/nfts/%EB%8C%80%EC%B2%B4-%EB%B6%88%EA%B0%80%EB%8A%A5-%ED%86%A0%ED%81%B0nft%EC%9D%B4%EB%9E%80-%EB%AC%B4%EC%97%87%EC%9D%B8%EA%B0%80%EC%9A%94

Meta Quest(2023). FitXR - Boxing, High Intensity Intervals, Dancing Workouts. 2023.01.04.https://www.oculus.com/experiences/quest/2327205800645550/?utm_source=www.meta.com&utm_medium=oculusredirect

MARKETSANDMARKETS(2022). Metaverse Market - Global Forecast to 2027, MARKET RESEARCH REPORT, MARKETS ANDMARKETS.https://www.marketsandmarkets.com/Market-Reports/metaverse-market-166893905.html?gclid=EAIaIQobChMI1rOrvcDt_AIVBVVgCh2oZA2NEAAYAiAAEgKUrPD_BwE

MARKETSANDMARKETS(2022). Non-Fungible Tokens Market by Offering (Business Strategy Formulation, NFT Creation, and Management, NFT Platform - Marketplace), End-user (Media and Entertainment, Gaming), Region (Americas, Europe, MEA, APAC) - Global forecast to 2027, MARKET RESEARCH REPORT, MAY 2022.

https://www.marketsandmarkets.com/Market-Reports/non-fungible-tokens-market-254783418.html

Meta Quest(2023). Meta Horizon Worlds. 2023. 01. 13. https://www.oculus.com/experiences/quest/2532035600194083/?utm_source=www.meta.com&utm_medium=oculusredirect

Puzzling Places(2023). https://www.oculus.com/experiences/quest/3931148300302917/?utm_source=www.meta.com&utm_medium=oculusredirect

Seona Kim(2022). NFT란 무엇인가? NFT 뜻, NFT 코인 순위 및 활용, EVENTX, 2022.08.11, https://www.eventx.io/ko/blog/nft-%EB%9C%BB

Smart, J. M., Cascio, J. and Paffendorf, J.(2010), "Metaverse Roadmap Overview,

2007". Accelerated Studies Foundation. Retrieved 2010-09-23.

SPIDER-MAN: INTO THE SPIDER-VERSE WEB AR, https://www.8thwall.com/trigger/intothespiderverse

TECHG(2022). 거의 1천 500만 대 출하된 메타퀘스트2, 2022.06.08. https://techg.kr/32456/

ZDNET Korea(2021). 구글 3D 영상채팅 '스타라인'···"바로 앞에 있는 것처럼 대화", 2021.05.20. https://zdnet.co.kr/view/?no=20210520100716

제4장

메타버스와 교육
(Education)

메타버스를 통한 교육의 필요성은 무엇인가를

파악해보고

놀이 이론으로 교육과 메타버스의 관련성을 탐색하고

메타버스 교육 사례는 어떠한지 살펴보고

교수법 사례를 제시하여

메타버스 활용이 바꾸는 교육의 미래를 전망한다.

"미래의 교육은 과거와 달리 더 이상 강의실 안에서 일어나지 않을 것이다. 메타버스와 같은 가상 세계는 인터넷과 함께 교육의 미래를 혁신할 것이다."

— 마이클 브룩스(Michael Brooks, 2021)

Ⅰ. 메타버스와 교육의 만남

1. 메타버스를 통한 교육이 필요하다

'EBS의 미래교육 플러스'라는 프로그램에서 '메타버스 교육현장을 바꾼다.'는 주제의 논의가 진행된 바 있다. 메타버스라는 새로운 세계, 새로운 공간이 교육계에도 큰 지각 변동을 예고하고 있다는 심층 보도였다. 계보경 외(2021)는 "메타버스는 현실과 융합된 가상의 공간에서 사용자들이 아바타 등을 통해 상호작용하고, 사회·정치·경제·문화적 가치를 생산·소비하며 자신의 삶을 확장하는 또 다른 세상으로 정의할 수 있다"라고 정의를 했다. 그리고 오늘날의 메타버스는 AR/VR, 5G, 블록체인, IoT와 같은 다양한 기술과 결합해 현실 세계를 복제하는 데서 나아가 인간과 시간, 공간을 결합한 새로운 경험을 설계한다는 점에서 교육에 적용할 때 가장 효과적이라고 분석하였다.

현실 세계와는 달리, 학생들이 경험할 수 있는 다양한 시뮬레이션을 제공하는 방식, 예를 들어, 역사적인 사건을 다시 경험하거나, 여러 가지 실험을 수행하거나, 복잡한 수학적 개념을 시각화하는 등으로 쉽게 이해할 수 있도록 자료를 구성할 수가 있다. 교육자와 학생 간의 상호작용과 협업을 강화할 수도 있다.

이처럼 유용성이 크기 때문에 최근 메타버스를 교육 분야에 활용하는 사례들이 늘어나고 있다.

교육정책 네트워크정보센터(2021) 기획기사에서 미국 국립과학재단(NSF)은 메타버스 용어를 사용하지는 않지만, AR/VR 기술의 교육적 활용을 위한 연구와 개발을 지원하고 있다. 학생들은 기기를 사용하여 유적지 등 방문할 장소에 접속할 수 있고, 교사들은 가상 체험학습을 위한 자료를 추가하여 수업을 진행할 수 있다. 이를 위해 '구글 익스페디션 파이오니어 프로그램'과 같은 프로그램이 활용되고 있다. 영국은 'AI 국가 전략'을 추진하고 있으며, 이에 따라 정보시스템공동위원회(JISC)가 2021년 '고등교육 분야 국가 AI 센터(NCAITE)'를 발족하였다. NCAITE는 기업 및 유관기관과 협력하여 시장에 출시된 AI 솔루션의 고등교육 및 평생교육 분야의 교수 및 학습에 대한 개선 여부를 평가하고, 고등교육 및 평생교육 기관에 실용적이고 맞춤식의 자문과 지원을 제공하며, AI 솔루션 적용에 대한 상담도 제공할 예정이다.

이처럼 메타버스는 특성들로 인해 교육에 대한 필요성이 증대하고 있고 그 시사하는 바가 크다.

첫째, 메타버스는 시공간 제약 없는 교육환경을 제공할 수 있다. 또한, 다양한 문화나 언어, 국가의 학생들이 함께 교육을 받을 수 있어서 국제 교육의 가능성을 제공한다.

둘째, 학생들이 가상공간에서 다른 학생들과 소통하며, 문제를 해결하고, 토론할 수 있다. 이는 학생들의 참여와 관심을 증대시켜 학습 효과를 높이는 효과가 있을 수 있다.

셋째, 교육 시설, 교육자 비용 등이 필요 없기 때문에 경제적으로 효과적이다. 지속 가능성 면에서도 현실 세계에서 필요한 자원 소모를 줄이면서 교육을 제공할 수 있다.

넷째, 디지털 기술에 능숙한 디지털 원주민(Digital Native)들이 교육대상으로 성장하였다.

2. 어떤 학생들과 만나고 있나

일반적으로 세대를 주로 베이비부머세대, X세대, M세대, Z세대 그리고 알파 세대로 분류한다. 베이비부머세대는 1950년대 후반에서 1960년대 태어난 세대로, 경제발전과 함께 인구가 급증한 시기에 태어났다. X세대는 1960년대 후반에서 1970년대 후반에 태어난 세대로 경제적 어려움을 겪으며 독립적인 삶을 지향한다. M세대는 1980년대 후반에서 1990년대 중반에 태어난 밀레니얼 세대로, 인터넷이 익숙한 부메랑 세대로 불린다. Z세대는 1990년대 후반에서 2000년대 중반에 태어난 디지털 네이티브 세대로 세계화의 영향으로 세대 편견이 적은 세대이다. MZ세대는 밀레니얼 세대와 Z세대를 합쳐 부르는 말로, 1980년대 후반에서 2010년대 초에 태어난 세대를 가리키는 용어이다. 알파 세대는 2010년대 이후 태어난 세대로, 대부분은 밀레니얼 세대들의 자녀들이다. 세대별 특징을 구분하면, <표 4-1>과 같다.

〈표 4-1〉 세대 구분

세대	출생연도	연령	학번	스마트폰 사용 연령	SNS 플랫폼
X세대	1966~1979년생	44~57	99학번~85학번	대학교 졸업 후	싸이월드
Y세대	1980~1995년생 (8090)	28~43	00학번~15학번	중학생 또는 대학생	페이스북/트위터 시대

세대	출생연도	연령	학번	스마트폰 사용 연령	SNS 플랫폼
Z세대	1996~2005년생 (902000)	18~27	17학번 전후로 본격적인 시작	초등학교 이전	인스타그램 TikTok
MZ세대	1980~2010년생	13~43	00학번~ 23학번~	초등학교 이전	인스타그램 TikTok zoom 메타버스(제페토, 게더타운, zep)
알파 세대	2010년생 이후	13~	α(알파)학번	유아시기	인스타그램 TikTok zoom 메타버스(제페토, 게더타운, zep) vr_book

교육 현장에서 만날 수 있는 학생들은 대부분 Z세대와 MZ 세대들의 학생이다. 어떤 학생들을 가르쳐야 하는지 알고, 학생의 요구와 특성을 통해 교수학습 방법이 도출될 수 있다.

1) Z세대에 대한 이해

Z세대는 저성장 저금리 시대와 불확실한 미래에 대처하기 위해 당장의 경험과 투자를 중요시하며 자기 일을 즐기고, 자신만의 취향을 갖고 스스로 만족한 삶을 사는 것이 성공이라 생각하는 세대이다. 초고속 인터넷, IT 기술의 발달로 스마트폰과 SNS로 생각을 자유롭게 공유하는 세대이다.

Pearson(2018)에 의하면, 1995년 이후 출생한 Z세대는 1980년 이후 출생한 밀레니얼 세대와 비교했을 때 책보다는 유튜브, 교육용 앱을 활용한 학습을 선호하는 것으로 나타났다.

2) MZ세대에 대한 이해

MZ세대는 1980년대 초반에서 1990년대 후반 사이에 태어난 세대로 인터넷과 디지털 기술에 능숙하며 이전 세대보다 연결성이 높으며, 다양성과 사회적, 환경적 문제에 더 집중한다. 또한, 독립적이고 자립적이며 경력과 개인적인 개발에 더 큰 초점을 둔다. MZ세대의 특징을 요약 정리하면 다음 <표 4-2>와 같다.

〈표 4-2〉 MZ세대의 특성

MZ세대 항목	특성
기술적 지식	인터넷과 디지털 기술에 광범위하게 접근하면서 성장한 최초의 세대 이전 세대보다 더 연결되어 있고 기술을 사용하는 데 능숙함
개방적이고 다양성 수용	이전 세대보다 더 개방적이고 더 다양성을 받아들인다.
사회 및 환경 문제에 초점	이전 세대보다 사회적, 환경적 문제에 더 관심을 보이고 자신들이 믿는 대의를 옹호하는 경향이 있다.
독립적이고 자립적인 환경	개인적인 발전과 경력향상에 더 큰 중점을 두고 더 독립적이고 자립적이다.
불안과 우울증에 걸리기 쉬운 경우	현대 세계의 요구와 소셜미디어에서 지속적으로 연결되고 활동해야 하는 압박 때문에 불안과 우울증에 더 취약할 수 있다.

3. 교육이론으로 살펴보는 메타버스 활용

1) 로제 카이와(Roger Caillois)의 놀이 이론

로제 카이와는 놀이를 아곤(Agon, 노력을 통한 경쟁), 알 레아(Alea, 운), 미미크리(Mimicry, 다른 존재로 가장), 일링크스(Ilinx, 놀람과 흥분 추구) 4가지로 분류한다.

아곤은 경쟁을 의미한다. 경쟁에서 승리함으로써 성취감을 얻고, 우월감을 느끼며 이는 몰입을 만든다. 알 레아는 게임에서 확률을 뜻한다. 슈팅 게임에서의 헤드샷, 롤플레잉게임에서의 강화 등 예측 불가능한 부분을 만들어 반복적인 경험을 한 사용자들에게 새로운 즐거움을 줄 수 있다. 미미크리는 역할 놀이이다. 롤플레잉게임에서의 역할로 표현할 수 있다. 실제 세계에서 할 수 없는 일을 놀이에서 경험한다는 점에서 메타버스에 가장 가까운 요소라고 할 수 있다. 일링크스는 현기증으로 표현한다. 놀이공원에서 롤러코스터를 탄 것처럼 어지럽고 신나는 기분을 느끼는 순간을 의미한다.

메타버스는 온라인 게임, 가상세계, 가상 현실 등을 통해 인간이 현실 세계에서 불가능한 경험을 할 수 있도록 하는 디지털 공간을 말한다.

이 두 개념을 연결해보면, 메타버스는 인간이 자유롭게 놀이를 즐길 수 있는 공간이며, 메타버스에서의 놀이는 인간이 자신의 창의성과 상상력을 자유롭게 발휘할 수 있는 중요한 경험이 될 수 있다. 따라서, 메타버스는 사용자가 가상공간에서 자유롭게 놀이를 즐길 수 있는 디지털 세계이다.

김수향(2021)은 놀이 이론으로 학습자들의 정체성을 탐구하여 메타버스에 적용하고 있다.

놀이 이론으로 메타버스에 적용해 보면, 가상 강의실은 가상수업을 통

출처: https://voidnetwork.gr/wp-content/uploads/2016/09/Man-Play-and-Games-by-Roger-Caillois.pdf

[사진 4-1] 로제 카이와의 놀이 이론

해 지리적 제한이 없는 원격 교육을 실현할 수 있고, 가상 실험실은 실제 실험실에서 수행하는 실험 과정을 디지털로 재현할 수 있다. 가상 캠퍼스는 대학 캠퍼스와 유사한 가상공간이다. 가상 현장학습은 실제로는 접근하기 어려운 장소나 상황을 가상으로 재현하여 학습하는 것이다. 로제 카이와의 놀이 유형 분류에 따른 메타버스 플랫폼에 나타난 교육 콘텐츠를 분석해보면 <표 4-3>과 같다.

〈표 4-3〉 로제카이와의 놀이 이론을 메타버스에 적용

구분	메타버스 교육 콘텐츠	놀이 유형과 아이템	특성
아곤 (Agōn)	▸ 제페토, 로블록스, 동물의 숲 – 가상의 아이템으로 순위, '좋아요' 개수, 조회 수 등으로 경쟁하는 콘텐츠 ▸ 제페토, 포트나이트-주어진 도전과제를 수행하고 보상이 주어지는 콘텐츠	▸ 인정받고 싶어 하는 욕구가 반영된 콘텐츠 ▸ 크리에이터들의 가상 아이템 창작 활성화	▸ 메타버스에서 게임을 즐기거나 스포츠 대회를 참가하여 경쟁적인 요소를 즐김
알 레아 (Alea)	▸ 제페토, 마인크래프트 – 스토리를 체험할 수 있는 버추얼 탐험하며 아이템을 획득할 수 있는 콘텐츠 ▸ 동물의 숲 – 너굴 상점을 통해 '고순'이라는 캐릭터가 방문하여 랜덤 아이템 제공	▸ 추첨과 보물찾기 등 예측하기 어려운 우연적인 요소를 도입 ▸ 의도치 않은 방식으로 호기심 자극	▸ 메타버스에서 운빨 게임을 즐기거나 무작위로 발생하는 이벤트에 참여하여 운을 시험함
미미크리 (Mimicry)	▸ 제페토, 로블록스, 동물의 숲, 포트나이트-가상의 맵 안에서 채팅 기능 사용 ▸ 마인크래프트-메타버스 외의 미디어에서 모티브를 차용하여 패러디하는 콘텐츠	▸ 일정한 규칙과 짜인 각본이 없는 상황에서 역할극 ▸ 사용자들의 적극적인 참여와 상호작용 유도	▸ 메타버스에서 캐릭터를 만들거나 옷을 입어보며 다른 존재로 변신하는 놀이를 함
일링크스 (Illinx)	▸ 제페토, 로블록스-공포 분위기를 조성하는 아이템을 제작하거나 아바타를 무섭게 분장하여 깜짝 놀라게 하는 콘텐츠 ▸ 포트나이트-가상의 맵을 활용하여 시각적 실재감을 제공하는 콘텐츠	▸ 초현실적인 요소를 통해 시각적 실재감을 제공	▸ 메타버스에서 놀이기구를 타거나, 아찔한 경험을 할 수 있는 콘텐츠를 즐기는 등의 놀이

2) 다중지능 이론(Multiple Intelligences)과 메타버스

하워드 가드너(Howard Gardner, 1983)는 '마음의 틀(Frames of Mind)'을 발표하면서 다중지능(Multiple Intelligences) 이론을 설명했다(전종희, 홍성훈, 2019). 인간의 지능을 8가지 유형으로 분류했는데, 언어지능, 수리논리 지능, 시각공간 지능, 음악 지능, 신체운동 지능, 대인관계 지능, 자기성찰 지능, 자연스러운 지능으로 구분했다.

메타버스는 3D 가상공간을 통해 개인이 가상세계에서 상호작용하고 콘텐츠를 생성하며, 학습 및 교육을 위한 새로운 형태의 플랫폼으로 떠오르고 있다.

다중지능 이론을 메타버스에 적용해 보면, 교수자는 다양한 지능을 활용한 학습 자료를 제공할 수 있고, 학습자는 각자의 지능 유형을 발견하고 그에 맞는 학습 전략을 개발할 수 있다. 예를 들어, 메타버스에서 예술 작품을 전시하는 경우, 시각, 음악, 자연스러운 등의 지능을 활용하여, 보다 창의적이고 다양한 작품을 창작할 수 있도록 한다. 언어적-서술적 지능이 높은 학생은 글쓰기를 통해, 논리-수학적 지능이 높은 학생은 문제해결 능력과 논리적인 분석을 활용하는 교육방식과 자료의 제공 등으로 맞춤형 교육환경을 제공할 수 있다.

메타버스에서 다중지능 이론을 적용한 사례 중 하나는 VR 헬스케어 회사인 Osso VR이다. Osso VR은 의료 전문가들이 외과 수술 기술을 학습하고 연습할 수 있는 가상현실 플랫폼이다. 이 회사는 다중지능 이론을 적용하여, 시각적, 운동적, 논리적, 공간적 등 다양한 지능을 활용하여 의료 전문가들이 현실적인 수술 시나리오를 실습하고 자신의 기술을 향상시킬 수 있도록 지원한다(전황수, 2019).

분야	국가	업체/기관	제품/서비스	내용
의학교육/ 시뮬레이션	미국	Zspace	해부학 VR	MR로 인체 해부구조 장기/체계 교육
		OSSO VR	VR 시뮬레이션	시뮬레이션 통해 의료장비 사용 교습
		스탠퍼드대 의대	수술 시뮬레이션	햅틱, 3D 수술 시뮬레이션 환경 도입
		네브래스카 의대	VR 의료 교육	VR을 이용해 의사와 간호사 교육
	영국	킹스칼리지	HapTEL	햅틱기술 VR 이용해 치과의사 교육
	일본	국제의료복지대	OsiriX	의료용 무료공개 SW 3D 동영상
	한국	분당서울대병원	VR 교육시스템	의료진 및 의대생 교육에 VR 이용
		네비웍스	의료 VR	전문의 수술훈련 VR 서비스 플랫폼

출처: ETRI 기술경제연구본부(2019.1), 전황수(2019) 재인용 참고로 재구성

3) 메타버스를 활용한 교육

서울대학교 의과대학에서는 가상세계에서 의료시뮬레이션 해부학 강의를, 연세대학교에서는 생물학 실험을 VR 콘텐츠로, 한국산업기술대학교에서는 Future VR Lab에서 전자기학 수업을 메타버스에서 진행하고 있다. 또한, 한국산업기술대학교에서는 전문분야에 맞춰 자체 개발한 메타버스 교육플랫폼을 운영하고 있다. 이를 통해 시간과 공간, 비용적 제약이 있는 교육 분야에서 메타버스 교육이 효과적인 대안이 될 수 있음을 보여주고 있다.

최근 메타버스를 활용한 교육은 활발하며, 국내 사례를 제시하면 다음과 같다.

○ 2021년 3월부터 순천향대학교는 가상 세계인 메타버스 공간에서 입학식을 진행하여 학생들과 교수, 동기, 선배들과 소통하는 경험을 하였다.

출처: http://news.unn.net/news/articleView.html?idxno=513340

[그림 4-1] 2021학년도 순천향대학교 입시설명회

○ 2021년 5월, 건국대학교는 '건국 유니버스' 가상공간에서 비대면 축
제를 개최했다.

○ 2021년 8월, 동의대학교도 마인크래프트에서 후기 학위 수여식을
진행하였다. 이를 위해 가상공간 캠퍼스를 구축하고, 캠퍼스 투어,
단체 사진 촬영 등의 이벤트를 실시하였다.

○ 2022년과 2023년 3월 서울대학교와 서울지역 6개 대학은 '게더타
운(Gather Town)' 플랫폼을 활용하여 취업 박람회를 진행하였다.

○ 성균관대학교는 ifland(이프랜드)에서 성균 한글 백일장을 열었다.

메타버스 플랫폼에서 열린 성균관대 세계성균한글백일장 모습

출처: https://news.zum.com/articles/70128715

[그림 4-2] 성균관대학교 메타버스에서 열린 성균 한글 백일장

○ 연세대학교는 메타버스 활용 온라인 취업 박람회를 개최하였다.

출처: https://www.lecturernews.com/news/articleView.html?idxno=91350

[그림 4-3] 연세대학교 메타버스 활용 취업 박람회

○ 2021년 2학기에 울산대학교는 게더타운에 공간을 부여하여 교수와
  학생들이 강의하고 소통할 수 있는 학습 기회를 제공하였다. 이에
  수업, 학술제, 상담, 동아리 모임 등이 이루어지며 학생들의 참여도
  가 높아졌다.

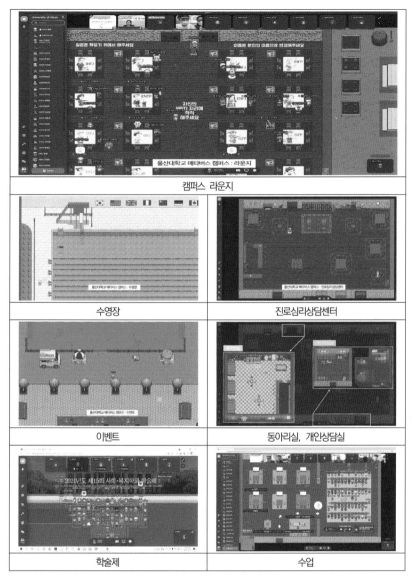

캠퍼스 라운지	
수영장	진로심리상담센터
이벤트	동아리실, 개인상담실
학술제	수업

출처: 울산대학교 메타버스 강의자료 공유

울산대학교 혁신원 메타버스 사례 공유 강의를 통해 학술제, 수업, 수영장, 동아리, 진로상담센터, 이벤트홀, 개인상담실 등 메타버스 플랫폼 구축 사례를 제시함.

[그림 4-4] 울산대학교 메타버스 캠퍼스

이렇듯 메타버스를 활용한 교육은 다양하게 이루어지고 있으며, 대학 생활을 그대로 옮긴 메타버스 캠퍼스들이 다양하다.

국내 및 해외 대학의 사례도 살펴보면 다음과 같다. 첫째, 국내 대학들이 메타버스를 활용한 사례는 가상 캠퍼스 투어를 제공하는 것이 일반적이다. 이외에도 대학원 설립을 통한 수업과 가상졸업식이 진행되고 있다.

〈표 4-5〉 메타버스를 활용한 국내 대학 사례

구분	내용	사이트	플랫폼
서강대학교 '서강 메타버스'	‣ 서강 메타버스 공식 출시(2021.8) ‣ 국내 최초 메타버스 전문대학원 설립 (2022.12)	 https://zdnet.co.kr/view/?no=2 0220216210116	게더타운
한양대학교 '한양 미래도시'	‣ 한양 미래도시(2021.6) ‣ 한양대학교 대학원 건물 3D 구현 ‣ 한양대학교(2022.4) 주요 대학 최초로 온라인 메타버스 프로그램을 활용한 2023학년도 전형계획설명회 및 1:1 전형 안내 진행 ‣ VR·메타버스로 캠퍼스 혁신	 https://www.veritas-a.com/news/articleView.html?idxno=413422	제페토
경기대학교 '경기 메타버스'	‣ 2021년 7월 경기 메타버스 (2021.7) 출시 ‣ 가상수업. 가상 도서관, 가상 소통 채팅 시스템 제공	 https://youtu.be/HppyOtfpIKQ	제페토

구분	내용	사이트	플랫폼
고려대학교 고려 메타버스	▶ 고려 메타버스 출시(2021. 11) ▶ 캠퍼스수업, 학교 시설물을 탐험, ▶ 상담센터인 '메타포레스트' 오픈	 https://www.econovill.com/news/articleView.html?idxno=566719	이프랜드
건국대학교	▶ 'Kon-Tact 예술제' 가상 축제 개최 ▶ 가상 공간 '건국 유니버스' 구축 ▶ 학생 각자 자기 아바타로 캠퍼스 활보	 https://playparkgo.com/gan/index.html	VR 활용 메타버스
서울대	▶ 서울대-메타, 'XR 허브 코리아' 출범(2022. 6) ▶ 분당서울대병원 스마트수술실	 https://www.aitimes.kr	VR 활용 메타버스
카이스트	▶ 케냐-카이스트 캠퍼스 구축		게더타운
청주대	▶ 메타버스 캠퍼스(2023.1) 구축 ▶ 클라우드 전문업체 메가존 + 통신서비스업체 LG유플러스, + 일본 게임 개발업체 갈라랩 + 대학 메타버스 플랫폼 출시		LG유플러스
항공대	▶ 제페토에 메타버스 구축	 https://zep.us/play/ykgMOQ	제페토
상명대	▶ '메타버스 캠퍼스'를 오픈(2023.3) ▶ 휴게공간, 전시 공간, 이벤트 공간, 홍보 공간 등	 https://smpa.smu.ac.kr/webzine/today.do?mode=view&articleNo=734705	VR 활용 메타버스

구분	내용	사이트	플랫폼
숙명여대	‣ 캠퍼스 스노우버스 ‣ 가상 도서관(2022.12)	 https://www.etnews.com/2022 1215000073	VR 활용 메타버스

둘째, 해외 대학에서도 메타버스를 활용하여 가상 캠퍼스를 구축하고 있다, 또한, 전시회 및 컨퍼런스, 가상 연구실, 가상 팀 프로젝트 등이 구현되고 있다.

미국의 교육 및 기술기업들은 대학생들을 위한 메타버스 플랫폼을 개발하고 보급하고 있다. 모어하우스 칼리지, 피스크, 켄자스 간호대, 뉴멕시코주립대, 사우스다코타주립대, 플로리다 A & M대, 웨스트 버지니아대, 메릴랜드대 글로벌 캠퍼스, 사우스웨스턴 오레곤 커뮤니티 칼리지, 앨라배마 A & M대, 캘리포니아주립대 등 10개 대학은 메타버시티를 만들기 위한 프로젝트에 참여하고 있다. 이를 위해 Meta가 VR 헤드셋, Engage가 기반 기술, Victory XR이 디자인 인터페이스를 제공하고 있다.

하버드 대학과 MIT는 edX라는 무료 MOOC 프로그램을 운영하며, 메타버스용 고급 강의 콘텐츠를 제작하고 무료로 배포하고 있다. 이를 통해 국내외 140여 개 대학에서 2,000여 개의 무료 강좌가 제공되고 있다.

영국의 대학들이 메타버스를 적극적으로 활용하고 있는데, 특히 런던 대학은 코세라를 통해 가상현실(VR)에 특화된 강좌를 제공하며, 학습자들은 VR 게임 및 프로젝트를 직접 개발하는 과정도 경험할 수 있다. 노샘프턴 대학은 VR, 증강현실(AR), 인공지능 기술을 활용하여 지역사회 및 해외 학교를 대상으로 무료 교육 활동을 제공하고 있다. 코세라는 2012년 스탠퍼드 대학에서 시작된 무크 프로그램이다.

중국의 난징 정보통신공대(南京信息工程大) 인공지능대학은 메타버스 분야의 인재 양성을 위해 학과명을 정보통신공학과에서 메타버스공학과로 변경했다. 칭화대(清華大)는 메타버스 분야에서 선두적인 위치를 유지하기 위해 '메타버스 문화 연구소(Metaverse Culture Laboratory)'를 설립했다.

　일본의 한난대학(阪南大学)과 한난대학고등학교, 홋카이도과학대학(北海道科学大学), 메이세이대학(明星大学), 킨키대학(近畿大学)은 모두 가상 혹은 증강현실 기술을 활용하여 학생들에게 새로운 경험을 제공하고 있다. 이를 통해 졸업식, 가상 캠퍼스, 메타버스 등을 구축하고 학생들이 더욱 활발한 참여와 소통을 끌어내고 있다(리수핑, 류타오탕, 2022; 구자억 외, 2023; 기사 및 대학홈페이지).

〈표 4-6〉 메타버스를 활용한 해외 대학 사례

구분	대학	특징	사이트(QR코드)
Minecraft	하버드 대학교 (Harvard University): Harvard World Map (2021. 9)	‣ 하버드 메타버스(Harvard Metaverse) 가상의 캠퍼스 구축 ‣ 온라인 수업 ‣ 미술관 전시 ‣ 소셜 이벤트	 https://m.post.naver.com/viewer/postView.naver?volumeNo=33414825&memberNo=15002820
Minecraft	옥스퍼드 대학교 (University of Oxford): Virtual Tour of Oxford	‣ Oxford Nexus ‣ 소셜 이벤트	 https://www.ox.ac.uk/admissions/undergraduate/colleges/college-virtual-tours

구분	대학	특징	사이트(QR코드)
Engage	스탠퍼드 대학교 (Stanford University): Stanford Virtual Tour in Engage	‣ Virtual Stanford ‣ 가상 교류 ‣ 인공지능 및 기계학습 분야 연구 진행	 https://visit.stanford.edu/tours/virtual/
Engage	애리조나 주립 대학교(ASU, 2020)	‣ 메타버스 기업 '데카비'와 캠퍼스 구축 ‣ 데카비의 플랫폼 ENGAGE 이용	 https://xr.asu.edu/
Engage	미시간 대학교 (University of Michigan)	‣ Michigan 구축 ‣ UI와 VR 헤드셋	 https://ai.umich.edu/xr-initiative/
Second Life	뉴욕 대학교 (New York University): NYU Virtual Campus in Second Life	‣ 가상 전시회	 https://meet.nyu.edu/new-york-city/
Second Life	캘리포니아 대학교 버클리 캠퍼스(University of California, Berkeley)	‣ 버클리 메타버스 (Berkeley Metaverse) ‣ 캠퍼스 투어 ‣ 수업, 연구	 https://xr.berkeley.edu/
Second Life	일리노이 대학교 어바나-샴페인 캠퍼스(University of Illinois at Urbana-Champaign)	‣ 어바나 메타버스 (Urbana Metaverse) 온라인 수업, 실험	 https://vr.illinois.edu/
오픈 시뮬레이터	미국의 캘리포니아 주립대학교 (San Francisco State University, 2021.5.28)	‣ 캠퍼스 VR 투어 구축 ‣ 메타버스 플랫폼 중 하나인 VirBELA 활용 가상졸업식 진행	 https://www.youvisit.com/tour/sfsu/88825?tourid=tour1

Ⅱ. 메타버스를 활용한 교수학습법

MZ세대와 알파 세대는 반복적인 일을 원하지 않으며, 문제해결 능력을 갖춘 인재를 선호한다. 변화에 대응하기 위해 기술을 습득해야 하며, 다양한 교수법이 요구된다. 따라서 가상세계와 현실 세계를 경험하는 교수학습법이 필요하다. MZ세대를 뛰어넘는 알파 세대를 대비하여, 창의적이고 변화 지향적인 개인만이 생존할 수 있으므로 새로운 정보에 대한 습득이 중요하다.

1. 메타버스를 활용한 PBL 학습하기

1) PBL의 개념

PBL(Problem Based Learning) 수업은 현실적이고 실제적인(authentic) 문제를 중심으로, 학생들이 개별학습과 협동학습을 바탕으로 해결안을 마련하는 학습자 중심의 교수학습 방법이다. 문제 중심 학습(Problem based learning; PBL)은 문제해결 능력, 관련 분야의 지식과 기술 습득, 자신의 견해 제시, 설명, 옹호, 반박할 수 있는 능력, 협동학습 능력의 함양을 목표로 하는 교수법이다(강인애, 2002).

2) PBL의 특징

문제 중심 학습은 기존의 수업 방식과 다른 특징을 가지고 있다. 문제 중심 학습은 협동적 협력적으로 과제를 수행하며 지식을 습득하는 과정이다.

단순한 암기가 아닌 선행학습으로부터 얻은 지식을 활용하여 과제를 확인, 분석, 해결해 나가는 과정을 거친다. 강의식 수업과 달리 학생들이 소그룹 활동을 통해 자신을 평가하고 자아 성찰할 수 있는 기회를 가진다.

Delisle(1997)은 PBL의 필요성을 다음과 같이 주장하였다. 첫째, PBL 은 가능한 한 실생활(real life) 상황에 밀접한 문제를 다룬다. 둘째, PBL 은 학생들의 역동적인 학습 참여와 몰입(active engagement)을 증진한다. 셋째, PBL은 간학문적 접근(interdisciplinary approach)을 촉진한다. 넷째, PBL은 학습자가 무엇을 배울 것인지. 어떻게 학습할 것인지를 선택하게 한다. 다섯째, PBL은 협력적인 학습(collaborative learning)을 촉진한다. 여섯째, PBL은 교육의 질을 증대시키는 데 돕는다. Torp & Sage(1998)는 PBL이 갖는 이점을 학습자들의 학습 동기 강화, 실생활과 관련 있는 학습 의 추구, 고등 사고력 증진, 학습 방법의 학습, 실제적 과제(authenticity)의 학습으로 주장하였다. PBL에서 문제 설정을 위한 교육과정 설계(problem design)는 중요한 의미를 지니고 있는데 교육과정은 물론 다른 여러 가지 정보자료를 반영하는 노력이 필요하다.

PBL이 소개되면서 학자에 따라 활용 학문 분야에 따라 다소 다르게 적용되어온 것이 사실이다.

(1) 문제 중심 학습 수업 모형

문제 중심 학습 전개 과정은 문제와 관련 맺기, 구조 설정하기, 문제 탐색하기, 해결책 작성 및 수행하기, 수행 및 과정 평가하기 순서대로 진 행된다(Delisle, 1997).

Delisle(1997)은 PBL 모형을 PBL 교육과정 설계 과정, PBL의 학습 과 정으로 나누어 전략을 논의하였는데 <표 4-6>과 같다.

PBL 교육과정 설계 과정	PBL의 학습 과정
1. 내용과 기능의 선택	7. 문제와 연결하기
2. 활용 가능한 자료의 선택 3. 문제 진술하기	8. 문제 구조화하기 9. 문제로의 초대
4. 동기부여 활동의 선택 5. 핵심 질문의 개발	10. 문제의 재정의 11. 제품 제작 또는 수행하기
6. 평가 전략의 결정	12. 문제 수행의 평가

Torp & Sage(1998)는 PBL의 전략을 문제 설계(problem design)와 문제 실행(problem implementation)의 과정으로 가치 있는 문제 선택 → PBL 학습 전략 개발 → 교수-학습과정안 만들기→ 핵심적인 교수-학습 조력하기 → 평가와 수업의 통합으로 구분하고 그 사이사이에 문제 선택, 전략정리, 학생들 준비시키기, 학생들 조력하기, 마지막에는 문제 선택 문제 설계-교육과정 설계, 문제 적용하기-수업 실행으로 구분하여 아래 <표 4-7>과 같이 제시하였다.

〈표 4-7〉 Torp & Sage(1998: 47)의 PBL의 전략

Barrow & Myers(1994)는 PBL의 학습 과정을 수업 전개, 문제 제시, 문제 후속 단계, 결과물 제시 및 발표, 문제 결론과 해결 이후로 구분하여 수업에 활용하면 좋을 듯하여 다음 <표 4-8>과 같이 제시하고자 한다.

〈표 4-8〉 Barrow & Myers(1994)의 PEN 학습 과정의 예

수업 전개

1. 수업소개
2. 수업 분위기 조성(교수자의 역할 소개)

문제 제시

1. 문제 제시
2. 문제에 대한 주인(소유)의식을 느끼도록 한다(목적 - 학생들이 문제를 내재화하도록 하기 위함)
3. 마지막에 제출할 과제물에 관한 소개를 한다.
4. 그룹 내 각자의 역할을 분담시킨다(한 학생은 칠판에 적고, 다른 학생은 그것을 다른 곳에 옮겨 적어 놓고 또 다른 학생은 그 그룹의 연락망을 맡는다)

생각(가정들)	사실	학습과제	실천계획
주어진 문제에 대한 학생들의 생각을 기록 : 원인과 결과. 가능한 해결안 등	개인 혹은 그룹 학습을 통해 제시된 가정을 뒷받침할 지식과 정보를 종합한다.	주어진 과제를 해결하기 위해 학생들 자신이 더 알거나 이해해야 할 사항을 기록	주어진 과제를 해결하기 위해 취해야 할 구체적 실천계획

5. 주어진 문제의 해결안에 대하여 깊이 사고를 한다 : 칠판에 적힌 다음 사항에 관하여 과연 나는 무엇을 할 것인가를 생각해 본다.

생각(가정들)	사실	학습과제	실천계획
확대/집중시킨다.	종합/재종합한다.	규명과 정당화한다.	계획을 공식화한다.

6. 가능할 듯한 해결안에 대한 생각을 정리한다(비록 학습되어야 할 것이 많이 남아 있는 상태지만)
7. 학습과제를 규명하고 분담한다.
8. 학습 자료를 선정, 선택한다.
9. 다음에 하게 될 토론시간을 결정한다.

문제 후속 단계

1. 활용된 학습 자료를 종합하고 그것에 대해 의견교환을 한다.
2. 주어진 문제에 대하여 새로운 접근을 시도한다 : 다음 사항에 대해 나는 무엇을 할 것인지를 생각해 본다.

생각(가정들)	사실	학습과제	실천계획
수정한다.	새로 얻은 지식을 활용하여 재종합 한다.	(만일 필요하다면) 새로운 과제 규명과 서로 간에 분담한다.	앞서 세웠던 실천안에 대해 재설계한다.

결과물 제시 및 발표

문제 결론과 해결 이후

1. 배운 지식의 추상화(일반화)와 정리작업(정의, 도표, 목록, 개념, 일반화. 원칙들을 작성)
2. 자기 평가(그룹원들로부터 의견을 들은 후에)
   - 문제해결과정에 대한 논리적 사고를 하였는가?
   - 적합한 학습 자료를 선정하여 필요한 지식과 정보를 얻어내었는가?
   - 주어진 과제를 잘 수행함으로써 그룹원들에게 협조적이었는가?
   - 문제 해결을 통해 새로운 지식 습득이 이루어졌다든지 혹은 심화학습 되었는가?

출처: 민동준 외 4인(2004). 문제 중심 학습을 위한 Problem. Syllabus, Teaching Tips 모음집. 연세대학교 공학교육센터.

싱가포르의 Temasek Politechnik PBL 센터에서 PBL 모형을 아래 <표 4-9>와 같이 제안하였다. 이 모형은 튜터의 역할을 매우 강조하고, 학습 과정 시 학습자의 책임감이 확대되는 수업 방법이다(민동준 외, 2004: 7-9 재인용).

〈표 4-9〉 Temasek Politechnik의 PBL 모형

1. 문제의 제시	– 가능한 아이디어들이 생성됨 – 알고 있는 모든 사실들을 나열함 – 학습이슈(Learning issues)를 결정 – 활동계획에서 역할과 과제를 나눔
2. 문제 만남 (Client Interface)	– 가능한 아이디어의 생성 및 수정 – 문제에 관해 얻은 중요한 사실들을 나열 – 학습이슈를 결정 – 행동 계획의 역할과 과제를 나눔
3. 문제의 확인과 규명 (Problem Identification)	– 새로운 아이디어. 사실, 학습이슈가 논의됨 – 실행계획의 규칙과 과제를 서로 나눔 – 학생들에 의해 문제 요약 – 학생들이 모아온 것을 서로 나눔
4. 수행(Commitment)	– 그 문제에 관한 가능한 '큰 아이디어들(big ideas)' – 학습 쟁점들이 형태를 갖춤 – 행동 계획에서의 역할과 과제를 나눔 – 예상되는 학습 성과로 학생들에 의한 수행 – 학생들이 사용하기로 한 수업자료를 발표함
5. 자기 주도적 학습 (Self-Directed Learning)	– 연구수행(Conduct research)(optional) – 새로운 정보와 지식을 그 문제에 적용 – 자료들을 규명 – 자료들을 사용 – 새로운 정보와 지식을 그 문제에 적용
6. 진단적 토의 (Diagnostic Discussion)	– 학습 자료를 규명 – 학습 자료에 대한 비판 – 적절한 유인물을 서로 나눔 – 새로운 지식의 관점에서 새로운 가능한 아이디어를 생성하거나 교정 – 아이디어를 바꿀 새로운 정보가 논의된다. – 필요하다면 새로운 학습이슈를 규명한다. – 행동 계획에서의 규칙과 과제를 나눈다. – 새로운 정보와 문제를 문제에 적용
7. 자기 주도적 학습 (Self-Directed Learning)	– (선택적) 5에서 대략적인 자기 주도적 학습이 반복됨 – 결정하는 데 필요한 정보를 수집함
8. 의사결정(Decision)	– 학습자가 문제를 요약 – 학습 성과를 결정
9. 제작과 생산	– 계획이나 전략적인 자료들을 쓰거나 생산

10. 11. 12 제시 (Presentation)	– 고객과 튜터에게 프레젠테이션을 하며 이 과정을 통해 사업 환경에 적절한 직업적 에티켓이 나타남 – 프레젠테이션 후에 고객은 학습자에게 즉각적 피드백을 해 줌
13. 개념지도 (Concept Map)	– 학생들은 문제에 대한 이해(정의. 개념. 원리)를 나타내는 mind map. flowchart. diagrams. concept map을 그린다.
14. 평가	– 학습자 평가(self assessment) – 튜터 평가(tutor assessment) – 동료 평가(peer assessment)

3) 메타버스에서 PBL 활동 사례

http://ctl.kau.ac.kr/upfile/2022/09/20220901091052-7901.pdfFMF

본 PBL 사례는 메타버스 플랫폼에서 학생들과 팀원들 간 문제를 해결하는 과정을 구체적으로 제시하고 있는 이승호(2022)의 논문을 발췌 수정 보완하여 학습자의 이해를 높이고자 하였다. 각 상황에 따라 메타버스 플랫폼을 구축해나간다면 학생들과 교수자의 PBL 교수법이 좀 더 체계적인 도움이 될 듯하여 가감없이 제시하였다.

(1) 메타버스 가상공간 구성

메타버스 가상공간 구성사례는 spatial(spatial.io)이라는 웹 기반의 메타버스 솔루션을 사용했으며, [그림 4-5]와 같이 갤러리(Gallery), 미팅룸(Meeting room), 홀(Hall) 공간을 활용하여 교수자와 팀원들의 소통함을 볼 수 있다.

- 갤러리Gallery)는 팀원이 문제 해결을 위해 생성한 각종 자료를 갤러리Gallery) 공간에 배치할 수 있고, 팀 진행 상황도 공유하면서 자유

롭게 회의하는 공간으로 사용된다(갤러리 Gallery 공간).

- 미팅룸(Meeting room)은 팀과 교수 간 미팅을 통해 교수자가 팀원을 지도할 때 또는 피드백을 실시할 때 사용된다(미팅룸(Meeting room) 공간).
- 홀(Hall)은 수업에 참여하는 팀들이 최종 발표를 진행할 때도 사용되는 공간이다(홀(Hall) 공간).

출처: http://ctl.kau.ac.kr/upfile/2022/09/20220901091052-7901.pdfFMF

[그림 4-5] 메타버스에서 PBL 공간 구성

(2) 메타버스에서 PBL 문제 시나리오 예시

버블버블사는 동그란 고무 버튼을 누르면서 놀 수 있는 유아용 푸쉬팝 제품을 출시하려고 한다. 몇 가지 샘플을 확인한 결과 버튼이 완전히 눌리지 않는 불량이 빈번하게 발생하는 것으로 나타났다. 따라서 불량 전수조사를 실시해야 하지만 수동으로 검수할 시간은 턱없이 부족하다. 버블버블사는 이를 해결하기 위해 자동 불량 검사 알고리즘 경진대회를 개최한다.

* 본 시나리오는 교육용으로 만들어진 가상의 것으로 실제와 무관함.

위와 같이 시나리오가 PBL 문제로 제시되고, 문제를 해결하기 위해 학생들끼리 팀원을 구성한다. 팀원 구성 방법은 4~6명으로 자유롭게 구성하되 각자의 역할이 분명하고 창의적인 아이디어로 문제를 해결할 수 있도록 한다.

- 테스트 이미지를 입력 받아 총 28개 버튼에 대해
  상태를 분류하시오.
  ✓ 클래스 1 : 안눌림(정상)
  ✓ 클래스 2 : 눌림(정상)
  ✓ 클래스 3 : 눌림(불량)

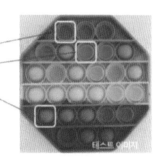

분석 결과 출력 형식 예(성능평가에 사용)
Result = [2, 2, 2, 2, 1, 3, 3, 1, (중략), 2, 1, 1]

※ 보라색 → 파란색 → 초록색 → 노란색 →
주황색 → 빨간색 영역 순서로 좌에서 우로
검사 진행

출처: http://ctl.kau.ac.kr/upfile/2022/09/20220901091052-7901.pdfFMF

[그림 4-6] 메타버스에서 PBL 시나리오 활용 예시

(3) 팀-교수 간 미팅

모든 수업은 PBL 활동으로 진행될 수 있으나 PBL 활동을 위한 기본적인 이론 및 실습을 통해 숙지한 후 각팀별 문제를 파악하고 해결하기 위한 과정이 필요하다. 또한, 팀-교수 간 미팅은 수시로 이루어지고, [그림 4-7], [그림 4-8]과 같이 3차원 가상공간에서 발표한다.

주차	내용	방법
1~4	문제 해결과 관련된 기본 이론 및 실습	교수자가 업로드한 사전 녹화 강의 영상
5	각 팀에게 해결할 문제 및 데이터셋 제공	
6~13	팀-교수 간 미팅	3차원 가상공간(Live)
14~15	최종 프레젠테이션	

갤러리에서 팀원이 발표를 하는 모습이며, 갤러리는 학습 내용이 누적된 구성할 수도 있고 주차별로 구성할 수도 있다.

- a 팀원 소개 배치 자료
- b 학습 내용 자료(이미지, 동영상, PDF 등) 배치
- c 팀원들의 회의 결과 및 스케줄 관리표 배치
- d 팀원들의 협업 및 회의 장소
- e 미팅룸으로 이동

[그림 4-7] 갤러리에서 팀원이 발표하는 모습

미팅룸에서 교수자가 주도적으로 팀원들을 지도한다. 팀원들의 학습 내용에 대한 의견을 제시하고 팀원들의 질문에 답변한다. 또한, 이곳에서는 교수자나 팀원들은 다양한 종류의 자료를 공간에 띄워놓을 수 있다.

[그림 4-8] 미팅룸에서 자료 공유 공간

(4) 최종 프레젠테이션

마지막 주차에서는 홀(Hall)에서 PBL 수업이 진행되며, 가상공간에는 팀원과 교수자가 모두 참석한다. [그림 4-9]와 같이 f, g, h를 보면 팀원들이 발표 자료를 화면에 공유하고 PPT 자료를 띄우는 공간을 볼 수 있으며(f) 또는, 팀별로 발표에 도움이 되는 자료를 전시(g), 해당 팀의 갤러리로 이동(h)하는 것을 볼 수 있다. 즉 최종 발표도 [그림 4-9]와 같이 메타버스 공간에서 할 수 있도록 한다.

[그림 4-9] 최종 프리젠테이션을 위해 발표 자료 띄우기

4) 메타버스 활용의 장점과 요구사항

메타버스를 활용 비대면 PBL 수업은 다음과 같은 장점이 있다.

- 팀별로 가상 공간(갤러리)을 자유롭고 창의적으로 구성할 수 있고, 팀원들의 참여를 자연스럽게 높일 수 있다.
- 기존 비대면 방식은 주로 PPT나 PDF를 이용한 프리젠테이션으로 제한되었지만, 메타버스를 활용하면 공간을 활용한 프리젠테이션이 가능하므로 정보 전달의 효율성을 높이고 청중의 집중도 향상을 유도할 수 있다.

- 하나의 가상공간 내에서도 팀원들이 분리되어 세부적으로 협업을 수행할 수 있다. 예를 들어, 한 공간 내에서 2명은 프로그래밍을 실시간으로 갤러리에서 보여주고 2명은 그것을 보면서 동시에 프리젠테이션 자료 준비를 할 수 있다.
- 팀원들 간의 단절감을 줄일 수 있다.
- 메타버스 가상공간에 모니터 화면을 공유해 띄워놓고 태블릿을 이용해 글씨를 쓸 수도 있으므로 이론 강의의 효율도 높일 수 있다.

이승호(2022), 메타버스에서의 참여형 PBL 수업 설계. 실천공학교육논문지, 14(1), 91-97.

[그림 4-10] 메타버스 활용의 장점

핵심적인 미래역량(비판적 사고, 의사소통, 협업, 창의성) 개발을 위한 대표적인 교육 방법으로 문제 중심 학습법(PBL, problem based learning)이 주목받으며 대학에서의 적용이 확산되고 있다. PBL 수업의 중요한 특징 두 가지는 '팀원들과의 협업'과 '상호작용에 기반을 둔 참여형, 자기주도적 학습'이다. 최근 코로나19 팬데믹이 장기화됨에 따라 비대면 원격수업이 대학교육에서 임시방편이 아닌 필수요소가 되었다. 이와같이 메타버스 기반 수업 방법은 대부분의 PBL에 적합하다. 그중에서도 협업을 통한 알고리즘 설계, 프로그래밍 구현, 시각화 등과 관련된 PBL 수업이 적용 가능하다. H대학에서 비대면으로 운영했던 PBL 강좌 사례에 대한 한계점을 분석하고, 메타버스 가상공간에서 이루어지는 개선된 PBL 수업 방식을 상세하게 설계하였다. 제안하는 메타버스 활용 PBL 수업에서는 팀에서 진행한 연구내용들을 담은 자료(이미지, pdf, 동영상 파일 등)를 3차원 가상공간에 갤러리 형태로 자유롭게 꾸미고 전시할 수 있어서 팀원들의 적극적인 참여를 유도할 수 있다. 또한, 갤러리를 팀원들의 프로젝트 협업 공간으로 활용할 수도 있고, 최종 프리젠테이션 장소로 활용할 수도 있다. 이러한 수업 방식은 가상공간에 이미지/동영상, PDF를 원하는 위치에 원하는 크기와 방향으로 배치할 수 있고 화면공유가 가능해야 하며, 음성채팅 기능이 충분히 지원되고, 한 가상공간에서 다른 가상공간으로 쉽게 이동되어야 한다(홀⇌갤러리⇌미팅룸).

2. 메타버스에서 패들렛 활용하기

*출처: https://www.youtube.com/watch?v=earjBrtE8bI

1) 패들렛의 개념

패들렛(Padlet)이란 하나의 작업공간에 많은 사람들이 동시에 들어와서 접착식 메모지를 붙여 놓는 작업이 가능한 웹 애플리케이션이다. 교실 수업에서 칠판에 붙이는 메모지를 웹상에서 함께 한다고 보면 된다. 메모지를 가지고 수업 시간에 할 수 있는 거의 모든 활동이 가능하다. 특히 파일 첨부가 가능하므로 사진을 모으거나 자료를 취합할 때도 유용하게 사용할 수 있다.

2) 패들렛의 특징

담벼락(패들렛)은 메모지를 붙일 수 있는 벽 또는 화이트보드로 하나의 가상 작업공간(파일)이라고 보면 된다. 무료 버전에서는 담벼락을 1인당 3개까지 만들 수 있다. 반별로 담벼락을 생성하려면, 5개 반을 들어간다고 할 때 2개의 계정이 필요하다. 아니면 수업이 끝날 때마다 파일로 저장하고, 다시 같은 패들렛을 재사용할 수도 있다.

접속은 https://padlet.com/으로 회원가입하고 사용하면 된다. 로그인한 상태에서 패들렛 만들기를 누르면 자신만의 담벼락(패들렛)을 만들수 있다.

이렇듯 패들렛이란 칠판에 붙이는 포스트잇을 그대로 온라인 공간으로 옮겨 놓은 것으로 '온라인 공간'을 '담벼락'이라고 한다. 패들렛을 하기 위해선 회원가입을 해야 한다. 주소창에 padlllet.com을 입력하거나 검색창에 패들렛을 검색하여 패들렛 사이트에 접속하면 된다. 패들렛 당신은 아름다워요. 클릭하고, 로그인도 클릭, 구글 로그인 클릭하여 계정 선택하여 패들렛으로 이동한다. 아카이브 되도록 설정하고 패들렛 만들기를 클릭하여 '담벼락'을 클릭하여 수정 창에서 제목을 쓸 수 있고 제목에 대한 약간의 설명도 위트있게 쓸 수 있다. 아이콘도 넣어줄 수 있으며. 주소 즉 패들렛으로 연결되는 고유 링크로 클립보드에 복사해서 학생들과 공유할 수 있다. 또한, 비주얼 부분에서는 바탕화면을 다양한 색으로 바꿀 수 있으며 글꼴 등을 변경할 수 있다. 오른쪽 윗부분을 저장하면 된다. 설정이 완료되면 게시 시작하기 버튼을 사용하거나 파일을 드래그하거나 아무 데나 두 번 클릭하면 전체 패들렛이 만들어진 것이 나타난다. 게시물작성은 오른쪽 맨 아래 빨간색 더하기(+)를 클릭하면 제목 등을 쓸 수 있고 제목 옆 세 개의 점을 클릭하면 좀 더 자세한 학습 내용을 파일 업로드로 저장한다든지, 카메라 부분을 클릭하면 사진 부스허용을 통해 사진 찍기도 가능하다. 링크 첨부, 이미지검색, 세 개의 점을 클릭하면 클립보드에 복사된 텍스트 및 이미지를 확인하는 것을 허용하게 되면 다양한 기능을 사용할 수 있다.

GIF 파일, YouTube, Spotify, 웹사이트 검색 또는 URL 붙여넣기 등의 자료 첨부 기능을 활용하여 학습의 효과를 높일 수 있다.

게시 관련 사항을 살펴보면 저작자표시는 참여자들이 패들렛 계정이 있을 경우는 자동으로 글쓴이가 누구인지 표시해준다. 또한, 댓글은 게시물에 댓글 달기 기능이 가능하며 좋아요, 투표, 별점, 등급 등의 기능을 게시물에 부여할 수도 있다.

패들렛 공유는 화면 오른쪽 위의 공유 버튼을 클릭하면 프라이버시 변경화면이 나온다. 이때 상단의 비공개를 클릭하면 패들렛 최초 생성자만 접근 가능하고, 아무도 패들렛을 볼 수 없다. 비밀로 되어 있으면 공유링크가 있는 사람만 패들렛에 접근할 수 있다. 아래쪽의 방문자 권한 설정을 통해서도 패들렛에서의 활동을 제한할 수 있으므로 읽기 가능으로 패들렛 활동을 할 수 있도록 하는 것도 중요하다.

수업에 사용할 경우는 작성 가능을 선택하여야 한다. 다시 공유창에서 링크를 복사하거나 QR코드 받기, 이메일, 페이스북에서 공유, 트위터, 구글 공유를 통해 비밀 설정 시에 학생들이 패들렛에 참여 가능하다. 완성된 패들렛은 다양한 형식으로도 내보낼 수 있는데 이미지, PDF, CSV, 엑셀 등으로 내보내기가 가능하며 작성된 패들렛은 인쇄도 가능하다.

참여자가 패들렛 계정이 없을 경우는 익명으로 게시물이 작성되는데 학생들이 게시물작성 시 꼭 자신의 이름을 적을 수 있도록 약속할 필요가 있다. 또한, 설정 메뉴 맨 아래쪽의 콘텐츠 필터링을 통해 설정하는 것도 방법이다.

3) 패들렛 활용방법

패들렛 활용 시 꼭 기억해 두어야 할 부분 4가지는 다음과 같다.

첫째, 생성하기 단계 : 원하는 템플릿을 선택하여 패들렛 생성 및 패들
　　　렛 만들기

둘째, 작성하기 단계 : 제목, 설명 등 기본적인 게시물작성 틀 잡기

셋째, 설정하기 단계 : 다양한 기능을 켜고 끄기, 편집 권한 설정 등

넷째, 공유하기 단계 : 패들렛 공유하여 학생들과 채워 넣기

또한, 패들렛 활용 방법을 순서대로 정리하면 이해가 쉬울 듯하다.

첫째, 패들렛 만들기를 클릭 …

둘째, 원하는 유형을 클릭 패들렛은 다양한 형태로 …

셋째, 제목과 설명 등을 입력 유형을 클릭해서 들어오면 …

넷째, 오른쪽 하단 빨간색 더하기 버튼을 클릭 …

다섯째, 새로 뜨는 창에 예시를 입력 …

여섯째, 오른쪽 상단의 공유 버튼을 클릭 …

일곱째, 비밀 클릭, 방문자 권한 작성 가능으로 …

여덟째, 공유하기

또한, 패들렛 기능을 구체적으로 살펴보면 다음과 같다.

*출처 https://sciencelove.com/2464

패들렛 사용 시 특히 많이 사용되는 기능에는 다양한 서식이 있는데 그중 대표적인 서식은 벽, 캔버스, 스트림, 타임라인 등이 있다.

첫째, 벽은 벽면에 메모지를 마음대로 붙일 수 있다. 벽면에 메모지를 붙이면 자동으로 차례대로 붙여지므로 다른 메모지를 피해 빈 공간에 추

가로 메모지가 만들어 삽입된다.

벽

5	4	3
5	4	3

2	1
2	1

둘째, 캔버스는 벽면에 붙인 메모지를 내 마음대로 위치시킬 수 있다. 심지어는 메모지끼리 겹치는 것도 가능하다. 특히 메모지끼리 서로 화살표로 연결해서 관련성을 표시할 수 있다. 방법은 메모지를 선택하고 마우스 오른쪽 클릭 나오는 메뉴에서 포스트 연결을 선택한 다음 원하는 포스트 밑에 연결을 선택해 주면 된다. 이후에 포스트를 옮겨도 화살표는 계속 따라다닌다. 학습할 때 관련 요소들을 연결 지을 때 활용된다면 학습의 효과가 배가 될 수 있길 기대한다.

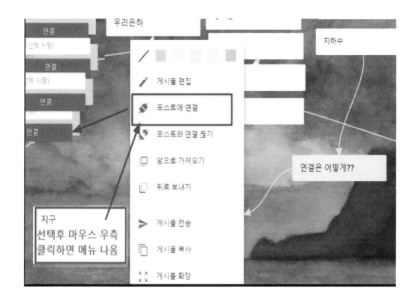

셋째, 스트림은 한 줄로 순서대로 메모지가 나열된다. 한 줄로 계속해서 내려가기 때문에 스마트폰에서 볼 때 편리하다. 하지만 메모지 수가 많아지면 너무 길어져서 보기 불편하다는 단점이 있다.

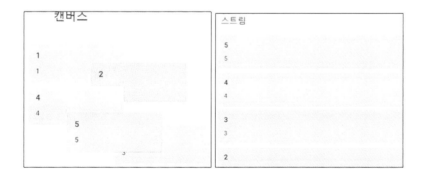

넷째, 선반(최근에 이름이 셸프로 바뀌었다)은 가장 추천하는 서식이

다. 만드는 것의 모든 내용은 선반으로 만든다. 모둠 활동이나 개별 자료를 취합할 때 가장 많이 사용하는 서식이다.

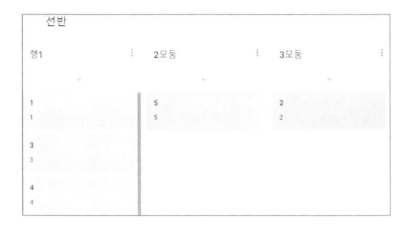

다섯째, 타임라인은 시대별 순서가 필요한 곳이나, 순서대로 절차가 필요한 곳에 사용하면 좋다.

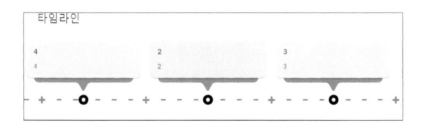

다음 패들렛에서 사용되는 기능에는 PDF 파일로 내보내기와 담벼락 공유하기, 게시물 옵션 설정, 링크 주소 공유, 수업에 활용 팁을 제시하고자 한다.

첫째, PDF 파일로 내보내기는 활동이 끝난 담벼락은 pdf 파일로 만들어서 보관할 수 있다. pdf 파일로 보관하고 안에 내용을 싹 지우고 나면, 다른 활동으로 재사용이 가능하다. pdf 파일 만드는 방법은 아래 [그림 4-11]과 같이 본인 이름 옆에 점 3개 클릭, 내보내기 클릭, pdf 파일로 저장을 누르면 된다.

[그림 4-11] PDF 파일 만드는 방법

둘째, 담벼락 공유하기는 담벼락을 공유하면 학생들은 회원가입 없이 활동에 참여할 수 있다. 담벼락을 공유하는 방법에는 [그림 4-12]와 같이 점 3개 클릭, 공유 또는 삽입 클릭, CHANGE PRIVACY(프라이버시 변경) - 비밀체크 - 읽기 가능 - '작성할 수 있음'으로 공유권한을 주는 것이 가장 좋다. '수정할 수 있음'으로 권한을 주면 다른 친구가 올린 게시물도 삭제하거나 변경할 수 있다. '작성할 수 있음'으로 권한을 주면 자신의 게시물은 올릴 수 있으나, 다른 친구의 게시물은 손댈 수 없게 된다.

단 회원가입 없이 올리는 경우는 접속해 있는 동안은 자신이 올린 게시물을 수정하거나 삭제할 수 있지만, 빠져나왔다가 나중에 다시 접속하는 경우는 자신이 올린 게시물도 수정하거나 삭제할 수 없다. 따라서 게시물을 올릴 때는 신중하게 올릴 수 있도록 안내하는 것이 좋다. 만약 본인이 올린 게시물 삭제가 안 될 때는 댓글로 삭제해 달라고 요청을 하게 하고, 관리자가 삭제해 주면 된다.

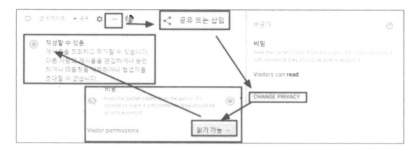

[그림 4-12] 담벼락을 공유하는 방법

셋째, 게시물 옵션 설정은 수정하기를 누르면 게시물 옵션을 설정하는 창이 나온다.

그 창에는 특성, 댓글, 반응, Require Approval, Filter Profanity 등 다양한 기능들이 있으며 하나하나 살펴보면 다음과 같으며 [그림 4-13]을 참고하여 보면 이해가 빠를 것이다.

① 특성 : 게시자의 이름을 각 메모지 위에 나오게 할 수 있다.

② 댓글 : 각 게시글에 댓글을 달 수 있다. 교사가 피드백해 주거나 학생들 간 상호작용을 하게 해줄 때 사용하면 좋다(기본으로 허용해 놓는 것이 좋다).

③ 반응 : 반응 창을 누르면 6번 반응 창이 나타나는데 이곳에서 원하는 반응을 선택해서 저장하면 학생들이 게시글에 반응을 보이게 할 수 있다. 좋은 게시글에 투표할 때 사용하면 좋다(용도에 맞게 허용해 놓으면 좋다.).

④ Require Approval : 게시글을 관리자가 승인해야만 볼 수 있다. 학생이 게시글을 올려도 다른 사람의 담벼락에는 나타나지 않는다. 관리자가 보고 승인을 해주어야지만 담벼락에 게시글이 나타나게 된다. 민감한 사안의 경우 교사가 미리 확인하는 안전장치로 사용

할 수 있다.

⑤ Filter Profanity : 안 좋은 말을 필터링해 주는 기능인데, 영어는 되지만 한글은 안 되는 듯하다.

[그림 4-13] 게시물 옵션 설정

넷째, 링크 주소 공유는 공유를 누르고 Copy link to clipboard를 눌러 링크 주소를 복사해서 학생들에게 공유해 주면 된다. 링크 주소를 공개하면 회원가입 없이 누구나 들어와 작업할 수 있다. 아래 [그림 4-14]는 링크 주소 공유하는 방법이다.

[그림 4-14] 링크 주소 공유하는 방법

다섯째, 수업에 활용 팁에는 설명서 첨부하기, 수업 시간에 직접 분류하기, 평가하기, 피드백하기 등의 수업에 대한 팁을 제시하고자 한다.

① 설명서 첨부하기는 보통 첫 번째 메모지는 교사가 미리 부착하고, 그곳에 샘플이나 과제와 관련된 자세한 공지 사항을 적어 주는 것이 좋다. 그럼 학생들이 처음에 들어와서 뭘 해야 하는지 자동으로 안내가 된다. 맨 처음 패들릿을 사용할 때는 메모지 부착하는 방법을 안내하기도 한다.
② 수업 시간에 직접 분류하기는 수업 시간에 분류와 관련된 수업을 할 때 예를 들면 생물과 무생물을 분류할 때, 학생들에게 알고 있는 이름을 마음대로 메모지에 적게 한 후, 교사가 학생들과 대화하면서 좌우로 메모지를 이동시켜 가며 분류할 수 있다.
③ 평가하기에는 응답에서 접수 부여를 활성화해 놓으면 학생들이 친구 작품이나, 내용에 대해 평가하게 할 수 있다. 주로 모둠별로 만든 작품을 올리고, 다른 모둠원들이 평가하게 하면 좋다.
④ 피드백하기는 댓글로 교사가 학생들 게시물에 대한 피드백을 해줄 수 있다.

이렇듯 패들릿에 대한 다양한 기능들을 살펴보았고 그 의미와 뜻을 이해하며 수업 활동을 한다면 학생들에게 동기부여 및 흥미를 제공하며, 학습에 즐겁게 참여하여 긍정적인 효과가 나타날 수 있을 것이라 여겨진다. 다음 [그림 4-15]는 패들릿에 들어가는 과정 및 기능을 정리하여 그림으로 제시하였다.

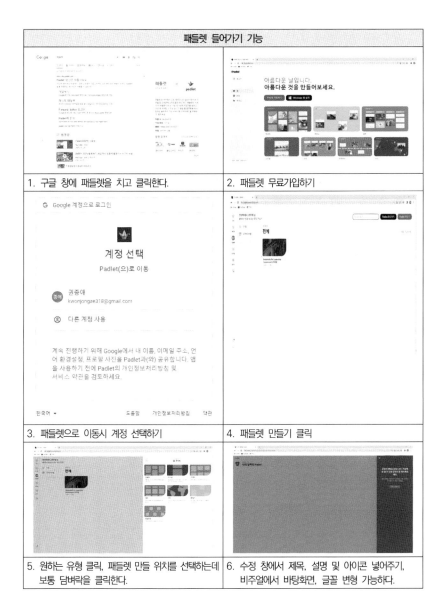

패들렛 들어가기 기능	
1. 구글 창에 패들렛을 치고 클릭한다.	2. 패들렛 무료가입하기
3. 패들렛으로 이동시 계정 선택하기	4. 패들렛 만들기 클릭
5. 원하는 유형 클릭, 패들렛 만들 위치를 선택하는데 보통 담벼락을 클릭한다.	6. 수정 창에서 제목, 설명 및 아이콘 넣어주기, 비주얼에서 바탕화면, 글꼴 변형 가능하다.

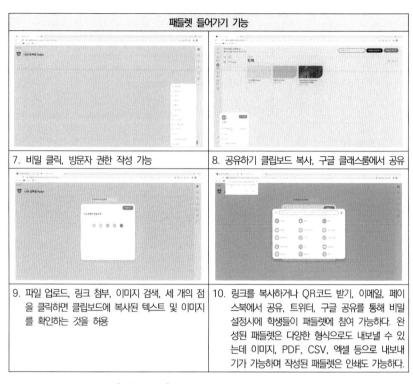

패들렛 들어가기 기능	
7. 비밀 클릭, 방문자 권한 작성 가능	8. 공유하기 클립보드 복사, 구글 클래스룸에서 공유
9. 파일 업로드, 링크 첨부, 이미지 검색, 세 개의 점을 클릭하면 클립보드에 복사된 텍스트 및 이미지를 확인하는 것을 허용	10. 링크를 복사하거나 QR코드 받기, 이메일, 페이스북에서 공유, 트위터, 구글 공유를 통해 비밀 설정시에 학생들이 패들렛에 참여 가능하다. 완성된 패들렛은 다양한 형식으로도 내보낼 수 있는데 이미지, PDF, CSV, 엑셀 등으로 내보내기가 가능하며 작성된 패들렛은 인쇄도 가능하다.

[그림 4-15] 패들렛 들어가기 과정 및 기능

4) 메타버스를 활용한 패들렛 실제 활용사례

*출처 https://sciencelove.com/2464

패들렛을 사용할 때는 다음과 같은 방법으로 활용하면 좋을 듯하다. 먼저 패들렛의 특징을 살펴보면 첫째, 교수자가 원하는 종류의 담벼락을 만들 수 있다. 둘째, 담벼락 주소를 공유하면 학생들은 회원가입 없이 활동에 참여할 수 있다. 셋째, 교수자는 담벼락에 올라온 메모지를 원하는 위치로 옮길 수 있다. 넷째, 필요시 활동 결과를 PDF 파일로 내려받을 수 있다. 또한, 학습자들이 사용할 때는 첫째, 생성된 담벼락에 빨간색 더하기(+) 표시를 누르고 메모지를 작성하면 된다. 둘째, 메모지에 자신의 이름과 내용을 입력한다(과제를 받는 경우에는 누구인지 알 수 없으므로 제목에 학번을 적게 하는 것이 좋다). 셋째, 필요한 경우에 파일 업로드, 링크삽입, 인터넷 검색결과, 사진, 동영상, 목소리 등을 삽입하면 된다.

다음 [그림 4-16]은 현장에서 일반적으로 패들렛을 활용한 실제에 대한 자료이다.

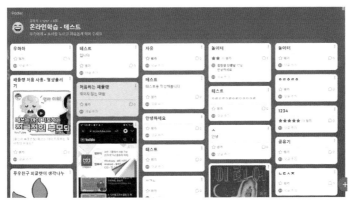

출처: https://padlet.com/sciencej/s3gf925l6gl0의 일부분

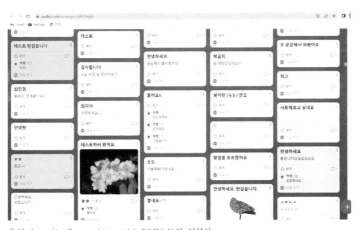

출처: https://padlet.com/sciencej/s3gf925l6gl0의 일부분

[그림 4-16] 일반적인 패들렛 사례

OO대학교 OO교육학과 학술제를 통해 학생들의 수업 실연, 교육실습 후 평가회 등 다양한 교육 실제를 패들렛을 활용하여 소통의 장으로 이어진 사례를 [그림 4-18]과 같이 제시하였다.

[그림 4-17] 패들렛 디지털 기록화 공유하기

위 [그림 4-17]은 S 대, OO교육학과 탁OO 교수의 패들렛 활동이며, 디지털 기록화 공유하기는 놀이 주제별로 사진을 유목화하여 정리함으로써 유아의 놀이 진행 과정에 대한 깊이 있는 이해를 도모할 수 있었다. 놀이 하는 모습이 담긴 사진, 동영상, 그림 등을 업로드하여 놀이 흐름과 활동 결과물 등을 게시하는 시간을 가졌다.

[그림 4-18] 패들렛, 함께 성장하는 우리들의 첫 기록

위 [그림 4-18] 함께 성장하는 우리들의 첫 기록으로 학술제의 팜플릿, 교재교구전시회 교구 활동 방법, 보육 실습보고회 자료, 수업 나눔 영상을 업로드함으로써 유아교육과 학생들의 성장 과정을 기록화하고 있다. 링크를 유아교육과 재학생, 졸업생들과 공유하여 피드백을 댓글로 작성하여 서로 소통할 기회를 가질 수 있었다.

또한 아래 링크는 실제 사용 예시를 참고할 수 있도록 제시한 것으로 패들렛 활용 시 궁금한 점이 있으면 아래 링크를 열어 참고하시기 바란다.

온라인 학습 방법(테스트용) - 선반
https://padlet.com/sciencej/s3gf925l6gl0

수업 시간 활용사례 – 지구계 직접 분류하기 – 캔버스
https://padlet.com/sciencej/gqr16e1c0zwt

 수업 시간 활용사례 – 미스터리 튜브 – 모둠별 직접 그려서
제출 – 선반 – draw 기능 이용
https://padlet.com/sciencej/9qk9xg6dimc5

 수업 시간 활용사례 – 지구계 분류 앱 실행 결과
모둠별 화면 캡처해서 결과 제출 – 선반
https://padlet.com/sciencej/icheon2

 기체 반응의 법칙 과제 제출 – 학생들 사진 촬영한 과제 제출 – 벽
https://padlet.com/sciencej/qvmu620iadjl

 방 탈출게임 자료 공유방
https://padlet.com/sciencej/6cjnub0jrv2u

 단체 OX 게임 만들기
https://sciencelove.com/2486

3. 메타버스에서 잼보드 활용하기

1) 잼보드의 개념

구글 잼보드는 회의실에서 효과적인 토론과 양방향 프레젠테이션을 위해 만든 대화형 화이트보드이다. 단독사용할 수 있고 구글 미트 화상 회의에서도 사용할 수 있다.

다양한 의견을 게시하거나 아이디어 회의할 때 편리하게 사용 가능하며, 구글 잼보드 사용 방법을 배워서 강의식 수업 시간에 응용해서 사용할 수 있다. 구글 잼보드는 구글 앱 기반이기 때문에 크롬에서 시작한다. 혹시 구글에 가입되었다면 잼보드 설치가 편리하다. 구글 첫 화면의 점 아홉 개의 구글 앱스 아이콘 클릭, 아래쪽으로 쭉 내려오면 잼보드라고 보이며, 잼보드를 클릭해서 들어가면 시작할 수 있다. 잼보드 링크와 QR 코드를 통해 팀원들과 공유를 할 수 있다. 특히 팀원들과 공유하기 위해선 private를 해제하고, 뷰어를 '작성하기'로, 엑세스를 '링크가 있는 자'로 열어놓아야 팀원들과 소통할 수 있다. 팀원들과 함께 하나의 프레임을 선택하여 하이트 보드 기능에 요약 정리하는 학습을 할 수 있다.

스티커 위치 확대, 축소, 옆으로의 기능을 활용하여 꾸밀 수 있으며, 단 워드 기능이 핸드폰에서는 써지지 않지만, PC에서는 워드 기능이 가능하니, PC 활용을 권장하며 S펜 작성을 독려한다.

2) 잼보드의 특징

구글에서 pc로 잼보드 들어가는 방법을 간략하게 살펴보면 다음 표와 같이 잼보드의 사용 방법을 살펴보고 각각의 잼보드의 기능에 대해 그림과 함께 구체적으로 살펴보고자 한다. [그림 4-19]와 같이 각 단계마다 순서대로 진행하면 잼보드의 다양한 기능을 습득할 수 있고 학습 시 요약 정리할 수 있는 교육 매체로 활용할 수 있다. 다만, pc, 태블릿, 휴대폰에 따라 그 사용법이 약간씩 다르다는 것을 알고 사용법에 대한 이해가 필요하다.

3) 잼보드 활용 방법

잼보드 활용 방법을 숙지한 후 활용하면 학습에 많은 도움이 될 것이다. 다음은 잼보드 활용 방법을 소개한다.

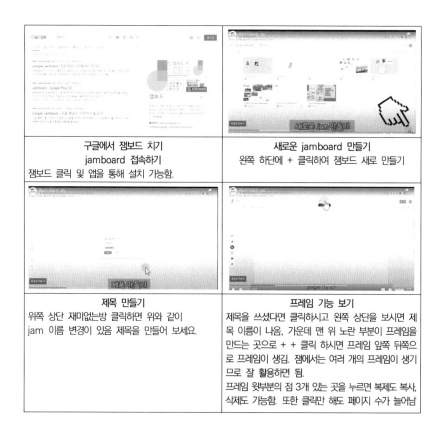

구글에서 잼보드 치기 jamboard 접속하기 잼보드 클릭 및 앱을 통해 설치 가능함.	새로운 jamboard 만들기 왼쪽 하단에 + 클릭하여 잼보드 새로 만들기
제목 만들기 위쪽 상단 재미없는방 클릭하면 위와 같이 jam 이름 변경이 있음 제목을 만들어 보세요.	프레임 기능 보기 제목을 쓰셨다면 클릭하시고 왼쪽 상단을 보시면 제목 이름이 나옴, 가운데 맨 위 노란 부분이 프레임을 만드는 곳으로 + + 클릭 하시면 프레임 앞쪽 뒤쪽으로 프레임이 생김. 잼에서는 여러 개의 프레임이 생기므로 잘 활용하면 됨. 프레임 윗부분의 점 3개 있는 곳을 누르면 복제도 복사, 삭제도 가능함. 또한 클릭만 해도 페이지 수가 늘어남

배경 바꾸기 왼쪽 상단 노란 부분 배경 부분 클릭하면 다양한 색깔로 화면이 변함. 배경 옆 프레임 지우기도 있음. 화이트보드에 그려진 그림을 통째로 전체적으로 다 지울 때 사용, 지우개 기능은 부분적으로 지울 때 사용됨.	**펜 기능 보기** 왼쪽 6개의 기능이 있는데 첫 번째 펜 기능, 펜을 클릭하면 펜의 굵기에 따라 펜, 마커, 형광펜, 브러쉬 4개의 기능이 있음. 본인이 편하게 사용 가능. 펜 바로 아래는 지우개로 썼던 내용을 지울 수도 있음 화살표의 기능은 연결해서 사용하는데 pc에서는 사용이 어렵고 핸드폰에서 사용 가능함.

스티커 메모 메모 기능을 클릭하면 포스트잇 기능이 내장되었으며, 글을 쓴 후 저장하면 됨, 포스트잇을 확대 축소, 방향 옆으로 하는 기능도 있음. 메모를 붙여넣을 수 있는 기능도 있음, 포스트잇 오른쪽 상단 점 3개를 클릭하면 수정, 복사, 삭제도 가능함.	**이미지 추가** 이미지 추가 업로드를 통해 파일 삽입 가능, 구글에서 이미지 등 삽입도 가능, 텍스트와 동그라미도 쉽게 그려 넣을 수 있음. 단 동영상은 올릴 수 없음.

레이저 기능 알아보기 마지막 레이저 기능은 칠판의 내용을 강조할 때 사용함. 즉 중요한 부분을 교수자가 포인트를 주면 강조는 되지만 바로 지워짐, 온라인 미트 등의 수업 시 판서처럼 사용도 가능함.	**이름(제목) 변경하기** 오른쪽 상단 점 3개를 클릭하면 다양한 옵션이 나오는데 맨 위 이름을 클릭하면 맨 처음 이름 쓴 것을 다시 변경할 수도 있음.

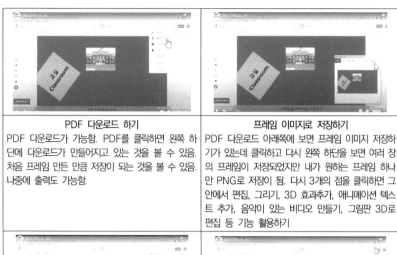

PDF 다운로드 하기	프레임 이미지로 저장하기
PDF 다운로드가 가능함. PDF를 클릭하면 왼쪽 하단에 다운로드가 만들어지고 있는 것을 볼 수 있음. 처음 프레임 만든 만큼 저장이 되는 것을 볼 수 있음. 나중에 출력도 가능함.	PDF 다운로드 아래쪽에 보면 프레임 이미지 저장하기가 있는데 클릭하고 다시 왼쪽 하단을 보면 여러 장의 프레임이 저장되었지만 내가 원하는 프레임 하나만 PNG로 저장이 됨. 다시 3개의 점을 클릭하면 그 안에서 편집, 그리기, 3D 효과추가, 애니메이션 텍스트 추가, 음악이 있는 비디오 만들기, 그림판 3D로 편집 등 기능 활용하기

다시 오른쪽 상단에 보면 삭제와 사본 만들기	그리고 오른쪽 맨 위 노란 동그라미 공유하는 부분 있는데 공유하여 링크복사 또는 메일 가능 팀과 함께 학습한 내용을 공유 및 볼 수 있음

출처: https://www.youtube.com/watch?v=unfVvm9ZwZ0

[그림 4-19] 잼보드의 기능

4) 메타버스에 잼보드 실제 활용사례

잼보드 프레임을 파란색으로 바꾸고 스티커 메모 기능을 통해 자신만의 특성을 살려 '잼보드 흥미롭습니다.', '권00 교수의 온라인 수다 3번 방입니다.' 영역표시도 하고, 펜 기능을 활용하여 여러 가지 색으로 하트도 그려보고 구름, 물결치기, 동그라미를 그려본다. 또한, 이미지 추가 기능을 통해 학생들이 만든 아이클레이 동화 사진을 올려 컬러풀한 느낌으로 잼보드 방을 만들어 학생들과 소통할 수 있는 기회를 가진다. 또한 교수자의 잼보드 활용에 대한 느낌을 제시하여 활용의 가능성을 표현해줌으로써 학생들이 학습한 내용을 요약정리하고 사진, PDF 파일, 특히 중요한 교육내용이나 꼭 필요한 부분들을 정리하여 학습의 효과를 높일 수 있다. 다음 [그림 4-20]은 잼보드 활용사례를 제시한 것이다.

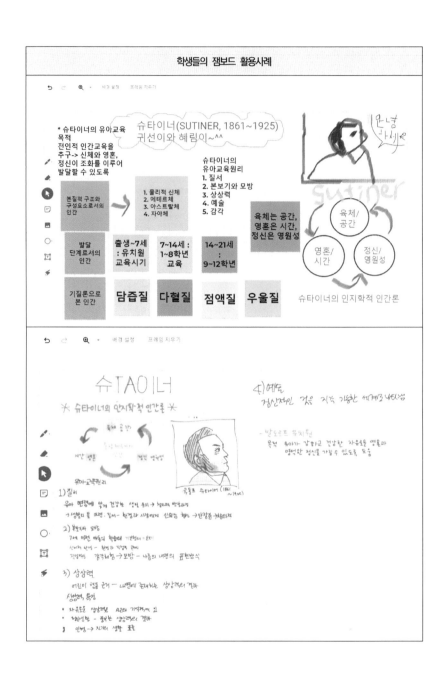

[그림 4-20] 잼보드 활용사례

Ⅲ. 메타버스 교육환경

1. 젭(ZEP) 체험

1) 젭(ZEP) 개념 및 정의

젭(ZEP) 플랫폼은 2D 기반의 플랫폼으로 누구나 쉽게 메타버스 공간을 경험할 수 있다. 특히 메타버스 공간을 활용해서 교육, 행사, 취업, 금융 등 다양한 분야에서 다양한 방식으로 현실에서 하던 활동을 또는 현실에서는 하기 어려운 것들을 메타버스 공간에서 경험해 볼 수 있다. 먼저 간단한 용어를 살펴보면 다음과 같다(월간 미래교육, 2022).

첫째, 스페이스는 ZEP에서 말하는 메타버스 공간이다.

둘째, 에셋은 '자산'이라는 뜻으로 메타버스를 만드는 모든 요소 즉 공간, 물건, 건물 등을 말한다.

셋째, ZEM은 ZEP 메타버스 공간에서 사용되는 화폐 단위를 말하며, 1,000원으로 10ZEM을 충전할 수 있다.

넷째, 앱은 사용자의 편의를 위해 만들어지는 다양한 응용 프로그램이다.

다섯째, 지갑은 메타버스 공간에서 NFT를 연결하는 전자지갑을 말한다.

젭(ZEP)은 '바람의 나라: 연' 모바일 게임을 제작하였던 슈퍼캣과 '제페토'를 개발한 운영사 네이버 제트가 협업하여 2021년 11월 30일 베타버전으로 런칭한 메타버스 플랫폼이다. 2022년 3월 베타버전을 정리하고 디자인과 메뉴, 기능 등을 업그레이드하여 정식 서비스를 시작했다. 메타버스 사용자 공간인 '스페이스'는 약 11만 개가 생성되었으며 월간 사용자는 34만 명에 달한다. 2022년 6월 메타버스 플랫폼 젭(ZEP) 누적 사용

출처 https://www.digitaltoday.co.kr/news/articleView.html?idxno=448990

자가 100만 명을 돌파하였다.

게더타운과 흡사하게 제작되었기 때문에 사용 방법을 익히는 데 어려움은 없다. 그러므로 젭(ZEP)은 맵과 오브젝트 여러 기능들이 게더타운과 유사하여 '한국판 게더타운' '한국형 게더타운'으로 지칭하며, 교육계에서도 큰 인기를 얻고 있다. 또한, 젭(ZEP)은 메타버스 공간에 유튜브 실시간 스트리밍 영상을 삽입할 수 있어 라이브 행사 진행이 가능하며, 오프라인 참석이 어려운 사람들을 위해 온·오프 행사를 동시에 진행하는 것이 가능함은 물론, 최대 200명까지 동시 접속이 가능하다. 무료라는 점과 같은 공간에 접속할 수 있는 장점으로 이용자 수가 늘고 있다. 또한, 무료로도 이용할수 있지만, 에셋 스토어 기능을 추가하여 스페이스와 오브젝트를 일부는 무료로, 일부는 유료로 구매하여 [그림 4-21]과 같이 맵을 풍성하게 꾸밀 수도 있고 원하는 ZEP 인기 맵 [그림 4-22], ZEP 인기 오브젝트 [그림 4-23], ZEP 인기 미니게임 [그림 4-24], ZEP 인기 앱 [그림 4-25]와 같이 풍성하게 제시되어 있으니 활용도를 높일 수 있다. 특히 교육과 관련하여 집중해볼 부분은 '학교 교실 오브젝트 세트', '학교 휴게실 오브젝트 세트', '행사 가이드 캐릭터', 'ZEP 학교', '교실 오브젝트 세트', '책상 및 의자', '학교 교실 오브젝트 세트' 등을 활용하여 젭(ZEP) 플랫폼을 구성할 수 있다.

https://contents.premium.naver.com/edumeta/edu/contents/22102715025
6786nj?from=news_arp_global

[그림 4-21] 무료 유료 ZEP 맵과 오브젝트

인기 맵
전체보기 >

ZEP OFFICIAL | 2023.05.02
호숫가 캠핑
FREE

META CROSS | 2022.04.09
ZEP 학교
FREE

ZEP OFFICIAL | 2022.08.16
학교 방탈출 맵
FREE

ABZ | 2022.04.15
zep 학교
FREE

ZEP OFFICIAL | 2022.06.07
달리기 경기장 맵
FREE

RX | 2022.02.22
가상 클럽 맵
FREE

JPYK | 2022.02.22
숲속의 비밀 도서관
FREE

ZAH | 2022.03.25
zep 전시회
FREE

[그림 4-22] ZEP 인기 맵

인기 오브젝트
전체보기 >

RID 캠핑 용품 세트
FREE

교실 가구 세트
FREE

오피스 컴퓨터 세트
FREE

오피스 의자 세트
FREE

차분한 인테리어 세트
FREE

교실 오브젝트 세트
FREE

오피스 고급 오브젝트 세트
FREE

공원 장식 세트
FREE

[그림 4-23] ZEP 인기 오브젝트

인기 미니 게임   전체보기 〉

멈추면 죽는다
멈추면 죽습니다. 빨간 바닥을 밟아도 죽...
FREE

얼음땡
얼음땡 게임을 즐겨보세요
FREE

폭탄피하기
폭탄을 피해 생존하세요!
FREE

고깔 뺏기 진놀이
고깔을 많이 모으면 이깁니다. 자기 팀의...
FREE

제이제이와 술래잡기
친구와 마스코트 J가 술래잡기를 하는 ...
FREE

눈싸움
날아와 박으면 눈력치가 올라가나 더 세...
♥ 1

부메랑을 피해라
친구들과 부메랑을 피해 마지막까지 살...
♥ 1

유령을 피해라
날아오는 유령을 피치고, 십자가로 유령...
♥ 1

출처: https://zep.us/

[그림 4-24] ZEP 인기 미니게임

인기 앱   전체보기 〉

탈승 앱
다양한 탈것을 아이템을 사용할 수 있는 앱
FREE

주력 바꾸기
빠르기를 다양한 주력으로 바꿔보세요
FREE

슬라임 세상
유연한 사고를 위해 슬라임이 되어보자
FREE

오록 온라인
오록 게임 서비드배앱 입니다
FREE

할로윈 코스튬 체험판
다양한 할로윈 코스튬을 입어보세요!
FREE

공부 앱
공부에 도움되는 기능이 포함된 앱
FREE

빠른 이동
앱 안에서 빠르게 순간이동 해보세요
FREE

스탬프 앱 - 앱 전용
맵 곳곳에 숨겨진 스탬프를 찾아라!
FREE

할로윈 코스튬
다양한 할로윈 코스튬을 입어보세요!
♥ 20

병원 캐릭터
의사, 간호사, 환자 캐릭터를 선택하세요
♥ 15

[그림 4-25] ZEP 인기 앱

2) ZEP 활용 방법

젭(ZEP)은 연령 제한이 만 14세 미만으로 중학교와 고등학교에 다니는 학생들에게도 서비스 이용 대상이 포함되기 때문에 학교에서 사용할 수 있는 점이 매력이다. 교내행사, 동아리 활동, 학교에서 활용하기에 더 좋은 조건을 가진다. 행사, 교육, 오피스, 커머스 등 기능에 맞게 공간을 만들 수 있는 게 장점으로 꼽힌다. 또한, 귀여운 아바타를 통해 대신 활동하고 학습 자료 공유, 프라이빗 존 설치를 통해 조별 토론 수업도 할 수 있고 줌(ZOOM)에서 제공하는 화면공유, 발표 등이 제공되어 교육 분야에서도 활용되고 있다. 또한, 젭(ZEP)을 활용하여 실제 학교를 세우고 교실, 사무실, 사교모임, 비즈니스룸 등 각 목적에 맞는 템플릿을 제공하고 있으며 이용자는 클릭 한 번으로 가상공간을 만들 수 있고, 미리 만들어진 공간을 선택하여 나만의 공간을 만들 수도 있다.

또한, 최근 들어 선택적 재택근무 하는 기업들이 늘어나고 있는데 메타버스 공간에서 협업 및 회의 등이 가능한 메타버스 오피스 구축도 가능하며, 특히 기업들이 사내교육, 채용 면접 시에도 젭(ZEP)을 활용한다.

또는, 제품을 홍보하거나 브랜드를 알리기 위해 많은 기업들이 메타버스 공간에 쇼룸, 이벤트 행사를 진행하기도 한다. 즉 커머스 시장이 메타버스까지 확대되고 있고 기존의 온라인 커머스는 공간이 존재하지 않았지만, 메타버스는 공간이 존재하기 때문에, 현실 세계의 매장에 방문했을 때의 경험을 제공한다. 그러므로 젭(ZEP)을 활용하고 이용하는 방안들을 간략하게 제시하고자 한다.

(1) 로그인하여 접속하기

[그림 4-26]과 같이 ZEP을 시작하기 위해 오른쪽 맨 위 '무료로 시작하기'를 클릭한다.

[그림 4-26] ZEP 시작하기

로그인 방법은 3가지가 있다. 구글로 로그인하기, 웨일 스페이스로 로그인하기, 이메일로 로그인하기. 원하는 대로 로그인 하면 이용이 가능하지만 '구글로 로그인하기' 클릭을 권장한다. 왜냐하면, 대부분의 메타버스가 [그림 4-27]과 같이 '구글로 로그인하기'를 제공하기 때문에 하나의 계정으로 모든 메타버스를 이용하는 것이 편리하다.

[그림 4-27] ZEP 로그인하기

구글로 로그인하면, ZEP에서 다음과 같은 화면이 나타나는데 이곳에서 젭 활동을 할 수도 있도록 [그림 4-28]과 같이 +스페이스 만들기를 클릭한다.

[그림 4-28] ZEP 화면 + 스페이스 만들기

(2) 공간 만들기

[그림 4-29]와 같이 '+ 스페이스 만들기'를 클릭한 후 ZEP 맵을 통해 '템플릿 고르기' 화면이 나오고 템플릿을 선택하고 학생이나 친구들을 초대할 수 있다. 현재 '학교 방 탈출', '학교 교실', '축구경기장' 등 마지막 '빈 공간'까지 46개의 맵이 존재하며, ZEP의 사용 목적과 콘셉트에 맞추어 원하는 맵을 고르면 된다. '빈맵에서 시작하기'로 시작할 수도 있는데 이때는 다양한 기능들을 사용하여 원하는 환경을 만들어 사용할 수 있다.

[그림 4-29] ZEP 템플릿 선택하기

템플릿을 골라 클릭하면 공간 이름 입력, 공개 여부, 비밀번호 설정 등을 묻는 팝업창이 나온다. [그림 4-30]과 같이 젭(ZEP)은 교육용으로 활용하기 때문에 '모두 허용'을 클릭한다.

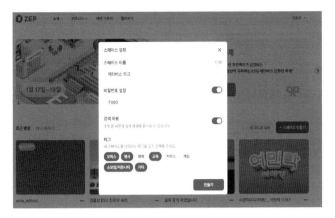

[그림 4-30] 공간 설정하기

적절한 이름과 공개 여부를 체크한 뒤 오른쪽 맨 아래 '만들기' 버튼을 클릭한다. 이때 비밀번호를 설정하고, 학생들에게 전송하여 학생들을 초대하는 것도 필요하다. 학생들이 입장할 때는 비밀번호를 입력하고 들어올 수 있도록 하면 관련 없는 사람이 들어오지 않아서 편리하며, 소속감도 생긴다. 내 스페이스를 나타내는 태그를 모두 선택하고 만들기를 클릭하면 나만의 '메타버스 학교'가 나타난다.

[그림 4-31] 메타버스 ZEP 교실

(3) 공간 둘러보기

메타버스 학교 교실 화면에 귀여운 내 아바타가 나타나고 아바타의 얼굴색, 머리 모양, 옷 스타일까지 모두 바꿀 수 있으므로 왼쪽 위쪽 '초대 링크복사'를 클릭하여 학생들을 초대할 수도 있다. 마이크, 카메라 켜기를 클릭하여 모두 허용해 준다. 화면공유도 가능하며 미디어 추가를 통해 유튜브 시청, 이미지 삽입, 파일 저장, 화이트보드에 아이디어 공유하기 포털기능, 스크린샷을 통해 다 함께 사진도 찍을 수 있다. 채팅 기능과 리액션 기능 등을 활용하여 학습할 수 있도록 한다.

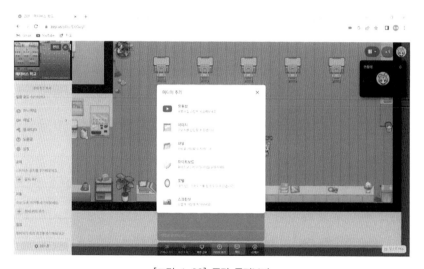

[그림 4-32] 공간 둘러보기

특히 이동할 때는 마우스를 클릭하여 이동하거나, 오른쪽은 키보드 화살표 또는 왼손 W, A, S, D 키를 사용하여 귀여운 아바타를 움직일 수 있다. 더 많은 다양한 기능들을 활용하여 직접 교실을 꾸밀 수도 있다.

3) ZEP 교육 현황과 사례

젭(ZEP)은 한글을 지원한다는 점, 무료 버전으로 많이 활용할 수 있다는 점은 물론 유료 버전도 있지만 무료로도 대체 가능하므로 교육용 메타버스 플랫폼으로 사용 가능하다. 2022년 최근 중소벤처기업부(중기부)는 네이버 메타버스 플랫폼 젭(ZEP)을 통해 '중소벤처기업부 제1기 국민 서포터즈' 발대식을 8월 1일 개최했다.

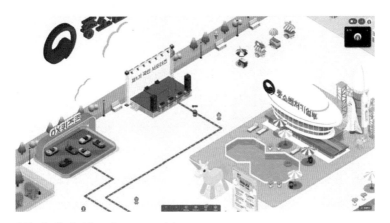

출처: 테크월드뉴스(https://www.epnc.co.kr)

교보문고 라이브미팅, 슈퍼캣 ZEP 채용설명회, CJ 온스타일 블루클린 웍스의 캠핑페어, 삼양그룹 월드맵, 이화여자대학교의 멘토링, 티웨이항공 '티버스' 가상공간 활용한 임직원 소통 문화 구축 등 다양한 행사를 진행하였다. 아래 [그림 4-33]은 JTBC 드라마 '기상청 사람들'이 젭에서 워크숍을 진행한 드라마 속 사무실 가상공간이다.

[그림 4-33] '기상청 사람들' ZEP을 통해 구현한 드라마 속 사무실 공간 모습

젭에는 게임 기능도 있다. 방 탈출게임부터 OX 퀴즈까지 메타버스 활용 초성 퀴즈 등을 세팅해서 진행할 수도 있다.

U 대학교 이00 교수님은 젭(ZEP) 가상공간에 와우학교를 직접 만들고 교무실로 찾아갈 수 있도록 오브젝트를 사용하여 교무실을 꾸미고 교실 안에 강의자료를 탑재하여 학생들이 아바타를 이끌어 바로 이동 또는 'F' 클릭 이동을 통해 다양한 학습을 할 수 있다. 아래 [그림 4-34]는 ZEP 플랫폼에서 이00 교수님의 와우학교를 간략하게 소개하였다.

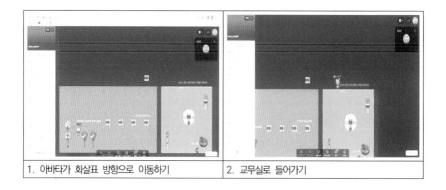

1. 아바타가 화살표 방향으로 이동하기	2. 교무실로 들어가기

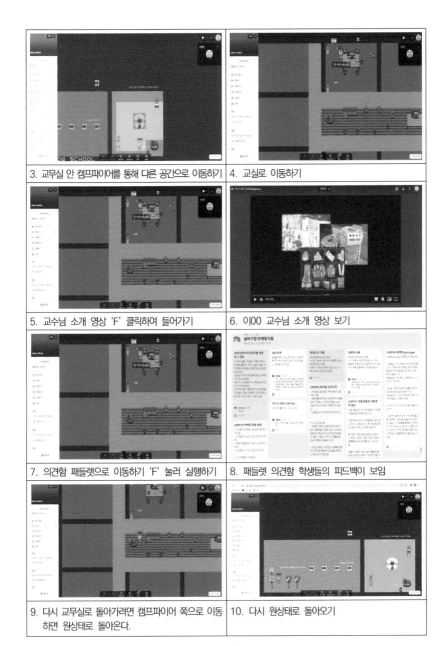

3. 교무실 안 캠프파이어를 통해 다른 공간으로 이동하기	4. 교실로 이동하기
5. 교수님 소개 영상 'F' 클릭하여 들어가기	6. 이OO 교수님 소개 영상 보기
7. 의견함 패들렛으로 이동하기 'F' 눌러 실행하기	8. 패들렛 의견함 학생들의 피드백이 보임
9. 다시 교무실로 돌아가려면 캠프파이어 쪽으로 이동하면 원상태로 돌아온다.	10. 다시 원상태로 돌아오기

출처: https://zep.us/play/8rW652 (이OO 교수님이 만드신 ZEP)

[그림 4-34] 이OO 교수님의 ZEP 교육 사례

이렇게 가상 공간에 학습자료를 탑재하여 학생들이 실시간으로 또는 수업 시간이 아닐 때도 수시로 들어가 학습할 수 있는 공간으로 사용할 수 있다.

4) **생각해 보기:** 자신의 방을 가상 세계에서 만들어 꾸며 보세요. 팸플릿을 선택하여 자신들만의 가상 세계를 설계해 보세요.

2. 게더타운(GATHERTOWN) 체험

1) 게더타운(GATHERTOWN) 개념 및 정의

게더타운(gather town)은 팬데믹 상황에서 비대면 교육이 필요했다. 비대면 교육의 대표적인 줌(ZOOM) 화상회의와 웨벡스(WEBEX), 구글미트 등을 활용하여 수업을 진행하였다. 특히, 줌(ZOOM) 수업은 코로나19 팬데믹 상황에서 교수자와 학습자 간의 상호작용, 학습자와 학습자 간의 상호작용과 팀 활동 등을 통해 유연하게 수업을 진행할 수 있었으나 몰입도와 학습능률이 떨어지고 저하되는 단점을 극복하는 대안으로 비대면에서도 몰입할 수 있고, 흥미롭게 접근해서 학습의 효과를 높일 수 있는 메타버스 플랫폼으로 활용되었다.

게더타운은 2020년 5월에 미국 스타트업 '게더(Gather)'가 창립한 회사로 클라우드 기반의 2D 영상 채팅 서비스다. 마치 오프라인에서 만나는 것처럼 나의 캐릭터를 사용해 가상 공간에서 직접 대화도 주고받을 수 있어 양방향 소통이 가능하고, 함께 회의도 할 수 있고, 자료도 공유할 수 있으며, 가까이 있는 사람끼리 비밀 대화도 가능한 온라인 화상회의 플랫폼과 메타버스 요소가 함께 결합한 '활동형 온라인 메타버스 플랫폼'이다(이종선 외, 2022).

게더타운은 모바일과 PC에서 사용할 수 있지만, PC '크롬' 브라우저로 접속해서 사용해야 더 많은 기능을 제한 없이 사용할 수 있다. 특히 게더타운은 운영자의 설계에 따라 참여자들이 소그룹모임이나 단체 활동들을 할 수 있다.

게더타운은 한글 지원이 되지 않고 영어로만 지원된다. 장점은 여러 공공기관, 기업, 지자체, 학교, 단체 등에서 게더타운 맵 제작을 의뢰하기도 하고 임대도 가능하다. 전반적으로 회의, 컨퍼런스, 행사용으로 활용되고 대학의 입시 설명회, 신입생 교육, 기업의 온라인 채용설명회 등 업무나 비대면 교육, 각종 행사나 이벤트, 세미나 등에 많이 활용하고 있다. 게더타운을 활용한 최근의 대표적인 사례는 다음과 같다.

https://plusminuspixel.com/blog/pmp-gathertown-events-oct2021
링크를 통해 게더타운 사례 사진들을 볼 수 있다.

① 넷마블 온라인 채용 박람회 '넷마블 타운'
② 코리아세븐 신입사원 채용 박람회
③ LG 커넥트 오픈 이노베이션 행사
④ KB금융 스타 챔피언십 행사
⑤ 배재대학교 취업캠프
⑥ 경희대학교 약대 강의
⑦ 연세의료원 신입직원 교육
⑧ 경기도의회 메타버스 교육
⑨ 울산시청 워크숍

⑩ LG CNS 신입사원 설명회

⑪ 서울시설공단 가상 오피스

⑫ 대형 로펌 태평양, 법조계 기관 가상 오피스

⑬ 화해 개발팀 가상 오피스

https://www.syesd.co.kr/homepage/syStoryContent?sy_story_seq=512

게더타운의 장단점을 살펴보면 다음 <표 4-10>과 같다.

〈표 4-10〉 게더타운의 장단점 정리

	장점	단점
사용	앱을 다운로드하지 않고 바로 PC 웹상에서 가상 공간을 구축할 수 있다.	모바일 지원에 기능 제한이 있다.
가격	25명까지 무료이고, 유료도 가격이 매우 저렴하다.	맵 디자인과 아바타의 디자인이 과도하게 단순하다.
참여 인원	130명 이상의 인원을 한 번에 수용할 수 있다.	PC게임에 익숙하지 않은 경우 아바타 움직임이 불편하다.
최적화	다양한 목적의 맵 샘플이 제공되고 선택하여 그대로 사용하거나 커스터마이징하여 사용할 수 있다.	모바일에 최적화되어 있기보다 PC에 최적화되어 있는데, 이는 단점일 수도 있고 PC 사용자의 경우 장점일 수도 있다.
실재감	아바타에게 다가가면 카메라와 마이크가 연결되어 자연스러운 소통이 가능하여 아바타들의 이동과 만남 과정에서 실재감이 있다.	아바타의 개성이 없어 이름을 보고 찾아야 한다.
호환성	기존에 개발된 서비스와의 호환이 잘되어 웹사이트 주소를 직접 연결하여 사용할 수 있다. 화이트보드, 영상, 게임, 가상전시관, Zoom과 게더타운 한쪽만 카메라 사용 가능 링크까지 연동해서 사용할 수 있다.	유튜브 영상의 경우 퍼가기 기능이 체크되어 있어야 플레이된다.

출처: 메타버스 FOR 에듀테크(변경문, 2021) P 95

2) GATHERTOWN 활용방법

화상회의 플랫폼에 메타버스 요소를 결합한 '게더타운(Gathertown)'은 가상 공간 속 아바타를 통해 현실과 유사한 경험을 할 수 있는 온라인 플랫폼이다. 언뜻 화면상으로 봤을 때 게임 같아 보이기도 하지만, 이 안에서 채팅, 화상회의가 가능한 가상공간이다.

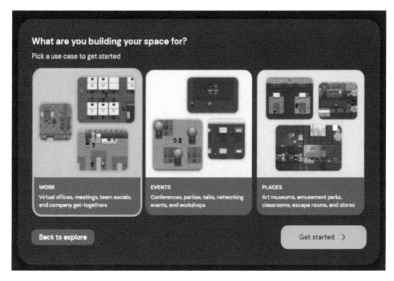

출처: 2022년 신영소식

이 안에서 채팅, 화상회의가 가능한 가상 공간, 회의 장소를 커스텀(변경) 할 수 있으며, 공간 안의 화이트보드에 글을 작성하고 구성원들의 아이디어를 공유할 수 있다. (https://www.syesd.co.kr/homepage/syStoryContent?sy_story_seq=512)

간단한 조작으로 팀별 회의공간, 강의실, 상담실 등 다양한 공간을 설계할 수 있어서, 교육 프로그램의 목적에 따라 달리 사용할 수 있다. 다음 <표 4-11>은 게더타운 계정에 들어가는 과정 활용 방법을 제시하고자 한다.

<표 4-11> 게더타운 계정에 들어가는 과정 활용 방법

1. 구글에서 게더타운을 검색 클릭한다.	2. 게더타운 입장 로그인 버튼 클릭한다.
3. Sign in with Google 버튼 클릭한다.	4. 자신의 구글 계정 선택 클릭, 이메일 이용도 가능하나 코드요청이 있을 수 있으니 구글 계정 꼭 선택 클릭하기
5. 예전에 만들어 놓은 템플릿이 보입니다.	6. 세 가지 중 모임 목적과 관련된 것 클릭(맨 위 것 클릭함)

7. 맵 테마(MAP THEME)에서 Courtyard 템플릿을 선택 클릭하세요. MAP SIZE 인원수도 정해 보세요(무료인원 25명, 요금제 최대 500명까지).	8. 공간의 이름을 꼭 영어로 쓰기

9. 다시 요청되어 Sign in with Google 버튼 클릭한다.	10. 다시 자신의 구글 계정 선택 클릭, 또는 이메일 이용도 가능하나 코드 요청이 있을 수 있으니 구글 계정 꼭 선택 클릭하기

친구나 팀원 초대할 경우 이메일보다는 Or copy invite link (링크복사) 클릭하여 초대하고 Next를 클릭하세요.	게더타운이 만들어지고 오른쪽 상단에 메일도 나오고 귀여운 캐릭터가 환영합니다.

| 카메라와 마이크사용 꼭 '허용'으로 상황에 따라 비디오 마이크를 꺼주셔도 됩니다. | 비디오와 마이크를 끄고 Edit에 꼭 영어로 이름을 쓰고 Join 버튼을 클릭하세요. |

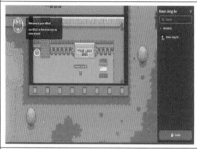

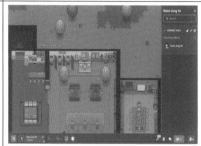

| 게더타운 공간에 귀여운 자신의 아바타가 나타났으니 탐색해보세요. 화면 오른쪽 하단의 Invite를 클릭하여 이메일이나 링크로 친구 초대 가능합니다. | 자신의 아바타가 어디에 있는지 오른쪽 상단에 나타나며 오른쪽 하단 Build Tool 기능, 캘린더 기능, 채팅 기능, 가운데 아래 화면공유(Screen share), 이모티콘(Emot)도 활용하세요. |

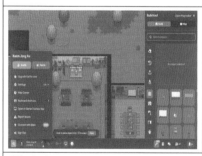

| 메인 메뉴와 Build Tool 기능 등을 잘 활용하여 게더타운을 꾸미고 즐기면서 활용하세요. Private Area 이곳은 지정된 학생들끼리 대화할 수 있는 공간으로 팀 활동 시 활용 가능하다. | 맵(Map) 기능을 활용하여 다른 템플릿으로 가서 맵 사이즈(MAP SIZE) 2명부터 150명까지 변경도 가능합니다. 그러나 요금이 필요하니 게더타운 무료인원 25명으로 활동하기 |

	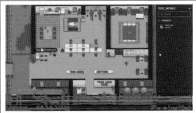
왼쪽 맨 아래 나의 아바타를 볼 수 있고 아바타를 클릭하여 Skin Hair, Facial Hair, Clothing, Accessories, Special 등 다양한 모양으로 변신할 수 있다.	게더타운에서 다양한 템플릿 방을 선택하여 많은 경험을 할 수 있는 기회를 가져보세요.

https://fastcampus.co.kr/b2b_insight_gathertown

3) GATHERTOWN 교육 현황과 사례

https://www.gather.town/education

https://fastcampus.co.kr/b2b_insight_gathertown

교육을 운영하는 사람으로서 게더타운의 최대 장점은, 아바타를 통해 수강생들이 어떤 행동을 하고 있는지 한눈에 볼 수 있다는 점이다. 현재 얼마나 접속해 있는지, 화이트보드 앞에서 누가 설명하고 있는지 바로 파악할 수 있다. 그뿐만 아니라 이모지 기능이 있어 누가 손을 들었는지, 어떤 반응을 하고 있는지도 볼 수 있다.

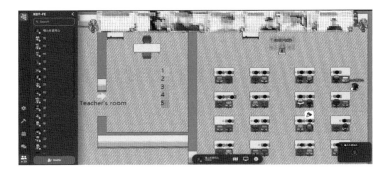

[그림 4-35] 게더타운 특강 사례

[그림 4-35]는 U 대학교 이00 선생님의 목원대학교 특강 사례이며, 아래 [그림 4-36]은 목원대학교 특강 MBTI 그룹별로 책상에 앉기, [그림 4-37]은 목원대 교정 앞에서 단체 사진 찍기 활동을 하고 있다.

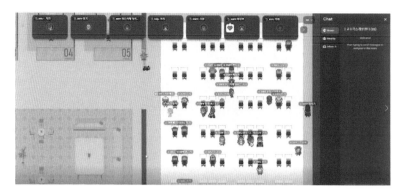

[그림 4-36] 목원대학교 특강 MBTI 그룹별로 책상에 앉기

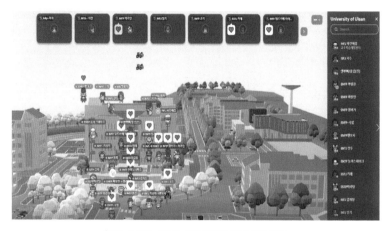

[그림 4-37] 목원대 교정 앞에서 단체 사진 찍기

강의도 듣고 교정 투어도 하면서 학생들의 자기 캐릭터 아바타를 활용해 적극적으로 수업에 참여하고 강의에 대한 피드백도 할 수 있어 학생

들의 반응을 바로바로 확인할 수 있는 장점이 있다. 아래 [그림 4-38]은 목원대학교 학생들이 게더타운에서 특강을 수강하고 바로 반응을 보이며 양방향 소통하는 자료이다.

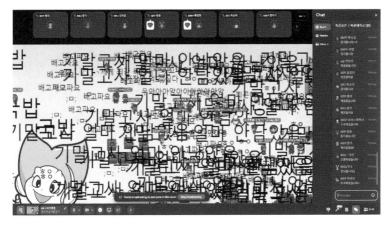

[그림 4-38] 목원대학교 학생들의 반응

생각해 볼 점

게더타운에서 자신의 아바타를 꾸며 보세요.

---

3. IFLAND(이프랜드) 체험

1) IFLAND 개념 및 정의

이프랜드는 기제공되는 랜드 템플릿을 그대로 활용하여 1회성 행사로만 진행하는 반면, 게더타운, 제페토, 젭(ZEP)은 템플릿을 활용하여 손쉽게 공간(맵)을 제작하거나 자체적으로 각 행사에 특화된 월드(맵)를 제작하여 다양한 행사에 재활용 및 임대할 수도 있다. 게더타운과 제페토는 각 행사에 특화된 공간(맵)을 제작하여 다양한 행사에 다시 활용 가능하다.

이프랜드는 SK텔레콤이 기존 메타버스 플랫폼 '점프 버추얼 밋업(Jump Virtual Meetup)'을 운영해온 노하우를 바탕으로, 사용 편의성을 높이고, MZ세대의 니즈에 맞춘 서비스 기능을 대폭 강화하여 새로운 메타버스 플랫폼인 '이프랜드'를 출시했다.

이프랜드는 메타버스가 가진 초현실적인 개념을 직관적이고 감성적인 이미지로 표현한 브랜드이며, '누구든 되고 싶고, 하고 싶고, 만나고 싶고, 가고 싶은 수많은 가능성(if)들이 현실이 되는 공간(land)'이라는 의미를 담고 있다.

이프랜드는 누구나 쉽고 간편하게 메타버스 세상을 즐길 수 있는 '초실감 메타버스 플랫폼'이며, 18개 테마의 가상공간, 800여 종의 코스튬(아바타 외형, 의상 등), 66종의 감정 모션을 모두 무료로 사용할 수 있다.

또한 이프랜드 메타버스룸에서는 회의, 발표, 미팅 등을 진행할 수 있도록 원하는 자료를 문서(PDF) 및 영상(MP4) 등 다양한 방식으로 공유하는 효율적인 커뮤니케이션 환경이 구축되어 있다. 대학축제, 포럼, 강연, 페스티벌, 콘서트, 팬 미팅 등 대형 이벤트, 참여형 프로그램 등 이용자 니즈에 맞춘 다양한 콘텐츠를 제공하고 지속적으로 확대하고 있다.

이프랜드(ifland)는 SKT의 메타버스 플랫폼이다. 현재는 모바일 어플을 다운로드해서 이프랜드를 경험할 수 있다.

출처: blog.naver.com/mrchwoong/222880359542

2) 이프랜드(IFLAND) 활용 방법

이프랜드에는 대형 컨퍼런스홀, 야외무대, 루프탑, 학교 대운동장 등 18종의 룸 테마 공간이 준비되어 있다. 앞으로 룸 공간은 18종에서 더욱 다양한 테마로 확대 예정이다. 테마 별로 날씨, 시간대, 바닥, 벽지 등 배경을 추가로 선택할 수 있어 같은 테마 룸이라도 이용자의 취향에 따라 다양한 콘셉트를 연출할 수 있는 현실감도 더했다.

또한, SKT는 회의, 발표, 미팅 등 메타버스의 활용성이 다양해지는 사회 흐름을 반영해 이프랜드 안에서 원하는 자료를 문서(PDF), 영상(MP4) 등 다양한 방식으로 공유하는 환경을 구축했다. 하나의 룸에 현재 130명까지 참여가 가능하고, 추후 130명에서 수백여 명이 참여하는 대형 컨퍼런스 등도 무리 없이 진행될 수 있도록 확대할 계획이다.

출처: https://news.sktelecom.com/133655

또 메타버스를 활용한 회의, 발표, 미팅 등 활용성이 다양해지는 사회적 흐름을 고려해 이프랜드 내 메타버스룸에서는 원하는 자료를 서로 문서(PDF), 영상(MP4) 등 다양한 방식으로 공유할 수 있어 효율적인 커뮤니케이션 환경을 구축했다.

출처: http://www.kocw.net/home/cview.do?mty=p&kemId=1412681

3) IFLAND 교육 현황과 사례

고려대에서는 이프랜드를 이용해 메타버스 캠퍼스를 조성하며, 이 안에서 동아리 활동, 국제 교류, 사회봉사를 포함, 실제로 시험할 수 없는 실험 등 다양한 비교과 활동이 가능해질 예정이라고 한다.

출처: http://www.kocw.net/home/cview.do?mty=p&kemId=1412681

과학기술정보통신부와 한국과학기술기획평가원, 정보통신기획평가원이 발간한 '과학기술 & ICT 정책·기술 동향 보고서'에는 SK텔레콤의 메타버스 서비스 '이프랜드'를 온라인 수업에 활용한 사례가 소개됐다.

SK텔레콤 메타버스 서비스 '이프랜드'에서 비대면 교육이 진행되는 모습. 방과 후 교사 이효문(33세)씨 제공

출처: https://m.dailian.co.kr/news/view/1099857

SK텔레콤 메타버스 서비스 '이프랜드'에서 비대면 교육이
진행되는 모습. 방과 후 교사 이효문(33세) 씨 제공

생각해 볼 점

"컴퓨터나 태블릿이 없어서 줌 수업 참여가 어렵다고 말하는 친구들이 있는데 이프랜드는 휴대폰 하나만 있으면 되니 접근성이 더 높은 편"이라고 소개했다.

학생들의 참여도도 훨씬 좋아졌다고 한다. 줌 수업의 한계는 학생들이 교육내용을 잘 받아들였는지 파악이 어렵다는 점이다. 학생들이 카메라를 켠 채 마이크에 대고 대답하는 걸 부끄러워하기 때문이다.

"학생들이 줌으로 수업하면 적극적으로 의사를 표현하는 데 부끄러움과 불편함을 느끼는 것 같다. 예를 들면 한 학생이 계속 대답을 잘하면 '쟤는 범생이냐'라고 핀잔하거나 '저 친구는 온라인 수업인데 옷을 왜 저렇게 차려입느냐'라고 눈치를 주는 분위기가 있다"라고 언급했다. 이러한 기사와 내용 등에 대해 서로 토론을 해 보세요.

https://m.dailian.co.kr/news/view/1099857

4. 메타버스 플랫폼을 교육플랫폼으로

1) 실감형 콘텐츠를 활용한 교육

원격 교육을 보다 매력적이고 효과적으로 진행하고, 풍부하고 실재감 있는 학습경험을 제공하기 위해 메타버스가 교육현장에 접목되는 사례가 많아지고 있다(김보은, 김민지, 2021). 메타버스는 새로운 교육 매체로 주목받고 있고 학교 교육뿐만 아니라 다양한 교육에서 광범위하게 적용 되고 있다. 아직은 교육 분야에서 메타버스 도입은 초기 단계라 할 수 있지만 메타버스를 활용한 교육이 확산되고 있는 추세이며, 실감형 콘텐츠를 학습의 도구로 사용하여 비대면 교육의 한계를 극복하고 VR, AR 기술을 활용한 교육이 실시되고 있다. 현실 세계에서 경험할 수 없는 경험을 제공하고자 할 때 실감형 콘텐츠를 활용하는 것이 주는 효과가 크다. 베일렌슨 교수는 실감형 콘텐츠를 효과적으로 적용 시 4가지 영역을 제시하였다. 첫째, 실제 현실에서 불가한 것(impossible), 비생산적인 (counterproductive), 고비용(expensive), 위험한 것(dangerous)으로 구분하는데 각각의 특성을 지닌 실감형 콘텐츠들은 다양한 교육적 장점을 가진다. 예를 들면 우주 정거장 탐험, 고대 유적지 탐방, 미세분자 속 탐험, 인체 탐방 등 실제 방문할 수 없는 곳을 체험함으로써 학습의 기회를 가질 수 있다. 의술, 비행기 조종과 같은 사고가 발생하거나 실수에 대한 대가가 큰 상황도 익숙하게 작업하기 위해, 재난 및 전시 상황과 같은 위험 상황에 대비하고 훈련하기 위한 일환으로도 실감형 콘텐츠를 활용할 수 있다(김보은, 김민지, 2021).

2) 아바타를 활용한 학습경험

교육의 흐름이 비대면 전환으로 인해 현실 세계에서 일어났던 교육 활동이 온라인으로 이동하면서 이를 대체할 공간으로 가상 세계를 활용하는 사례가 늘어났다. 메타버스 공간 안에서는 일반적으로 개개인을 대리하는 아바타가 직접 교육에 참여함으로써 학습이 이루어진다. 아바타는 가상 세계에서 학습자를 대리하여 다양한 수준의 활동을 부여하는 캐릭터이며, 학습자들은 이를 통해서 메타버스 세계에서의 자신의 정체성을 재정의한다. 즉 메타버스 공간 안에서 발생하는 학습과 상호작용은 모두 아바타를 통해 이루어지는 것이다.

메타버스를 구축하기 위한 단계는 다음과 같다.

○ 기술 선택- 메타버스를 구축하기 위해서는 다양한 기술을 활용할 수 있다. 예를 들어, Unity나 Unreal Engine과 같은 게임 엔진을 사용하여 가상공간을 구축하거나, Open Simulator나 High Fidelity와 같은 오픈소스 메타버스 플랫폼을 사용할 수 있다.
○ 가상 공간 구성: 메타버스를 구축하기 위해서는 가상공간을 구성해

야 한다. 이를 위해서는 3D 모델링, 애니메이션, 텍스처링 등의 기술이 필요하다.

○ 서버 구축: 메타버스를 구축하면서 발생하는 데이터는 서버에 저장되어야 한다. 따라서 메타버스를 운영하기 위해 서버를 구축해야 한다.

○ 사용자 관리: 메타버스를 운영하면서 사용자 관리를 위한 시스템을 구축해야 한다. 이를 통해 사용자의 가입, 인증, 권한 관리 등을 처리할 수 있다.

○ 기능 추가: 메타버스를 운영하면서 필요한 기능을 추가할 수 있다. 예를 들어, 음성 채팅, 화상회의, 공유 기능 등을 추가할 수 있다.

○ 시험 운영: 메타버스를 구축하면서는 시험 운영을 통해 안정성과 기능을 검증해야 한다.

<참고문헌>

강인애(2002). 성인학습환경으로서의 pbl의 가능성. 간호학 탐구, 11(1), 26-54.

강호원(2021). 영국의 교육 분야 메타버스 운영 및 활용현황. 매일진 해외교육동향 제 408호 기획기사(2021.09.29.): 각국의 교육분야 메타버스(metaverse) 운영 및 활용 현황.

계보경, 서정희, 박연정, 이동국, 신윤미, 한나라, 김은지(2021), 메타버스(Metaverse)의 교육적 활용 방안. 한국교육개발원.

구자역, 김창환, 정영모, 김성완, 김영기, 김지혜, 양애경, 이기준, 신세영, 이순희, 주현재(2023). 메타버스 유니버시티. 동문사.

고선영, 정한균, 김종인, 신용태(2021). 메타버스의 개념과 발전 방향. 정보처리학회지 제 28권 제1호.

교육정책 네트워크정보센터(2021.09.29). 기획기사: 미국의 교육 분야 메타버스 운영 및 활용 현황

김보은, 김민지(2021). 교육공학자가 말하는 메타버스, 서울; 유비온

김소영(2019). Science & Technology Policy l 과학기술 정책 포커스 : 과학기술 융합 ODA,

김수향(2021). 메타버스(Metaverse)와 미래 교육 학습자 정체성 연구, 경기도 교육연구원.

리수핑, 류타오탕 저, 권용중 번역(2022). 메타버스의 시대, 배움의 미래첨단기술이 불러온 교육혁명, 보아스 출판.

민동준 외 4인(2004). 문제 중심 학습을 위한 Problem. Syllabus, Teaching Tips 모음집, 연세대학교 공학교육센터.

변경문, 박찬, 김병석, 이정훈(2021). 메타버스 FOR 에듀테크, 서울; 다빈치books, P95.

월간 미래교육(2022). 2022년 개정 교육과정으로 본 SW교육, 기획기사(2022.10.14.).

이승호(2022). 메타버스에서의 참여형 PBL 수업 설계. 실천공학교육논문지, 14(1), 91-97.

이종선, 정소영, 이소희, 윤성일, 이효진, 황영호(2022). 지금은 라이브커머스 시대, 서울; 미디어북

성윤택, 송영아, 황경호(2021). 메타버스의 이해, 서울; 커뮤니케이션 북스.

장용환(2022), 소셜미디어(Social Media) 메타버스(Metaverse)를 활용한 설교 연구-미디어 변화를 중심으로-, 호서대학교 연합신학전문대학원 박사학위논문.

전종희, 홍성훈(2019). 다중지능(Multiple Intelligences) 이론의 교육적 활용 방안 및 향후 방향 탐색. 학습 자중심교과교육연구, 19(14), 891-913.

전황수(2019). 가상현실(VR)의 의료분야 적용 동향. ETRI.

최형욱(2021). 메타버스가 만드는 가상경제 시대가 온다. 서울: 한스미디어. 37.

디지털 타임즈(2009). "IT신조어로 정보사회 키워드 읽는다". 기획기사(2009. 04. 09)

Barrows, H. S., & Myers, A. C.(1994). Problem-based learning in secondary schools. Unpublished manuscript. Springfield, IL: Problem-Based Learning Institute, Lanphier High School, and Southern Illinois University Medical School

Delisle, R.(1997). How to use problem-based learning in the classroom. Alexnadria, VA: Association for Supervision and Curriculum Development, 7-17.

Michael Brook (2021). "The Quantum Astrologer's Handbook" Scribe Us.

Michael Heim, 「가상현실의 철학적 의미」, 여명숙(1997) 역. 서울: 책세상. 182.

Pearson(2018), Beyond Millennials: The Next Generation of Learners, Global Research & Insights August 2018

Ronald T. Azuma, "A Survey of Augmented Reality," Teleoperators and Virtual Environments, 6(4), 1997. pp.355-385,

P. Milgram, "Augmented reality: a class of displays on the reality-virtuality continuum," Telemanipulator and Telepresence Technologies, 2351(27), p.282-292, 1995.

Torp, L., & Sage, S. M.(1998). Problem as possibilities : Problem-based learning for K-12 education. Alexandria, VA : ASCD. 21-23.

https://www.ebs.co.kr/tv/show?prodId=130728&lectId=60115352(2023년 3월 30일 인출)

https://voidnetwork.gr/wp-content/uploads/2016/09/Man-Play-and-Games-by-Roger-Caillois.pdf(2023년 3월 30일 인출)

https://www.hankookilbo.com/News/Read/A2023012010380003217(2023년 3월 30일 인출)

https://zdnet.co.kr/view/?no=20220216210116(2023년 3월 30일 인출)

https://zdnet.co.kr/view/?no=20211021161311(2023년 3월 30일 인출)

https://www.hankyung.com/society/article/2022042482371(2023년 3월 30일 인출)

http://news.unn.net/news/articleView.html?idxno=516548(2023년 3월 30일 인출)

https://www.getnews.co.kr/news/articleView.html?idxno=575970(2023년 3월 30일 인출)

https://www.econovill.com/news/articleView.html?idxno=566719(2023년 3월 30일 인출)

http://www.civicnews.com/news/articleView.html?idxno=31752(2023년 3월 30일 인출)

https://www.aitimes.kr/news/articleView.html?idxno=25396(2023년 3월 30일 인출)

https://www.aitimes.kr/news/articleView.html?idxno=21181(2023년 3월 30일 인출)

https://times.kaist.ac.kr/news/articleView.html?idxno=4586(2023년 3월 30일 인출)

https://www.hankookilbo.com/News/Read/A2023012010380003217(2023년 3월 30일 인출)

https://m.newspic.kr/view.html?nid=2023030215453741844&pn=642&cp=S1Rec29S&utm_medium=affiliate&utm_campaign=2023030215453741844&utm_source=np211220S1Rec29S&mibextid=unz460#_PA#ADN(2023년 3월 30일 인출)

https://www.joongang.co.kr/article/25126084#home(2023년 3월 30일 인출)

https://www.startuptoday.kr/news/articleView.html?idxno=45809(2023년 3월 30일 인출)

제5장

메타버스 교류와 협력
(Global exchange and cooperation)

글로벌 시장에서의 교류와 협력의 배경은 어떠한가?

교류와 협력 관련 이론은 어떠한 것이 있는지

미국, 중국, 유럽 등의 글로벌 사례를 통해

정책 동향과 기업분석을 알아보고

메타버스를 통한 글로벌 교류와 협력 시대를 전망해본다.

2024년에 우리는 2D 인터넷 세상보다
3D 가상 세계에서 더 많은 시간을 보낼 것이다.

– 로저 제임스 해밀턴

Ⅰ. 메타버스로 연결하는 글로벌 교류와 협력

1. 메타버스는 글로벌 교류와 협력의 공간이 되다

1) 교류 협력의 필요성

메타버스는 가상현실(Virtual Reality, VR)과 증강현실(Augmented Reality, AR)이 결합한 온라인 공간으로, 인터넷을 통해 다수의 사용자가 동시에 접속할 수 있다. 현재는 대규모 온라인 게임과 가상 커뮤니티 등에서 널리 사용되고 있으며, 미래에는 현실과 가상이 융합되는 다양한 비즈니스와 산업이 발전할 것으로 예측된다.

메타버스는 글로벌 시장에서 교류와 협력을 가능하게 하며, 지리적인 제약이 없기 때문에 어디에서든 접속할 수 있다. 또한, 다양한 언어와 문화권에서 온 사용자들이 함께 참여할 수 있어서 다양성을 존중하는 글로벌 시장에서의 협력과 경쟁이 가능하다.

메타버스는 기업과 기업 간의 경쟁뿐만 아니라 국가 간의 문화 교류와 협력에도 큰 역할을 할 수 있다. 다양한 언어와 문화권의 사용자들이 함께 활동할 수 있는 환경을 제공하여 국가 간의 문화 교류와 이해관계를 증진하며, 이는 상호 이해와 협력을 증진하고 세계 평화와 안정에도 긍정적인 영향을 미칠 수 있다. 메타버스는 가상 상품과 서비스를 제공함으로써 국가 간의 경쟁력을 강화할 수 있다. 국가별로 다양한 문화와 산업 분야의 전문성이 있는 전문가들이 모여 협력하여 문제를 해결하거나 새로운 아이디어를 공유함으로써, 글로벌 시장에서 경쟁력을 확보할 수 있다. 이를 통해 국가 간의 경제적 상호의존성이 증대될 뿐 아니라, 상호 협력을 통해 발전할 수 있는 분야가 더욱 확대될 수 있다.

2) 교류와 협력에 대한 배경이론

(1) 사회연결망 이론(Social-Network Theory)

사회연결망 이론은 사회적 상호작용의 네트워크를 분석하는 이론이며, 메타버스는 가상 세계로 인간이 물리적으로 존재하지 않는 공간에서 상호작용할 수 있도록 만들어진 디지털 환경이다. 메타버스에서도 사회연결망 이론의 원리를 적용하여, 다양한 그룹이나 커뮤니티에 속해 상호작용할 수 있으며, 이를 통해 사회적 연결망을 형성하고 강화할 수 있다. 또한, 메타버스는 다양한 지역적, 문화적, 언어적 배경을 가진 사용자들이 만날 수 있는 환경을 제공하므로, 사회연결망 이론의 다양성 측면도 반영할 수 있다.

예를 들어, 메타버스 내에서 사용자들은 다양한 그룹이나 커뮤니티에 속해 상호작용할 수 있다. 이러한 상호작용은 사회적 연결망을 형성하게 되며, 이 연결망은 다양한 형태의 상호작용을 통해 더욱 강화될 수 있다. 따라서 메타버스에서의 상호작용과 커뮤니케이션은 사회연결망 이론의 개념을 적용할 수 있다.

글로벌 메타버스는 사회적 관계와 상호작용을 네트워크 구조로 표현할 수 있다. 메타버스에서 개인들이 협력하거나 경쟁하는 것은 사회적 관계를 맺는 것과 비슷하다. 또한, 메타버스에서 인터넷을 통해 세계 어디서나 접속 가능하므로, 지리적 제약이 없어 네트워크 구조를 형성할 때 개인 간의 거리 제약이 적다. 따라서, 사회연결망 이론은 메타버스에서의 인간 상호작용과 네트워크 형성에 대해 이해하는 데 도움을 줄 수 있다.

사회연결망 이론을 처음 주장한 학자는 허버트 사이먼(Herbert Simon)과 다그마르 웃빈(Dagmar Weber)이다. 허버트 사이먼은 1950년대에 사회연결망을 분석하기 위해 그래프 이론을 적용하여 이론을 발전시켰다. 다그마르 웃빈은 이론을 실제 사회현상에 적용하여 연구를 진행했다.

메타버스와의 관련을 언급한 멜로디 험드(Melody Hobson)는 사회연결망 이론을 바탕으로 한 경영전략을 개발하고, 이를 토대로 메타버스 기업 블루 마스(Blue Mars)의 대표이사로 일했다. 이후 멜로디 험드는 스타워즈 메이커스 루카스필름(Lucasfilm)의 이사로 재직하며, 메타버스 분야의 선구자로 활동하고 있다.

(2) 문화적 상호작용 이론(Intercultural Communication Theory)

문화 간 의사소통을 다루는 이론은, 인종차별, 혐오, 인종 간 갈등 등의 문화적 이슈에서 비롯된다. 이 이론은 다양한 문화 간의 상호작용을 연구하는 분야에서 발전하게 되었으며, 인종차별과 다문화주의에 대한 사회과학적 탐구와 글로벌화와 문화적 다양성의 중요성이 부각되는 현대 사회에서 발전하게 되었다.

에드워드 T. 홀(T. Edward Hall)은 대표적인 문화적 상호작용 이론 연구자로, 문화 간 차이와 그 영향에 대한 연구로 유명하다. 홀은 문화 간 차이를 공간적 차이로 나타내며, 인간의 신체적 거리와 활동 공간에 대한 관심도를 공간적 거리로 측정하여 문화 간의 차이를 분석한다. 또한, 사람들이 상호작용하는 데 있어서 인식하는 공간과 시간의 차이가 문화적 차이와 밀접한 관련이 있다고 주장한다.

홀(T. Edward Hall)은 문화인류학자로, 문화 간 상호작용에서의 중요성과 비언어적인 요소의 역할을 강조하는 이론을 발표하였다. 홀은 문화 간 상호작용에서 공간의 역할을 강조하며, 서구문화에서는 개인적인 공간을 중요하게 여기지만, 일부 다른 문화에서는 공간의 공유가 더 중요하다는 것을 지적한다. 또한, 비언어적 의사소통은 문화 간 상호작용에서 매우 중요하다는 것을 강조하며, 인사 방식, 눈 깜박임, 거리 등은 서로 다른 문화 간의 차이를 보여준다고 한다.

홀은 또한 시간 인식에 대한 문화 간 차이도 강조하며, 일부 문화에서는 시간을 정확하게 지키는 것이 중요하지만, 다른 문화에서는 유연하게 대처하는 것이 더 중요하다는 것을 설명한다. 이러한 문화 간 차이들은 문화 간 상호작용에서 상호 이해와 협력에 대한 중요성을 강조하게 된다.

(3) 미디어 의존 이론(Media Dependency Theory)

미디어가 현대 사회에서 중요한 역할을 하는데, 이는 미디어 사용자와 미디어 간의 의존 관계가 국제 교류에 영향을 미친다는 것이다. 미디어 의존이론은 국제관계 분야에서 중요한 이론 중 하나이다.

이 이론은 개발도상국들이 선진국들의 미디어 산업에 의존하게 되면서, 그들이 선진국들의 문화와 가치관을 수용하고, 그들의 자체적인 문화와 가치관이 위축될 수 있다는 것을 주장한다. 이에 따라 미디어 의존 이론은 개발도상국들이 자체적인 미디어 산업을 발전시키고, 자체적인 문화와 가치관을 보호하는 것이 중요하다는 것을 강조한다.

국제관계 분야에서는 이 이론이 세계의 지역 간 권력 관계와 연결될 수 있다. 미디어 의존 이론은 선진국들이 미디어 기술을 보유하고 있기 때문에, 선진국들이 개발도상국들을 지배하고 통제할 수 있다는 주장을 제시한다. 이에 따라 미디어 의존 이론은 개발도상국들이 선진국들에 대한 종속성을 깨고, 자체적인 미디어 산업을 발전시키는 것이 국제적 자립성을 확보하는 데 중요하다는 것을 주장한다.

따라서, 미디어 의존 이론은 국제적인 권력 관계와 문화적 차이를 이해하는 데 매우 유용한 이론이다. 이론을 바탕으로 개발도상국들이 자체적인 미디어 산업을 발전시키고, 자체적인 문화와 가치관을 보호하는 것이 중요하다는 것을 국제사회에서 인식하고, 이를 실현하기 위한 노력이 필요하다.

2. 글로벌 기업들의 메타버스 어디까지 왔나

메타버스는 디지털 플랫폼으로, 가상 세계를 제공하며 이는 인터넷 기술 발전으로 더욱 진화하고 있다. 이러한 플랫폼은 기업들이 제품과 서비스를 홍보하고 새로운 시장을 개척하며 고객과 상호작용할 수 있는 새로운 방식을 제공한다. 따라서 메타버스는 기업이 글로벌 시장에서 성장하기 위한 중요한 수단이다. 또한, 메타버스는 다양한 산업군 간의 협력을 촉진하며, 새로운 비즈니스 모델을 개발하고 성장하는 기회를 제공한다. 그리고, 메타버스는 기업이 고객과 더욱 밀착된 관계를 구축하고 경쟁력을 강화하는 데도 도움이 된다. 이러한 이유로 메타버스와 글로벌 시장은 상호보완적인 관계에 있다.

1) 미국의 메타버스 특성과 현황

(1) 미국 기업들이 메타버스에 주목하는 이유

메타버스 공간에서 사용자는 가상 형태의 캐릭터를 조작하며 다른 사용자들과 상호작용할 수 있다. 이렇게 만들어진 메타버스는 전 세계의 사람들이 함께 이용할 수 있어 글로벌 문화의 교류와 협력이 가능해진다.

현재 메타버스는 다양한 분야에서 활용되고 있다. 예를 들어, 게임 분야에서는 메타버스를 이용하여 게임 플레이어들이 가상 세계에서 게임을 즐기면서 서로 소통하고 협력할 수 있다. 교육 분야에서는 가상 강의실을 구축하여 학생들이 가상 형태로 수업을 들을 수 있고, 문화 예술 분야에서는 가상 박물관과 같은 곳에서 작품 전시와 관람이 가능하다.

글로벌환경에서 메타버스는 다양한 문화의 교류 협력과 글로벌 문화체험에 중요한 도구가 될 것이다.

미국 기업들이 메타버스를 주목하고 활용하는 이유가 있다.

첫째로, 메타버스는 가상현실(VR)과 증강현실(AR) 기술을 활용한 가상 세계로, 기업들이 새로운 시장을 개척할 수 있는 기회를 제공한다. 새로운 비즈니스 모델을 시도하고, 새로운 시장을 창출할 수 있다는 장점이 있다.

둘째로, 메타버스는 소비자와의 접점을 강화할 수 있는 플랫폼으로, 기업들은 메타버스를 통해 소비자와 상호작용하고, 제품과 브랜드를 노출시킬 수 있다.

셋째로, 메타버스는 기업들이 경험형 마케팅을 구현할 수 있는 플랫폼이다. 기업들은 메타버스에서 소비자에게 제품이나 브랜드를 체험시키는 다양한 이벤트를 진행할 수 있다.

넷째로, 메타버스에서는 디지털 아바타를 만들어 사용할 수 있어서, 기업들은 이를 활용하여 소비자와 상호작용하거나, 브랜드 홍보를 할 수 있다.

다섯째로, 메타버스는 블록체인 기술을 활용하여 안전하고 효율적인 거래를 할 수 있는 환경을 제공한다. 기업들은 블록체인 기술을 활용하여 안전한 거래를 보장하고, 투명한 거래 과정을 제공할 수 있다.

(2) 정책 동향

미국 정부는 메타버스 기술 대신 XR 기술과 관련된 디바이스 및 콘텐츠를 육성하는 것을 중점으로 정책을 추진하고 있다. 이를 위해 미국 정부는 공공 부문 ICT R&D 프로그램을 통해 다양한 XR 기술개발 및 활용을 추진하고 있으며, 국방부는 육군 훈련에 XR 기술을 활용하고 국토안보부는 응급상황 대응을 위한 가상훈련플랫폼을 개발하여 사용하고 있다.

또한, 미국은 XR을 국가 리더십을 확보해야 하는 '10대 핵심 기술 영역'에 포함시켜 XR 기술개발에 대한 국가 차원의 R&D를 추진하여 핵심 기술을 확보한 후, 교육, 국방, 의료 등의 공공분야에서 XR 기술을 활용할 수 있는 인프라를 구축하고 지원하고 있다. 이러한 노력은 메타버스 기술의 발전을 위한 기반 기술인 XR 기술을 보다 안정적으로 발전시키며, 국가 차원에서 이를 활용할 수 있는 환경을 조성하는 것에 초점을 맞추고 있다.

(3) 미국의 메타버스 기업들의 SWOT 분석

메타버스는 인터넷이 제공하는 정보와 엔터테인먼트 산업에서의 비즈니스 모델을 연결하는 플랫폼이다. 미국에서 선두적인 기업들이 공격적인 마케팅과 글로벌 교류를 위한 플랫폼으로 성장시키고 있다.

SWOT 분석은 기업의 강점, 약점, 기회 및 위협을 파악하는 데 도움이 되는 프레임워크이다.

미국에서는 여러 가지 메타버스 플랫폼이 존재하는데, 이 중에서도 가장 대표적인 기업들의 특징과 SWOT 분석으로 현황을 알아본다.

① 로블록스(Roblox Corporation)

Roblox Corporation은 미국의 메타버스 기업으로, 유저들이 자신의 가상 세계를 만들고 공유할 수 있는 온라인 게임 플랫폼인 로블록스(Roblox)를 운영하고 있다. 미국에서 가장 인기 있는 메타버스 플랫폼 중 하나로, 8세부터 18세까지의 어린이와 청소년을 대상으로 하고 있다. 사용자들은 자신이 원하는 캐릭터를 만들어 가상 세계에서 다른 사용자들과 함께 게임을 즐길 수 있다. 2021년 3월, 로블록스는 NASDAQ에 상장되었으며, 현재 시가총액은 약 39억 달러이다. 이 회사는 2004년에 David Baszucki와 Erik Cassel에 의해 설립되었으며, 본사는 캘리포니아주 샌 마테오에 있다.

로블록스는 유저가 자신의 가상 세계를 만들고 게임을 제작할 수 있는 도구를 제공하며, 이를 다른 유저들과 공유하고 즐길 수 있도록 한다.

로블록스(Roblox Corporation)는 전 세계적으로 유명한 게임 개발 및 플랫폼 운영 회사이다. 로블록스의 SWOT 분석을 보면 강점이 크다.

로블록스는 200여 개 이상의 게임을 개발하고 운영하여 다양한 연령층에 인기가 있으며, 다양한 플랫폼에서 이용 가능하다는 점이다. 또한, 가상 경제 시스템을 운영하여 수익 창출이 가능하다는 장점이 있다. 하지만 어린이와 청소년 대상 게임 개발 실패, 보안 문제, 부적절한 콘텐츠 등의 약점이 있다. 글로벌 시장에서 수익 증대 기회와 블록체인 기술 활용 가능성은 기회 요인이며, 경쟁하는 회사들이 생기면서 투자 필요성이 증가하는 위협 요인이 있다. 향후 새로운 게임 개발과 기술개발을 통해 시장 선도를 유지할 수 있다.

〈표 5-1〉 로블록스의 SWOT 분석

S	▸ 200여 개 이상의 다양한 게임을 개발하고 운영 ▸ 어린이와 청소년 대상으로 다양한 연령층에 인기 ▸ PC, 모바일 및 콘솔에서 게임을 즐길 수 있음 ▸ 게임 안에서 가상경제를 운영하며, 이를 통해 수익을 창출	▸ 전 세계적으로 인기 있는 게임 개발 및 플랫폼 운영 회사로 글로벌 시장에서의 수익 증대 기회 있음 ▸ 새로운 게임 개발 및 기술개발을 통해 시장 선도를 유지 가능 ▸ 블록체인 기술을 활용하여 게임 내 경제 시스템을 강화 가능	O

https://www.roblox.com/

W	▸ 성인 대상 게임 개발의 실패로 인한 수익감소 가능성이 있음 ▸ 가상 경제 시스템을 운영 보안 문제 ▸ 개방형 플랫폼이기 때문에, 게임 내에서 부적절한 콘텐츠가 등장 가능성	▸ 시장 점유율을 높이기 위해 더 많은 투자가 필요 ▸ 취약한 보안 시스템 ▸ 규제와 법적 문제 ▸ 사용자의 이탈	T

☞ **로블록스 사례**

기업들은 메타버스를 적극적으로 활용하여 모바일에 익숙한 젊은 세대를 겨냥하고 있으며, 미국의 '로블록스'가 이를 이끌고 있다. 이는 전 세계적으로 매우 인기가 높으며, 이용자들은 자신의 아바타를 꾸미고 게임을 즐기며 다양한 활동을 할 수 있다. 로블록스를 이용하는 16세 미만 청소년은 미국에서 55%를 차지하며, 코로나19 대유행으로 인해 로블록스의 매출은 크게 증가했다. 이에 따라 로블록스는 글로벌 패션 브랜드들의 마케팅 수단으로 인기를 끌고 있으며, 구찌, 나이키, 반스, 폴로랄프로렌 등이 로블록스의 가상 세계로 진입했다. 반스의 경우 로블록스 내 '로블록스 반스' 공간에서 스니커즈 등 다양한 제품을 판매하고, 이벤트를 개최하며 이용자들에게 몰입형 경험을 제공한다.

② 에픽게임즈(Epic Games)

Epic Games는 미국의 게임 및 메타버스 기업으로, Tim Sweeney에 의해 1991년에 창립되었다. 처음에는 ZZT라는 게임을 출시하였지만, 이후

Unreal Engine과 같은 게임 엔진을 개발하여 게임 개발자들에게 많은 인기를 얻었다. Epic Games는 Fortnite와 같은 인기 있는 게임을 출시하여 빠르게 성장하였으며, 최근에는 메타버스 분야에 진출하여 새로운 가상세계를 만들기 위한 투자와 기술개발을 진행하고 있다. Epic Games의 강점은 Fortnite와 Unreal Engine과 같은 기술을 보유하고 있으며, 게임 개발 및 메타버스 분야에서 혁신적인 기술과 아이디어를 제공하며, 다양한 경험을 제공하는 새로운 메타버스를 만드는 것에 주력하고 있다.

Epic Games Store는 디지털 게임 배포 플랫폼을 보유하고 있어 게임 개발자들이 게임을 출시할 수 있고, 대규모 대회 및 이벤트를 주최하여 인기와 시청률을 유지하고 있다는 것이 강점이다. 약점은 Fortnite 경쟁이 치열해지고 있어서, 더 많은 인기 게임을 개발해야 하며, Fortnite에만 의존하면 다른 게임의 성공에 대한 우려가 있다. 게임 개발자들은 Unreal Engine을 사용하도록 유도하기 위해 높은 수수료를 부과받고, Epic Games Store는 새로운 배포 플랫폼이기 때문에 게임 출시 시 덜 안정적인 선택일 수 있다는 것이다.

Epic Games는 게임 산업의 급속한 성장으로 새로운 기회를 제공받고 있으며, 이를 통해 더 많은 수익을 창출할 수 있다. 게임 개발자들에게 Unreal Engine을 사용하도록 유도하고, Epic Games Store를 이용하여 Steam과 같은 기존 플랫폼과 경쟁할 수 있다는 점이다.

Fortnite의 인기가 줄어들면 수익이 감소할 위험이 있으며, 기업은 새로운 게임 출시 시 높은 경쟁 수준을 대처해야 한다.

SWOT 분석 결과, Fortnite에 의존하지 않고 다양한 게임 출시로 시장 경쟁력을 강화하고, Unreal Engine 사용을 유도하기 위한 수수료 개선 등의 대책이 필요하다는 점과 Epic Games Store를 게임 개발자들이 안정적인 선택으로 인식할 수 있도록 노력해야 한다는 시사점을 얻었다.

〈표 5-2〉 Epic Games의 SWOT 분석

S	‣ Fortnite를 보유하고 있으며, 플레이어 수는 수백만 명 ‣ Unreal Engine 엔진 기술을 보유 ‣ Epic Games Store와 같은 디지털 게임 배포 플랫폼을 보유 ‣ 대규모 대회 및 이벤트를 주최하여, 인기와 시청률을 유지하고 있음	‣ 기업은 더 많은 인기 게임을 개발하고, Unreal Engine을 사용하도록 게임 개발자들에게 유도함으로써 수익을 늘릴 수 있음 ‣ 새로운 게임 출시 플랫폼으로서, Steam과 같은 기존 플랫폼에 대해 경쟁	O

https://www.epicgames.com/site/ko/home

W	‣ 전적으로 Fortnite에 의존하고 있기 때문에 다른 게임의 성공에 대한 우려 존재 ‣ 게임 개발자들에게 Unreal Engine을 사용하도록 유도, 높은 수수료 부과. ‣ Epic Games Store는 새로운 플랫폼이기 때문에, 게임 개발자들이 게임을 출시할 때 덜 안정적인 선택일 수 있음	‣ Fortnite의 인기와 수익 관계. ‣ 게임 산업은 매우 빠른 속도로 변화하고 있기 때문에, 기업은 시장 변화에 빠르게 대처해야 함.	T

☞ 에픽게임즈 사례

에픽게임즈와 CJ ENM은 차세대 실감 콘텐츠 산업의 발전을 위해 업무협약을 체결했다. CJ ENM은 LED Wall 기반 버추얼 프로덕션을 도입하여 미디어 콘텐츠 제작 파이프라인을 구축하고, 이를 에픽게임즈와 교류하며 관련 정보와 기술을 공유할 예정이다. 이번 기술은 스타워즈 세계관을 바탕으로 한 최초의 버추얼 프로덕션 실사 드라마 '더 만달로리안'에서 사용된 것으로, 기존의 그린 스크린을 대체할 수 있는 차세대 촬영 플랫폼으로, 높은 퀄리티를 유지하면서도 시간과 비용을 크게 절감할 수 있다.

③ Unity Technologies

Unity Technologies는 3D 게임 개발과 시각화 소프트웨어를 개발하는 미국 기업이다. Unity는 게임 개발을 위한 엔진, 툴, 기술을 제공하며 증강현실(AR), 가상현실(VR), 시뮬레이션, 영화, 교육 등 다양한 분야에서 사용된다.

Unity는 게임 개발에 필요한 다양한 지원과 기술력으로 크로스 플랫폼 게임 개발을 가능하게 하며, 쉽고 직관적인 UI로 비전공자와 경험이 부족한 개발자들도 사용할 수 있는 게임 엔진이 강점이다. 약점은 대규모 개발 프로젝트에 비용이 높아질 수 있으며, 고성능 게임 개발을 위해서

〈표 5-3〉 Unity의 SWOT 분석

S	▸ 게임 개발에 대한 폭넓은 지원 및 기술력 보유 ▸ PC, 모바일 기기, 콘솔 등 다양한 플랫폼에서 게임 개발을 지원 ▸ 개발자들이 게임을 다양한 플랫폼에서 출시하고 사용자들에게 보다 많은 선택권을 제공 ▸ Unity는 비교적 쉽고 직관적인 UI와 높은 가시성을 가지고 있음	▸ 강력한 입지를 보유하고 있으며, 이를 기반으로 새로운 시장에 진입 가능 ▸ 증강현실, 가상현실 및 혼합현실과 같은 새로운 기술과 시장 ▸ 다양한 기업과 협력하여 새로운 기술을 개발하고 새로운 시장을 개척 용이 ▸ 게임 개발에 필요한 다양한 도구와 서비스를 제공 ▸ 교육 시장 확대 ▸ 다양한 플랫폼에서의 성장요소	O기회 (Opport unities)

https://unity.com/

W	▸ 비교적 높은 비용: Unity는 유료 소프트웨어로, 대규모 개발 프로젝트를 진행하는 경우 비용이 높아질 수 있음, 특정 플랫폼에서의 라이선스 비용도 고려해야 됨. ▸ 고성능 게임 개발에 대한 제한: Unity는 고성능 게임 개발을 지원하기 위해 추가적인 기술력과 최적화 작업이 필요, 고성능을 위해 Unity 이외의 다른 엔진을 선택해야 할 수 있음 ▸ 서드 파티 라이브러리 사용에 대한 제약: 개발자들이 사용하려는 라이브러리가 Unity와 호환	▸ 경쟁 엔진의 등장: Unity는 게임 엔진 시장에서 강력한 경쟁 업체들과 경쟁 중 ▸ 게임 산업의 변화: 새로운 기술이나 트렌드가 등장하거나 게임 산업이 변화할 경우, Unity는 이에 대한 대응 전략 필요 ▸ 기술적 제한: 모바일 기기에서의 하드웨어 제한으로 인해 Unity에서 개발한 게임이 원활하게 실행되지 않을 수 있음, 다양한 플랫폼에서 최적의 성능을 제공하기 위해 지속적인 기술적 개발과 최적화 작업이 필요 ▸ 보안 관련 기능을 지속적으로 강화하고 보안에 대한 대응 전략을 수립해야 할 것	T (Threats)

는 추가적인 기술력과 최적화 작업이 필요하며, 위험 요소는 일부 서드파티 라이브러리 호환성 확인이 필요하다는 것이다. 기회는 Unity가 글로벌 시장에서 인기 있는 게임 엔진 중 하나이며, 클라우드 게임과 인공지능 분야에도 관심을 가지며, 게임 산업의 성장세에 따라 새로운 게임 출시와 수익 창출의 기회를 제공한다.

④ 나이앤틱(Niantic, Inc.)

Niantic, Inc.는 캘리포니아에 본사를 둔 메타버스 및 게임 개발 회사로, 위치 기반 현실 게임 "Ingress"와 "Pokémon Go"를 제공한다. 이를 통해 증강현실과 위치 기반 서비스 기술을 활용하여 사용자가 가상과 실제 세계를 결합하여 경험할 수 있도록 한다. Niantic은 메타버스 분야에서 선두 기업 중 하나로 인정받으며, 게임 개발 외에도 사회 책임도 중요하게 생각하여 다양한 사회 캠페인을 진행하고 있다. "Pokémon Go" 출시 후 많은 사용자들이 야외 활동을 하며 사회적으로 적극적으로 참여하는 모습을 보였다. 첨단 기술: 증강현실(Augmented Reality, AR) 기술을 개발하는 분야에서 선두 주자 중 하나이다.

강점은 대중적인 게임 프랜차이즈: 포켓몬고(Pokémon Go)와 같은 대중적인 게임을 개발하여 큰 인기를 얻었다는 점이다. 뛰어난 협력 파트너십: 구글(Google), 애플(Apple), 포켓몬(Pokémon) 등과의 협력 파트너십을 갖추고 있으며, 전 세계적으로 게임 서비스를 제공하고 있다.

약점은 포켓몬고가 회사의 수익의 대부분을 차지하고 있어서 회사의 안정성과 지속 가능성에 대한 위험을 가져올 수 있다. 또한, 주요 제품인 포켓몬고에 대한 지속적인 업데이트 및 유지보수에 대한 비용이 많이 들어간다. 위험은 대체재인 증강현실 기술을 가진 경쟁 업체가 출현할 수 있다. 기회는 AR 기술이 향후 더욱 보편화될 것이고, 게임 외 AR 기술을 이용한 교육, 관광, 건강 등 다양한 분야로의 확장이 가능하다.

특히 지역 맞춤형 게임: 각 지역의 문화, 역사, 전설 등을 기반으로 한 게임을 개발하여 다양한 지역에서 성공적인 시장 진출이 가능하다.

⑤ 디센트럴랜드(Decentraland)

디센트럴랜드는 가상 세계를 위한 분산 플랫폼으로, 토지의 소유권 증명을 위한 분산화된 장부, 프로토콜 및 피어-투-피어 네트워크로 구성된다. 이를 통해 응용 프로그램을 구축하고 수익을 창출할 수 있다. MANA 토큰을 사용하여 LAND, 상품 및 서비스를 구매할 수 있으며, 콘텐츠 생성과 사용자 채택을 장려한다. 디센트럴랜드는 블록체인 기술을 활용하여 분산화된 가상 세계를 구축하는 회사이다. 사용자들은 자신의 가상 토지를 구매하고 건물을 건설하여 가상의 세계를 만들 수 있으며, 다른 사용자들과 소셜 활동을 할 수 있고, 가상의 아바타를 만들어 개성을 표현할 수 있다. 또한, 디센트럴랜드는 분산화된 애플리케이션(DApps)의

〈표 5-4〉 나이앤틱(Niantic, Inc.)의 SWOT 분석

S	‣ 대중적인 게임 프랜차이즈 개발 (포켓몬고) ‣ 증강현실 기술 분야에서 선두 주자 ‣ 구글, 애플, 포켓몬 등과의 협력 파트너십 보유 ‣ 전 세계적으로 게임 서비스 제공	‣ 증강현실 기술의 새로운 게임 ‣ 게임 외 분야로의 다양한 확장 가능성 ‣ 지역 맞춤형 게임 개발	O기회 (Opportunities)
	현실 세계 메타버스를 함께 탐험해 봅시다. 우리와 함께 하세요 증강 현실이 우리에게 더 나은 삶을 만들어 줄 수 있 https://nianticlabs.com/		
W	‣ 포켓몬고에 대한 종속성 ‣ 주요 제품 유지보수 비용 부담 ‣ 대체재인 경쟁 업체 출현 가능성	‣ 경쟁 업체 경쟁 가능성 ‣ 일부 지역에서의 규제로 인한 서비스 중단 가능성	T (Threats)

생태계를 구축하여 다양한 게임, 소셜 미디어, 쇼핑, 엔터테인먼트 등을 경험할 수 있도록 지원하고 있다. 사용자들의 가상 자산의 소유권과 교환을 보장하며, 중앙 집중형 서비스에 의존하지 않고 분산화된 경험을 즐길 수 있도록 지원한다.

Decentraland는 블록체인 기술을 이용하여 탈중앙화된 가상현실 플랫폼을 제공하며, 사용자가 소유권과 통제력을 가지고 새로운 아이디어를 구현할 수 있는 기회를 제공한다. 그러나 경쟁 업체들의 출현과 디지털 자산 시장의 불확실성 등으로 경제 모델의 실패 가능성이 있으며, 블록체인 기술의 성능 문제로 인해 사용자 경험에도 영향을 줄 수 있다. 더 많은 사용자를 유치하기 위해 새로운 콘텐츠와 게임, 상호작용 요소를 추가하는 것이 중요하다.

〈표 5-5〉 Decentraland의 SWOT 분석

S강점 (Strengths)	‣ 탈중앙화된 플랫폼 ‣ 새로운 콘텐츠와 놀이 방식 가능 ‣ 블록체인 기술로 디지털 자산의 안전성과 거래의 투명성을 보장 ‣ 크게 상호작용하는 놀이터를 제공 ‣ 사용자가 창의성을 발휘하고 새로운 아이디어를 구현할 수 있는 기회를 제공	‣ 더 많은 새로운 콘텐츠, 게임 및 상호작용 요소를 추가함으로써, 사용자의 수를 증가시킬 수 있음 ‣ 대중의 수요가 높아짐에 따라 인기 증가 견인 ‣ 디지털 자산 시장의 확대에 따라, 더 많은 사용자를 유치 가능	O기회 (Opportunities)
Welcome to Decentraland
https://decentraland.org/ | | |
| W | ‣ 가상 세계의 인기가 일정 수준 이상이 되지 않으면, 시장에서 부진한 결과
‣ 사용자가 실제로 지불할 가치를 느끼지 못한다면, 가상 토큰의 가치는 하락할 수 있음
‣ 적극적인 마케팅 활동이 부족하여, 더 사용자를 유치하는 데 한계가 있음 | ‣ 경쟁 업체들이 유사한 가상 세계 출시
‣ 가상 토큰의 가치 하락 등의 요인으로 경제 모델이 실패할 가능성이 있음
‣ 블록체인 기술의 성능 문제 | T
(Threats) |

⑥ 하이 피델리티(High Fidelity, Inc.)

하이 피델리티는 미국의 메타버스 기업으로, 사이버스페이스와 가상현실 기술을 개발하고 판매한다. 가상현실 기술을 사용하여 혁신적인 사이버스페이스를 제공하며, 사용자들이 가상 세계에서 상호작용하고 소통할 수 있도록 지원한다. 또한, 미국 캘리포니아주 샌프란시스코에 본사를 두고 VR 및 사이버스페이스 기술에 대한 연구 및 개발을 계속하고 있다.

하이 피델리티는 2013년에 Philip Rosedale이 설립하였으며, Second Life의 창시자이다. 주요 제품인 High Fidelity 플랫폼은 사용자가 가상 세계에서 자신의 신체적 존재를 완전히 경험할 수 있도록 하는 VR 기술을 사용한다. 세계 최초로 오픈소스 메타버스 플랫폼을 제공하며, 개발자와 유저들이 가상 세계에서 협업하고 상호작용할 수 있는 도구와 서비스를 제공한다.

강점은 가상현실 분야에서 기술적 전문성이 뛰어나고 다양한 산업군에서 가상현실을 활용하는 대규모 이용자들을 보유하고 있다. 다양한 파트너십 및 제휴를 통해 다양한 시장에서의 성장을 모색하고 있다. 약점은 새로운 시장 진입에서는 경쟁력이 부족할 수 있고, 제품이 상대적으로 높은 가격으로 판매되고 있어, 일반적인 소비자들에게는 높은 구매 장벽으로 작용할 수 있다.

기회는 산업용 사례의 확대를 통해 다양한 분야에서의 성장을 모색할 수 있다. 위협은 경쟁 업체들과의 경쟁에서 제품 및 서비스의 차별화를 모색해야 한다는 과제가 있다.

<표 5-6> High Fidelity의 SWOT 분석

S강점 (Strengths)	▸ 상호작용 경험으로 높은 수준의 신뢰성을 제공 ▸ 분산된 가상 환경을 제공하여 전 세계에서 사용자들이 쉽게 접근하고 상호작용 ▸ 블록체인 기술을 활용하여, 투명성과 보안성이 높은 디지털 경제 생태계를 구축. ▸ 유저의 인터렉션 데이터를 수집 및 분석하여 맞춤형 경험 제공이 가능	▸ 가상 경험 제공업체와의 경쟁 ▸ 새로운 비즈니스 모델과 가상현실 경험 제공에 대한 관심 추세 ▸ 블록체인 기술로 높은 가상 경험 생태계 구축 가능 ▸ 더 다양한 산업과 파트너십으로 수익 모델 발견	O기회 (Opportunities)
	 https://www.highfidelity.com/		
W	▸ 큰 사용자 기반을 보유하고 있지 않음 ▸ 대안 가상 세계에서 높은 경쟁력을 유지하기 위해 지속적인 혁신과 개선이 필요 ▸ 기술에 대한 이해도가 낮은 사용자들은 이용에 어려움을 느낄 수 있음 ▸ 현재 매출을 추적하는 측정 기준이 완전하지 않음 ▸ 비교적 정확한 수익 모델을 만들기가 어려움	▸ 경쟁 업체의 증가로 시장 점유율 확보에 대한 경쟁 치열 ▸ 정부의 규제와 제한이 가상현실 산업에 영향 ▸ 보안에 대한 대응 전략 필요	T (Threats)

⑦ 소미늄 스페이스(Somnium Space)

소미늄 스페이스는 가상현실 기술을 활용하여 만들어진 메타버스를 운영하며, 사용자들은 이곳에서 가상 공간에서 다른 사용자들과 상호작용하며 활동할 수 있다. 이 플랫폼은 블록체인 기술을 이용하여 가상 자산을 관리하고, 가상 땅을 소유하고 거래할 수 있도록 한다. 또한, 사용자들은 자신의 가상 공간을 만들어 디자인하며, 가상의 아이템을 구매하거나 판매할 수 있다.

소미늄 스페이스는 Oculus Rift 및 HTC Vive와 같은 VR 장치에 최적화된 방대한 오픈 월드로, 전 세계 사람들이 만나 사교 활동을 즐기고 이벤트를 즐길 수 있는 디지털 소셜 위치로 구성되어 있다. 이 플랫폼은 다른 VR 소셜 실험보다 독특한 점으로 사용자가 실제 세상에서와 마찬가지로 가상의 토지를 소유할 수 있다는 것을 강조한다. 블록체인 기술을 이용해 사용자는 '랜드 소포'를 구입하여 이론적으로 원하는 대로 가상의 토지를 만들 수 있다.

현재 Somnium Space 1.0 버전은 Steam 버전 2.0을 통해 무료로 다운로드할 수 있으며, 새로운 버전에서는 전신 아바타, SDK, 향상된 컨트롤러 지원, Oculus Go 및 Oculus Quest 지원 등이 추가된다.

〈표 5-7〉 Somnium Space의 SWOT 분석

S강점 (Strengths)	‣ 블록체인 기술을 기반 가상현실 환경을 제공 ‣ 탈중앙화된 시스템을 사용하여, 보안과 개인정보 보호에 대한 사용자의 우려를 해소 ‣ 부동산 거래 및 소유권 이전을 가능	‣ 부동산, 건축, 인테리어 등의 산업에서 새로운 비즈니스 모델을 탐색 가능 ‣ 가상현실의 광고 및 마케팅 채널. ‣ 블록체인 기술 기반 경제 생태계의 발전 선도 가능	O기회 (Opportunities)
	https://somniumspace.com/		
W	‣ 새로운 기술이기 때문에, 일부 사용자는 이해하기 어렵거나 불안정한 측면 존재 ‣ 하드웨어가 상대적으로 비싸기 때문에 참여하기 어렵다는 점 ‣ 블록체인 기술의 사용으로 인해 고가의 거래 수수료	‣ 경쟁 업체들과 경쟁 ‣ 블록체인 시스템이 해킹 등의 공격에 취약 ‣ 가상 화폐 시장의 변동성으로 인해 경제 시스템이 영향을 받음	T (Threats)

⑧ 더 샌드박스(The Sandbox)

더 샌드박스는 블록체인을 기반으로 한 디지털 메타버스 기업으로, 사용자들이 3D 그래픽과 유니티 엔진을 사용하여 제작된 가상 세계에서 게임, 소셜 미디어, 창작 등 다양한 활동을 즐길 수 있다. 사용자들은 암호화폐(SAND)를 사용하여 땅을 구매하고 게임을 플레이하며, 대체불가토큰(NFT)을 활용해 자신만의 복셀(Voxel)을 제작할 수 있다. 이를 통해 사용자는 랜드(LAND)를 임대하거나 샌드를 랜드에 스테이킹해 수익을 올릴 수 있다.

현재 암호화폐 시장에서 인기가 많으며, 2021년 8월 기준 매출은 800만 달러 이상이다. 이 수익은 사용자들이 만든 콘텐츠를 구매하는 수익과 게임 내 광고 수익 등이 포함된다.

더 샌드박스는 커뮤니티 중심 플랫폼으로, 제작자가 블록체인에서 복셀 자산 및 게임 경험을 통해 수익을 창출할 수 있도록 지원하며, 복셀 아이템과 캐릭터를 직접 제작할 수 있는 "복스에딧"(VoxEdit), 아이템을 직접 거래할 수 있는 "마켓플레이스", 그리고 아이템들을 활용해 게임을 제작할 수 있는 "게임메이커"로 구성된다. 더 샌드박스는 현재 전 세계에서 가장 유망한 10가지 블록체인 게임 중 하나로 선정되어 있으며, 사용자들은 자신만의 복셀 게임을 만들어 수익을 창출할 수 있는 차세대 게임 플랫폼으로 인기가 있다.

강점은 더 샌드박스는 유저들이 자유롭게 플레이하고 창작하는 것이 가능한 게임이며, 유저 커뮤니티에서 서로의 작품을 공유하고 소통하는 것이 가능하며, 더 많은 유저들을 끌어들이는 데 큰 역할을 한다. 유저들은 게임 내에서 자유롭게 월드를 구성하고 캐릭터를 만들 수 있으며, 이를 기반으로 다양한 게임 모드나 스토리를 만들 수 있다.

약점은 직접 창작을 위한 기술적 지식이 필요하고, 광고 및 마케팅에 대한 예산이 부족하여 게임을 더 많은 유저들에게 알리는 것이 어려울 수 있다.

기회는 신기술을 적용하여 게임의 질을 높일 수 있다. 위험은 경쟁 업체와의 경쟁과 보안 문제, 네트워크 장애 또는 데이터 손실 등의 기술적인 문제와 법규제나 정책적인 문제 그리고 인력 부족, 금융 위험이 있다.

〈표 5-8〉 The Sandbox의 SWOT 분석

S	‣ 창의적인 콘셉트 ‣ 유저 커뮤니티 ‣ 다양한 콘텐츠	‣ 신기술 적용	O
	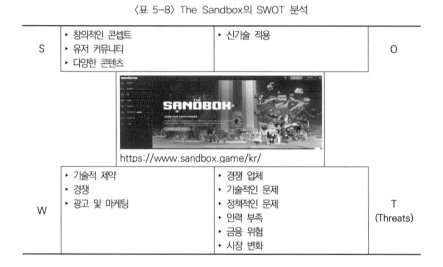 https://www.sandbox.game/kr/		
W	‣ 기술적 제약 ‣ 경쟁 ‣ 광고 및 마케팅	‣ 경쟁 업체 ‣ 기술적인 문제 ‣ 정책적인 문제 ‣ 인력 부족 ‣ 금융 위험 ‣ 시장 변화	T (Threats)

⑨ 세컨라이프(Second Life)

세컨라이프는 린든랩에서 개발한 가상현실(Metaverse) 플랫폼으로, 사용자들은 가상으로 만든 캐릭터를 통해 다른 사용자들과 상호작용하며, 가상 세계에서 자유롭게 경제활동을 할 수 있다. 전자화폐인 린든 달러를 벌어들일 수 있으며, 미국 달러로 환전할 수 있다. 사용자들은 땅을 구매하고 집을 건설하며 가게를 운영하고, 다른 사용자들과 교류하며 가상 이벤트나 공연에 참여할 수 있다. 이전의 게임과는 다르게 시나리오나 스토리텔링 방식이 아닌 현실과의 경계를 허무는 가상현실화를 구현하여 한 획을 그었다고 평가받고 있다. 최근에는 가상현실 기술의 발전과 경쟁 업체들의 등장으로 인해 사용자 수가 감소하고 있지만, 아바타(Avatar) 기술이나 가상, 증강현실 기술 등의 발전으로 상황이 변화하고 있다.

강점은 사용자는 거의 모든 것을 직접 제작하고 디자인할 수 있다는 것과 가상의 상품과 서비스를 구매하고 판매할 수 있는 기회를 제공하고 있다는 것이다. 또한, 소셜 네트워크를 형성하여 사용자들은 공통 관심사를 가진 사람들과 상호 작용하며, 다른 사람들과 연결할 수 있다. 약점은 사용하기가 상대적으로 어렵다. 직접 환경을 구성하고 다양한 인터페이스를 배우는 등의 학습 과정을 거쳐야 한다. 세컨라이프는 사용자가 만드는 내용에 대한 책임이 없다. 이는 적절한 규제나 검열이 부족하다는 것을 의미하고, 사이버 범죄나 악성 사용자 등의 문제를 유발할 수 있다. 그러나, 사용자들이 VR 기술 발전으로 가상 상품을 판매하고, 가상 세계에서 비즈니스를 운영할 수 있어서 기회가 되고 있다.

〈표 5-9〉 세컨라이프(Second Life)의 SWOT 분석

S (Strengths)	▸ 자유로운 창작성 ▸ 가상 경제 시스템 ▸ 소셜 네트워크를 형성할 수 있는 커뮤니티	▸ 가상 세계에서 비즈니스를 운영 ▸ VR 기술 발전 ▸ 새로운 비즈니스 모델 창출 ▸ 대규모 사용자 기반	O (Opportunities)
	 https://secondlife.com/		
W	▸ 복잡한 사용법 ▸ 사용자가 만드는 내용에 대한 책임 부재의 운영 체계 ▸ 라인 가상 세계 시장의 치열한 경쟁 상황	▸ 경쟁 업체 ▸ 사용자의 개인정보 유출 및 해킹 등의 문제 ▸ 가상 환경에서의 표현 방식이 제한적	T (Threats)

예를 들어, 가상 광고, 가상 상점 등의 서비스를 제공할 수 있고, 다양한 산업 분야에서의 협업과 소통 등의 가능성이 있다.

세컨라이프는 3D 가상 환경을 제공하지만, 기술적으로는 아직 발전이 필요한 부분이 많다. 또한, 보안 문제도 있다.

⑩ 브이알챗(VRChat)

브이알챗은 가상현실 기술을 사용하여 사용자들이 가상 세계에서 상호작용할 수 있는 메타버스 플랫폼이다. 사용자들은 자신의 디지털 아바타를 만들고 다른 사용자들과 상호작용할 수 있다. 이 게임은 정식 출시 예정인 부분 유료화 대규모 다중 사용자 온라인 가상현실 소셜 서비스이며, Graham Gaylor와 Jesse Joudrey가 만들었다. 마이크로소프트 윈도 전용으로 스팀의 얼리 액세스 프로그램으로 오큘러스 리프트, HTC 바이브, 그리고 윈도 MR 헤드셋을 지원하였다. 브이알챗은 3D 캐릭터 모델로 구현된 다른 플레이어들과 상호작용할 수 있는 게임이다. 사용자들은 가상 아이템을 구매하여 자신의 캐릭터나 가상 세계를 꾸밀 수 있으며, 이를 위해 가상화폐를 사용한다. 브이알챗은 세계 각국의 사용자들이 다양한 언어와 문화를 가진 아바타와 상호작용할 수 있는 국제적인 플랫폼으로 성장하고 있다. 대규모 사용자 상호작용과 가상현실 경험을 제공하므로 대규모 스트리밍 행사나 가상 음악 공연 등으로 진행되고 사용자들에게 새로운 경험을 제공한다.

2020년 11월 기준으로 1500만 명 이상의 등록 사용자를 보유하고 있으며, 이 중 약 300만 명은 매주 로그인한다. 2020년 3월부터 11월까지의 8개월 동안, VRChat의 총 매출은 2200만 달러로, 전년 대비 400% 이상의 증가율을 보였다.

S강점 (Strengths)	‣ 사용자 친화적인 인터페이스와 쉬운 조작 방법 ‣ 커뮤니티 기반의 게임으로서, 커뮤니티가 게임의 콘텐츠를 만들어 제공하고 있음 ‣ 다양한 콘텐츠 및 맵 제공으로 사용자들이 자신만의 경험을 제작 및 공유 가능 ‣ VR 기기를 지원하며, 사용자가 더욱 몰입감 높은 경험을 누릴 수 있음 ‣ 소셜 네트워크 서비스 기능을 지원하여 다른 사용자와의 교류 및 연결이 용이함	‣ VR 기기와 인터넷 속도, PC 사양 등의 기술적 발전으로 더욱 혁신적인 콘텐츠 및 경험 제공 가능 ‣ 광고, 후원, 결제 등 다양한 수익 창출 방법을 고민하여 수익성을 향상시킬 수 있음 ‣ 다양한 분야의 새로운 협력사 및 파트너십을 구축하여, 사용자들에게 다양한 혜택과 경험 제공 가능	O (Opportunities)

https://hello.vrchat.com/

W (Weaknesses)	‣ PC 스펙 요구사항이 높아, 낮은 스펙의 컴퓨터에서는 사용이 어려울 수 있음 ‣ 일부 사용자들이 부적절한 콘텐츠나 비방, 모욕적인 발언 등으로 인해 불쾌한 경험을 할 수 있음 ‣ 콘텐츠 제작자 및 커뮤니티 유저들이 지속적으로 새로운 콘텐츠를 만들어 제공하지 않으면, 사용자들의 흥미도 감소할 수 있음	‣ 경쟁 업체들의 소셜 VR 게임 출시로 인한 시장 점유율 감소 가능성 있음 ‣ VR 기술 및 소셜 네트워크 서비스	T (Threats)

⑪ 메타(META)

메타는 미국의 종합 인터넷 기업으로, 소셜 네트워크 서비스인 Facebook, Instagram, WhatsApp, Messenger 등을 운영하고 있으며, 약 30억 명의 월간 활성 사용자를 보유하고 있다.

광고를 통해 수익을 창출하는 소셜 네트워크 기업으로, 사용자 데이터를 분석하여 타겟팅 광고를 제공한다. AI 및 머신러닝 기술을 활용하여 사용자의 관심사와 행동을 파악하며, 사용자 상호작용과 정보 교류를 촉진하는 플랫폼을 제공한다. 메타는 Oculus VR, Spark AR 등 가상현실 기술 회사를 인수하고, 디엠 암호화폐 프로젝트를 주도하고 있다. 메타는 세계적인 영향력과 대중문화에 큰 역할을 담당하고 있다.

메타(META)는 수억 명의 사용자를 보유하고 광고 수익이 주요 수입원 인 회사로, 가상현실과 증강현실 기술을 이용하여 현실과 유사한 가상 공간 을 구축하는 기술로, 인기 있는 콘텐츠를 제공하고 있다. 페이스북은 최근 메타로 회사명을 변경하고 메타버스 분야에 대한 큰 관심을 보이고 있다.

[그림 5-1] META의 SWOT 분석

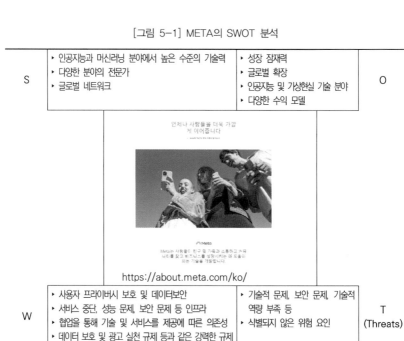

S	‣ 인공지능과 머신러닝 분야에서 높은 수준의 기술력 ‣ 다양한 분야의 전문가 ‣ 글로벌 네트워크	‣ 성장 잠재력 ‣ 글로벌 확장 ‣ 인공지능 및 가상현실 기술 분야 ‣ 다양한 수익 모델	O
W	‣ 사용자 프라이버시 보호 및 데이터보안 ‣ 서비스 중단, 성능 문제, 보안 문제 등 인프라 ‣ 협업을 통해 기술 및 서비스를 제공에 따른 의존성 ‣ 데이터 보호 및 광고 실천 규제 등과 같은 강력한 규제	‣ 기술적 문제, 보안 문제, 기술적 역량 부족 등 ‣ 식별되지 않은 위험 요인	T (Threats)

II. 중국의 메타버스 세계 어디까지 왔나?

1. 중국의 메타버스 특성과 현황

1) 메타버스 열광 배경

최근 몇 년 동안 중국은 인터넷, 인공지능, 사물인터넷, 빅데이터, 블록체인, 5G, 인공지능, 가상현실 등 미래형 기술이 국가의 정책지원을 통해 산업 발전을 추진하고 있다. 중국의 메타버스 기술 상황을 보면, VR, AR, MR 디지털 쌍둥이 등 발전은 미흡하지만, 중국은 인프라 구축이 잘되어 있어 응용 방면에서는 풍부한 잠재력이 있다고 할 수 있다. 하지만 이를 실제로 활용하기 위해서는 기술 발전을 위한 추가적인 투자와 노력을 기울여야 메타버스 분야에서 미래 산업의 선두 주자로 성장해 나갈 것이다. 미국을 대표하는 선진국의 선도적 기술기업은 자본을 활용하여 장기적 기술 축적과 세계 시장을 바탕으로 새로운 기술을 개발하고 있는 추세이다. 이에 중국 또한 시대의 흐름에 따라 메타버스 분야에 박차를 가하고 있다. 메타버스 개발은 고성능 하드웨어 기술과 효율적인 소프트웨어 생태계에 크게 의존할 것이다. 중국의 메타버스 분야도 신진 프로그래밍 칩, 인공지능 생태, 산업용 소프트웨어 등 기초 분야에서의 기술 발전이 중요할 것이다. 푸단대학교 빅데이터연구원 자오싱 교수는 미국과 유럽 등에서 게임과 인터넷 회사 위주로 발전하고 있는 메타버스 산업과는 다른 중국만의 발전 모델을 제시하였다.

중국은 교육문화, 문화관광, 미디어 엔터테인먼트 등의 산업에서 메타버스를 발전시킬 가능성은 이미 중국은 2020년 코로나 19를 계기로 사회의 전면적인 디지털 전환으로 나아가고 있다. 메타버스도 온·오프라인 융합으로 발전할 것이다.

한국과 중국은 메타버스에 관한 관심과 열광이 증가하고 있다. 한국은

2021년 3월부터 메타버스 검색빈도가 기하급수적으로 증가하고 있다. 김상균 교수의 "메타버스 새로운 기회"라는 책이 발간되면서 더욱 그러하다. [그림 5-3] 그래프에서 보면, 한국은 메타버스에 대한 검색이 급상승하고 있다는 것을 알 수 있다. 중국도 예외가 아니다. 텐센트의 성장으로 중국 또한 메타버스에 대한 야망과 메타버스의 검색빈도가 급상승하며 열광하고 있다는 것을 볼 수 있다.

출처: 百度指數
https://index.baidu.com/v2/main/index.html#/trend/%E5%85%83%E5%AE%87%E5%AE%99?words=%E5%85%83%E5%AE%87%E5%AE%99 참고로 재구성

[그림 5-2] 중국 메타버스 빈도 수

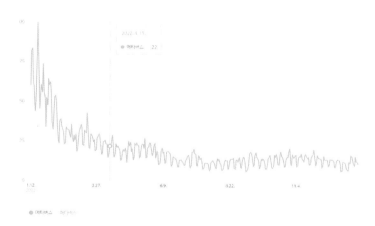

출처: 네이버 데이터 랩

[그림 5-3] 한국 메타버스 검색 빈도 수

2) 정책 동향

중국의 주요 지방정부에서는 최근 메타버스 산업기지 건설을 제안하고 있으며, 메타버스에 대해 "전자정보산업발전 14차 5개년 계획"에서도 언급되었다. 지방정부의 "연간 업무보고"에서도 메타버스는 중국의 중요한 산업 발전으로 제시되었다. 2021년 12월 하이난 싼야(海南三亚)와 왕이(网易)는 메타버스 전략 협력 협약을 체결하고 2022년 3월 샤먼시 공업정보화국은 "메타버스 산업 발전 3년 행동 계획"을 발표하였다. 2022년 4월에는 광저우시 황푸구(广州市 黄埔区), 광저우 개발구(广州市 开发区)는 정책을 발표하였다. 또한, 2022년 6월에 베이징 퉁주우구(北京 通州区)는 메타버스 응용 혁신센터 건설을 가속하여 메타버스 기업을 유치할 계획이다.

중국의 우한, 하이커우, 충칭, 선양, 허난 및 각 지방과 도시는 메타버스 관련 정책을 발표하고 있다. 상하이는 2022년까지 100억 위안 규모의 새로운 산업펀드를 설립하여 국제적으로 경쟁력을 갖춘 핵심적인 기업 10개와 전문기술을 겸비한 신규기업 100개 설립 계획을 발표했으며, 2025년까지 3,500억 위안 이상의 규모로 메타버스 산업 발전을 목표로 하고 있다.

2022년 1월 24일 중국산업정보기술부에서 개최한 중소기업 발전 세미나에서는 중소기업의 디지털화를 강화하고 디지털 경제발전을 지원한다고 발표하였다. 이와 함께 메타버스와 블록체인 등 신분야의 중소기업을 육성할 것이라고 밝혔다.

2022년 제13차 전국인민대표대회 제5차 회의에서도 메타버스에 대한 발전을 강조하였으며, 그에 따른 규제강화와 혁신을 장려하고 메타버스 시대의 기회를 잡아야 한다고 제의하였다. 또한, 2022년 5월 중국공산당 중앙당교에서는 <당정간부를 위한 메타버스 산업설명서>를 출간했다. 이러한 정책들은 중국 정부가 메타버스 산업을 미래 성장동력 중 하나로 인식하고 있음을 보여주는 것이다.

<표 5-11>은 중국의 주요 도시 메타버스 산업정책에 관한 내용과 응용 분야를 정리한 것이다.

〈표 5-11〉 중국의 주요 도시 메타버스 산업정책

도시	정책	응용 분야
베이징시	메타버스 개발계획(2022-2024) 발표: 3년 안에 100개의 메타버스 기업 유치 메타버스 생태계 구축	테마파크, 문화, 관광, 상업, 교육, 금융, 스마트 시티, 예술, XR 산업
상하이시	2022~2025년까지 메타버스 산업단지와 혁신적인 서비스 플랫폼 구축, 메타버스 산업 인재 육성	VR, AR, MR 터미널, 3D, 의료, 엔터테인먼트, 디지털 산업 업그레이드 및 혁신적인 생태 육성
충칭시	메타버스 생태산업단지 조성 메타버스 거버넌스 및 산업발전체계 조성 및 메타버스 전문가 인재양성	자동차, 산업, 건설, 교육, 문화 및 스포츠 메타우주 산업 클러스터 구축
허난성	2025년까지 300억 위안 이상의 메타버스 산업 육성 메타버스 혁신 선도지역 조성과 혁신적이고 전문적인 중소기업 육성	산업, 소비, 엔터테인먼트, 여행, 교육, 건강, 사무실, 주거, 블록체인, 비디오게임, 인공지능, 사물인터넷 등
우한시	100개 이상의 메타버스 핵심기업육성, 메타버스 산업 인큐베이션 건설, 메타버스 연구소 설립	메타 유니버스, 빅데이터, 5G, 클라우드 컴퓨팅, 블록체인, 지리 공간 정보, 양자 기술
헤이룽성	메타버스 기술시스템 구축, 메타버스 주요 응용분야의 핵심 기술, R&D 응용촉진, 메타버스 응용 프로그램 장려	원격의료, 비즈니스 오피스, 스마트컨벤션, 소셜 엔터테인먼트
광저우시	메타버스 핵심 기술 및 응용 프로그램의 선도적인 기업 육성. 최대 1백만 위안 임대 보조금과 사무실 주택 보조금 5백만 위안을 제공.	디지털 트윈, 인간-기계 상호작용, AR/VR/MR(가상현실/증강현실/혼합현실)

http://gxxxzx.gxzf.gov.cn/jczxfw/dsjfzyj/t12993139.shtml
출처: KOTRA(2022.7.20.), "메타버스, 중국 디지털 경제의 다음 정거장", Global Market Report 참고로 재구성

3) 시장의 잠재력

중국의 메타버스 시장은 성장할 것으로 예측되며, 2022~2027년까지

연평균 32.98%의 성장률을 기록하여 1,263.5억 위안(한화 약 24조 3,539억 원)의 규모에 이를 것으로 예상된다. 상하이시 경신위는 2021년 12월 30일 "상하이시 전자정보 제조업 발전 '14차 5개년' 계획에서 메타버스 등의 산업에 대한 투자를 전면에 배치하고 기술 연구를 지원하며, 메타버스의 활용을 장려하겠다고 하였다. 상하이시는 2025년 메타버스 산업 규모를 약 3,500억 위안을 돌파할 것으로 보고 있다.

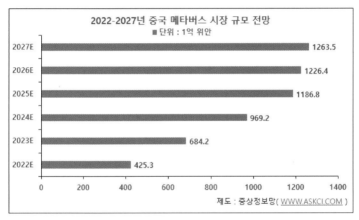

출처: 중국비즈니스산업연구소

[그림 5-4] 2022~2027년 중국 메타버스 시장규모 전망

4) 분야별 시장규모

(1) 인공지능

중국 제14차 5개년 계획은 차세대 인공지능을 주제로 하였으며, 새로운 인프라와 함께 디지털 경제를 포함한 지속적인 발전 정책이 산업 인텔리전스의 업그레이드를 촉진하는 것이다. 중국의 AI 시장규모는 2016~2020년에도 꾸준히 성장할 것으로 전망했으며, 시장규모는 2016년 154억 위안에서 2020년 1,280억 위안으로 증가했다. 연평균 성장률 69.79%이다.

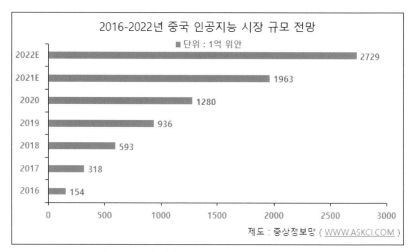

출처 : 인사이트 컨설팅, 중상산업연구원 정리

출처: 중상정보망

[그림 5-5] 2022~2027년 중국 인공지능 시장규모 전망

새로운 인프라 산업이 점점 더 많은 관심을 받고 있으며, AI 산업은 앞으로도 계속 성장할 것이다. 2022년에는 2,729억 위안에 달할 것으로 예상한다.

(2) VR/AR

중국은 5G 상용화가 빠르게 발전하고 있다. VR/AR 산업의 새로운 붐이 시작되었을 뿐만 아니라 AR의 적용 범위의 라이브 방송과 게임 및 기타 소비자 엔터테인먼트 분야 또한 산업으로의 전환을 가속화 하는 추세이다.

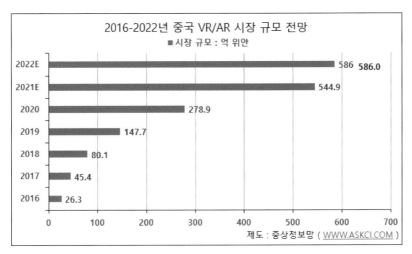

출처: www.askci.com

[그림 5-6] 2016~2022년 중국 VR/AR 시장규모 전망

의료, 교육과 같은 영역으로도 확산되고 있으며, 대규모 개발을 하고 있다. 2018년 중국의 VR/AR 시장규모는 80억 1000만 위안이다. 중국 상인 산업 연구소는 2022년까지 중국의 VR/AR 시장규모가 586억 위안에 달할 것으로 예상하고 있다.

(3) 클라우드 컴퓨팅

중국은 사회 전체의 디지털 혁신으로, 클라우드 컴퓨팅의 보급률이 크게 증가하였다. 시장규모는 계속 확장되고 있으며, 중국의 클라우드 컴퓨팅 산업은 꾸준한 발전을 보이고 있다. 2019년 중국의 클라우드 컴퓨팅 시장규모는 1334억 5천만 위안에 달하였다. 중국의 클라우드 컴퓨팅 시장은 여전히 빠르게 성장하고 있으며, 2022년까지 시장규모는 2951억 5천만 위안에 육박할 것으로 내다보고 있다.

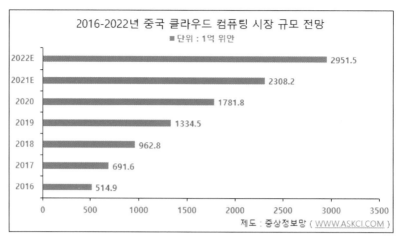

출처 : 정보 통신 연구소, 중상산업연구원 정리

출처: www.askci.com

[그림 5-7] 2016~2022년 중국 클라우드 컴퓨팅 시장규모 전망

(4) 블록체인

중국 제14차 5개년 계획에 따르면, 블록체인은 제14차 5개년 계획의 7대 디지털 경제 핵심 산업 중 하나이다. 2025년까지 디지털 경제의 핵심 산업 부가가치를 GDP의 10%로 끌어 올릴 것으로 보인다. 최근 몇 년 동안 블록체인 시장규모는 꾸준히 성장하고 있다. 2017년 8억 8,500만 위안에서 2020년 5억 6,100만 위안으로 증가했으며, 연평균 성장률 87.58%, 2022년에는 14억 9천만 위안으로 증가할 것으로 예상하고 있다.

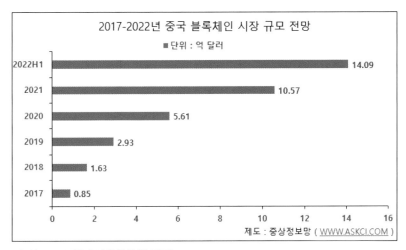

출처 : IDC, 중상산업연구원 정리

출처: www.askci.com

[그림 5-8] 2016~2022년 중국 블록체인 시장규모 전망

(5) 온라인 게임

중국은 지난 10년 동안 게임 산업은 지속적으로 계단식 성장을 보였다. 2021년 중국 게임 사용자 규모는 6억 7천만 명으로 975% 증가했으며 중국 게임 산업의 시장규모는 2,965억 1,300만 위안에 달했다. 2021년 중국 게임 시장의 실제 판매 수익은 2020년 대비 178억 2,600만 위안, 전년 대비 6.40% 증가했다. 비교적 안정적인 증가 속도를 계속 유지하고 있는 형태이다.

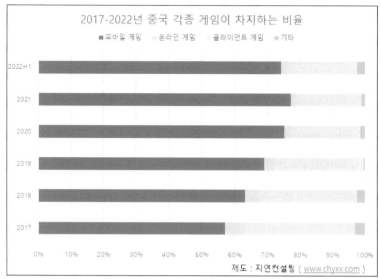

출처: www.askci.com

[그림 5-9] 2016~2022년 중국 온라인 게임 시장규모 전망

5) 기술현황

중국의 메타버스 관련 기술현황을 살펴보면 VR, AR, MR, 디지털 트윈 및 기타 기술개발은 나중에 향후 개선될 수 있다는 것을 알 수 있다. 최근 몇 년 동안 중국은 인터넷, 인공지능 및 기타 산업의 발전에 점점 더 많은 관심을 기울이고 있다. 과학기술 강국을 건설하기 위해 노력하고 있으며, 국가에서는 산업 발전을 지원하기 위해 일련의 정책을 발표하였다. 사물인터넷, 빅데이터, 블록체인, 5G, 인공지능, 증강현실/가상현실 등 신기술 개발을 가속해야 한다고 강조하면서, 2025년까지 중국은 가상현실 산업의 전반적인 실력을 글로벌 수준으로 선두에 진입하고 가상현실 핵심 특허와 표준을 장악하고자 한다. 또한, 국제 경쟁력이 강한 가상현실 표준 기업을 몇 개 만들어 기업으로 하여금 혁신 능력을 크게

향상시키고자 한다. 그뿐만 아니라 응용 서비스 공급 수준을 크게 향상시켜 산업 분야의 종합적인 실력을 갖추어 경제 사회 각 분야에서 발전하고자 한다. 더욱이 몰입형 스마트 기술 산업의 신흥 대표인 메타버스는 자연스럽게 국가 차원에서 격려와 지원을 받고 있을 뿐만 아니라 정책적으로도 펼치는 산업이기도 하여 앞으로 전망이 밝을 것으로 예상된다. 아래 표는 중국의 메타버스와 관련된 기술현황을 도표로 정리한 것이다.

〈표 5-12〉 중국 메타버스 관련 기술 발전현황

분류	핵심 기술	중국기술 발전현황
통신 인프라	5G	2020년 말까지 중국 5G 기지국 수는 원래 계획된 60만 개의 목표를 초과 완성. 기본적으로 도시에 5G 네트워크 설치됨. 주 평균 1.2만 개 기지국 신설. 현재까지(2022년 말) 5G 건설 모두 완성되지 않음. 5G 혁신 응용 아직 미숙 단계. 그러나 이 두 방면에서 일정한 성과를 얻음. 2021년 5G 발전에 양호한 기초를 만들어 줌.
빅데이터 기반	클라우드 컴퓨팅	최근 몇 년간 중국 클라우드 컴퓨팅 기술 발전 빠름. 클라우드 컴퓨팅 업체들의 제품과 서비스가 점점 성숙 및 세분화. 기초 데이터 센터 → 상층 해결방안 전반적인 서비스 구성 제공 가능.
가상과 현실 장치	VR, AR, MR	중국 VR, AR, MR 기술은 여전히 초기 발전 단계에 속함. 외국 선진국과의 거리가 있음.
생성 논리	인공지능	중국 인공지능 기술 시작이 늦었으나 발전이 빠름. 현재 특허 수와 업체 수 등 지표가 세계 선두 위치.
월드비전	디지털 트윈	디지털 트윈 기술은 7대 신기술 중의 하나로, 중국에서 최근 몇 년간 정책을 만들어 해당 기술의 발전을 추진하였음. 향후 몇 년간 발전 가능성 큼.
인가 기제	블록체인	중국 내 주요 블록체인 기술은 핵심능력 건설에 초점을 맞추고 있음. 기능성, 사용 편의성, 신뢰도, 운영체제와 데이터베이스의 겸용, 인터넷 규모 확장성 등 분야에서 뛰어남. 그러나 안전성, 성능, 유지, 스마트 겸용, 외부 개발과 클라우드 플랫폼 융합 등 방면에서 부족.

출처: https://www.qianzhan.com/analyst/detail/220/211115-b3fd4fb2.html

2. 중국의 메타버스 사례와 활용

1) 대표 10대 기업

중국은 지속적으로 기술 발전을 추진하며, 주요 인터넷 대기업들은 게임 및 소셜 미디어 분야에서 유명한 회사들이며, 독창적인 IP에 의존하여 게임과 콘텐츠의 엔터테인먼트 발전 모델을 개발할 것으로 예상된다. 통신 및 컴퓨팅, VR/AR 장비 및 인공지능 분야의 업그레이드에 따라 몰입형 체험 및 상호작용이 업그레이드된 독립적인 가상 플랫폼, 가상 세계와 실제 세계 간의 상호작용 및 융합을 통해 메타버스 산업의 발전이 점점 더 빨라질 것이다. 아래 10대 기업은 메타버스의 기본적인 시스템을 갖추고 앞으로 메타버스의 활용과 능력을 발휘하여 세계 메타버스 기업으로 성장시키고자 하는 메타버스 관련 대표 10대 기업을 분석한 것이다.

〈표 5-13〉 중국 메타버스 기업

2022년 중국 메타버스 기업 종합 역량 TOP10 차트

순위	기업명	종합점수	영업규모	메타버스 기술력	메타버스 산업수입	메타버스 브랜드 인지도	메타버스 발전 잠재력
1	腾讯	86	20	17	15	18	16
2	华为	79	19	18	13	14	15
3	阿里	73	20	15	11	13	14
4	百度	72	18	15	12	14	13
5	网易	71	16	13	13	14	15
6	字节跳动	70	17	14	12	13	14
7	米哈游	66	13	13	14	12	14
8	莉莉丝	65	13	12	14	12	14
9	小米	63	19	11	11	10	12
10	中兴	60	17	16	8	9	10

데이터 출처 : 위안메타버스연구원, 선전시 인공지능산업협회

출처: https://www.yuanyuzhouneican.com/article-115552.html

(1) 텐센트(腾讯)

기업 로고	기업 설명
	IT와 게임 관련 기업이며, 아시아의 게임계를 아우르고 있다. 주요 콘텐츠는 게임, 위챗, QQ, 메타버스 플랫폼이다.

출처: https://news.rthk.hk/rthk/ch/component/k2/1675707-20221115.htm

[그림 5-10] 텐센트 소개

　선전 텐센트컴퓨터시스템유한회사는 1998년에 마화텅, 장즈둥, 쉬신예, 천이단, 쩡리칭 등 5명의 창업자가 공동으로 설립한 중국 기업이다. 2021년 1~3분기 텐센트의 영업이익은 4,159억 위안이다. 텐센트 메타버스를 자본(인수&투자)+트래픽(소셜 플랫폼) 방식으로 개발하고 있다. 중국 최고의 기업이지만, 전체적으로 보면 글로벌 톱5 업체와 리얼 소프트웨어와 하드웨어 기술 보유력에서 큰 차이가 있다. 게임 콘텐츠 분야에서는 경쟁력을 갖추고 있지만, 글로벌 톱5 업체와 큰 차이가 있다. 게임 콘텐츠 분야에서는 경쟁력이 있지만, 메타버스 게임에서는 아직 부족한 면이 있다. 그러나 중국에서 메타버스 분야에서는 선두를 달리고 있으며, XR(VR/AR/MR)을 추구하면서 인수&투자의 단점을 보완하며 성장하고 있다.

　중국 최대의 인터넷 기업 중 하나인 텐센트는 게임, 소셜 네트워크, 엔터테인먼트, 기술 분야에서 다양한 서비스를 제공하며, 최근에는 인공지능, 블록체인, 클라우드 등 다양한 기술 분야에서 연구와 투자를 진행하며 글로벌 시장에서 경쟁력을 강화하고 있다. 또한, WeChat, Tencent

Video, 온라인 결제, 클라우드 컴퓨팅, 인공지능 등 다양한 분야에서도 강력한 지위를 보유하고 있으며, 메타버스 분야에서도 혁신적인 제품과 서비스를 출시할 것으로 예상된다.

소프트웨어 및 하드웨어를 직접 배치하지는 않았지만, 에픽게임즈, Snap, Roblox에 투자함으로써 VR/AR 생태계에서 각각 유리한 위치를 차지하고 있다. Unreal Engine은 가상 세계를 렌더링하고 Snap은 미러 세계를 만드는 데 도움을 주고 있다. 에픽게임즈의 최신 언리얼 엔진5는 강력한 실시간 디테일 렌더링 기능으로 게임 화면을 영화 CG 효과와 실제 물리 세계에 더욱 가깝게 만들어 업계에서 진정한 '차세대 엔진'으로 불린다. Snap의 최신 제품인 Spectacles AR 스마트 글래스는 듀얼 도파관 디스플레이, 시야각 26.3°, 밝기 2000니트, 지연 시간<15ms로 휴대폰 기반 AR 생태계가 점차 형성되고 있다. 현재 텐센트가 흑상어 기술을 인수한 것으로 알려졌다. 흑상어 기술은 게임폰을 만드는 것으로 AR 하드웨어를 만들기 위한 것으로 해석된다. 텐센트가 인공현실, 증강현실 등의 분야에서 적용할 수 있는 기술을 보유하고 있는 회사이므로 중국 업계에서는 메타버스 시대에서 중국 산업계의 선두가 되기를 바라고 있다. 또한, 텐센트는 트래픽 암호를 장악하고 있으며 소셜, 게임, 엔터테인먼트 콘텐츠 및 기타 분야에서 확고한 위치를 차지하고 있다. 소셜 분야에서는 중국 인터넷 사용자 거의 전체를 커버하는 위챗+QQ에 대비해, 텐센트는 커뮤니티 소셜, 라이브 소셜, 쇼트 비디오 소셜 등 새로운 소셜 방식을 적극적으로 모색하여 위챗과 QQ로는 다루기 어려운 세분된 소셜 영역을 확장하고 있다. 게임 분야에서도 텐센트는 자체 게임 팀 외에도 글로벌 투자 및 인수를 통해 세계최대 게임회사 중 하나가 되었다. 메타버스의 특징 중 하나는 콘텐츠의 다양성인데, 이러한 관점에서 세계최대 게임회사로서 텐센트가 메타버스의 발전에서 매우 유리하다고 하겠다.

(2) 화웨이(华为)

기업 로고	기업 설명
HUAWEI	중국 화웨이는 중국통신장비 제조 및 판매에 특화된 기업이다. 전 세계 35개 기업에 통신장비를 납품하고 있다. 주요 콘텐츠로는 메타버스 플랫폼, 5G, 클라우드, 스마트하드웨어이다.

출처: https://mobile.twitter.com/Huawei/photo

[그림 5-11] 화웨이 소개

1987년 설립된 화웨이테크놀로지유한공사는 광둥성 선전시 룽강구에 본사를 둔 세계 최고의 정보통신기술(ICT) 솔루션 공급업체로 창업자는 런정페이(任正非)다. 화웨이는 2021년 매출 6340억 위안을 달성해 2020년 매출 8914억 위안에 비해 2574억 위안, 28.9% 감소했다. 화웨이는 2021년 12월 런정(任正)이 인터뷰에서 "기초연구에 '밴플리트 탄약량'을 투입할 것"이라며 "기초연구는 화웨이의 생명선"이라고 밝힌 바 있다. 메타버스 인프라 제공과 기술 측면에서 화웨이가 선두라 할 수 있다. 화웨이의 5G 단말 칩인 바론 5000은 집적도가 높은 5G 단말 칩으로 단일 칩 멀티모드 기능을 구현해 2G에서 5G까지 지원할 수 있으며 NSA와 SA 아키텍처를 모두 지원한다. 5G 네트워크의 경우 2019년 6월 화웨이는 누적 15만 개의 5G 기지국을 출하하고 전 세계적으로 50개의 5G 상용 계약을 체결했으며 이 중 28개의 계약이 유럽에 분산되어 있으며 2019년 상반기에는 한국, 영국, 스위스, 이탈리아, 쿠웨이트 등 여러 국가에서 5G 상용 발표를 완료했다. 이 중 3분의 2는 화웨이가 협력하고 있다. 위안창위안우주연구원은 "5G 네트워크 구축에서 화웨이는 글로벌 선두 주자이고, 메타버스 발전의 다른 측면에서도 화웨이가 따라잡고 있다"라며

"통신 분야 클라우드, 정보 네트워크, 기술력, 칩 실력, 스마트하드웨어 분야의 선두를 바탕으로 중국 순위에서 메타버스 종합 실력 2위를 지키고 있다"라고 분석했다.

(3) 알리바바(阿里巴巴)

기업 로고	기업 설명
Alibaba Group 阿里巴巴集团	세계최대 온라인 B2B 거래 플랫폼이며 주요 콘텐츠로는 전자상거래 온라인 플랫폼, 메타버스 응용 프로그램, 클라우드이다.

출처: https://www.etnews.com/20180824000076?m=1

[그림 5-12] 알리바바 소개

알리바바는 1999년 마윈에 의해 항저우에 설립되었으며 2003년 5월 개인 온라인 무역 시장 플랫폼 타오바오닷컴을 설립했으며 2004년 10월 알리페이 회사를 설립했다. 알리바바는 메타버스 산업의 유리한 시스템을 갖추고 있다. 알리바바가 메타버스 분야와 직접 연계한 투자는 2016년이다. 알리바바는 AR 유니콘 매직리프 C 라운드와 D 라운드에 잇따라 참여했다. 이 중 매직리프 C 라운드 파이낸싱은 알리바바 그룹이 이끌고 있으며 투자금액은 7억 9,350만 달러에 이른다. 전체적으로 알리바바는 메타버스를 실현하는 두 가지 핵심 방향을 가지고 있는데 하나는 클라우드 컴퓨팅의 기본 기술 축적을 기반으로 메타버스 지향 솔루션을 확장하는 것이고 다른 하나는 VR 쇼핑, VR 하드웨어 및 가상 인간 마케팅과 같은 전자상거래 시나리오를 기반으로 하는 것이다.

메타버스의 엔터프라이즈급 응용 프로그램을 위해 알리 클라우드가 렌더링, 스트리밍에서 코딩에 이르기까지 일련의 시각적 컴퓨팅 솔루션을 제공한다. 그중 아시아 최대 GPU 클러스터, 자체 개발 코딩 기술 및 비디오 향상 기술은 알리 클라우드의 독특한 장점이라 할 수 있다. 인터넷 시대의 거물로서 알리바바와 텐센트는 점차 평행에서 점점 더 큰 격차로 발전하고 있으며 메타버스는 알리바바에게 부활의 기회이지만 향후 TC 판매에 미치는 영향은 알리바바에게 큰 도전이다.

(4) 바이두(百度)

기업 로고	기업 설명
Bai du 百度	중국 최대의 검색 엔진 기업으로서 산업 분야는 인터넷 검색 엔진 인공지능 클라우드 컴퓨팅이다.

출처: https://www.infostockdaily.co.kr/news/articleView.html?idxno=184921

[그림 5-13] 바이두 소개

바이두는 2000년 1월 리옌훙(李宏于)에 의해 설립되었으며 20년 이상의 발전을 거쳐 단일 검색 엔진 서비스 업체에서 콘텐츠 생태계와 인공지능(AI)을 융합한 인터넷 회사로 전환하였다. 바이두는 검색 엔진을 핵심으로 스마트 음성, 이미지 인식, 지식 지도, 자연어, 스마트 클라우드, 자율주행, 딥러닝, 대화형 인공지능 운영체제, AI 칩 등을 중점적으로 다루고 있다.

중국 최초로 인공지능 분야에 중점적으로 대규모 투자를 진행한 기업으로, AI 칩, 소프트웨어 아키텍처, 애플리케이션 등 풀 스택 AI 기술을 제공하는 세계 몇 안 되는 회사 중 하나이다. 2021년 8월 패들 개발자 수는 누적 360만 명에 달하고 AI 모델 40만 개를 개발했으며 누적 서비스 13만 기업, 산업, 농업, 의료, 도시 관리, 교통, 금융 등 많은 분야를 아우른다. 현재 바이두는 이미 전방위적인 인공지능 생태계를 형성하고 있으며, 바이두 두뇌를 기본 기술의 핵심 엔진으로 하여, 플라잉 패들 딥러닝 플랫폼, 바이두 쿤룬 칩, DuerOS 플랫폼과 스마트하드웨어의 지원 하에 AI 기술을 고객 입장에서의 상업화를 끊임없이 연구하고, AI 클라우드 서비스를 통해 바이두 스마트 클라우드를 운반체로 하여, 각 산업에서 AI의 상업화를 가속화 하고 있다. AI 분야에서 바이두의 기술 축적은 앞으로 더 풍부한 메타버스 응용으로 확장될 것으로 기대되며, 미래 메타버스 생태계에서 매우 큰 발전의 잠재력을 발휘할 것으로 기대된다.

(5) 왕이(网易)

기업 로고	기업 설명
網易 NETEASE	모바일 게임 및 PC게임을 포괄하는 온라인 게임 서비스를 개발 및 운영하고 있다.

출처: https://baike.baidu.com/item/%E7%BD%91%E6%98%93/185754

[그림 5-14] 왕이 소개

광저우 왕이컴퓨터시스템유한회사는 1997년 딩레이에 의해 설립되었다. 왕이는 VR, AR, 인공지능, 엔진, 클라우드 게임, 블록체인 등 메타버스 관련 분야에서 중국의 앞선 기술을 보유하고 있으며 메타버스를 탐색하고 개발할 수 있는 기술과 능력을 갖추고 있다고 할 수 있다. 게임 분야의 막강한 실력을 바탕으로 이미 메타버스 관련 AI 기술에서 비교적 좋은 기술을 축적하고 있지만, AR 하드웨어 분야에 대한 노력에서는 좋은 성과를 거두지 못하고 있다. 그러나 미래 메타버스의 가장 빠르고 성숙한 분야인 메타버스 게임의 이점을 갖추고 있어 메타버스 분야의 잠재력이 있는 기업이라 할 수 있다.

(6) 바이트댄스(字节跳动)

기업 로고	기업 설명
	다양한 모바일 및 인터넷 서비스를 제공하는 중국의 IT 기업이다. 글로벌 숏폼 동영상 틱톡을 서비스하고 있다.

출처: https://www.bytedance.com/zh/

[그림 5-15] 바이트댄스 소개

베이징 바이트댄스테크놀로지유한공사는 2012년 3월 장이밍에 의해 설립되었으며 바이트댄스는 해외 메타, 국내 텐센트의 주요 경쟁사이며, 그 산하 제품에는 틱톡, 수박, 오늘의 헤드라인 등이 있다. 그 대표 숏클립 콘텐츠의 상승세가 가파르며, 스트리밍 콘텐츠 형태, 그래픽 및 텍스트 인터랙티브 방식이다. 바이트댄스는 소셜과 엔터테인먼트, 짧은 비디오 트래픽의 장점을 기반으로 국내외 시장에서 힘을 발휘하며 동시에 헤드 VR 스타트업 피코를 인수하여 콘텐츠(짧은 비디오, 게임, VR 소셜)의 3가지 구성 요소에서 메타버스를 활용하는 데 중점을 두고 있다. 국내 VR 업체 선두 주자로, 피코(Pico)는 중국 VR 시장 점유율 1위 VR 장비

업체로 시장 점유율 3분의 1 이상을 차지하고 있다. 피코는 플래그십 Neo 시리즈에서 작고 강력한 VR 몬스터 G 시리즈에 이르기까지 완벽한 제품의 매트릭스를 가지고 있으며, 플레이 하우스 영화, 모바일 엔터테인먼트 및 VR 온라인 소셜의 다양한 요구를 충족시키고 있어서 텐센트보다 국제화 방면에서 더 잘 하고 있다고 할 수 있다. 오늘의 헤드라인, 틱톡을 대표 제품으로 전 세계를 석권하여 중국에서 가장 경쟁력 있는 콘텐츠 인터넷 기업이 되었다. 그러나 설립 기간이 짧고 메타버스 인공지능의 소프트 하드웨어 기술력은 여전히 미흡하다고 할 수 있다.

(7) 미하유(米哈游)

기업 로고	기업 설명
miHoYo 米哈游 SAVE THE WORLD	중국의 비디오게임 개발 및 퍼블리싱 회사이다. 게임 외에 애니메이션, 소설, 만화, 음악, 상품 등 다양한 상품을 만든다.

출처: https://www.mihoyo.com/?page=news

[그림 5-16] 미하유 소개

상하이 미하유네트워크테크놀로지주식회사는 차이하오위, 류웨이, 뤄위하오에 의해 2012년 5월에 설립되었으며 2011년 상하이 교통대학 대학원생 류웨이, 차이하오위, 뤄위하오 3명이 상하이 과학기술창업센터 대학생 창업재단 '어린 독수리 프로젝트'로부터 10만 위안의 지원을 받아 미하유를 설립한 것이다. 미하유는 상하이 게임업계의 대표적인 4대 기업 중 하나이다. 2018년 미하유 내부에서는 이미 미하유 연구센터(역엔트로피 스튜디오)를 설립했다. 이 부서는 루밍(鸣及) 및 뇌-컴퓨터 인터페이스 프로젝트를 담당한다. 차이위(蔡宇) 미하유 회장은 미하유의 핵심 경쟁력으로 "최고의 기술로 사용자 눈높이에 맞는 콘텐츠를 만드는 것"을 꼽고 있다. 미하유는 향후 게임 메타버스 분야에서도 중요한 역량을 차지할 가능성이 클 뿐만 아니라 메타버스 산업에 대해서도 차이위(蔡宇) 미하유 회장은 2030년에는 전 세계 10억 명이 살고 싶은 가상 세계를 만들겠다고 밝혔다.

(8) 릴리스(莉莉丝)

기업 로고	기업 설명
莉莉丝游戏 LILITH GAMES	중국 상하이에 소재한 게임회사이다. 제작한 게임으로는 도탑전기, 라이드 오브 킹덤즈, 버스트 탱크이다.

출처: https://www.lilith.com/

[그림 5-17] 릴리스 소개

상하이 릴리스테크놀로지주식회사는 2013년 5월 왕신원(王信文)에 의해 설립되었으며 총직원 수는 1,900명이다. 릴리스 게임은 이미 전국 180개 이상의 국가와 지역에 진출했으며 상하이 게임업계의 대표 기업 중 하나이다. 칭화대학교 메타버스 보고서에 중국 메타버스 5대 대표 기업 중 하나로 등재되어 게임 가상 및 상호작용 분야에서 좋은 성과를 거두었다.

릴리스 게임은 전 세계 게이머들을 위한 재미있는 게임을 만드는 데 전념하고 있으며, 개방적이고 발전된 환경에서 고품질 전략을 고수하고 있다. 최근 몇 년 동안 릴리스는 심쿵 네트워크, 멍위테크, 엔터테인먼트, 바나나 도그, 뚱보 푸딩 게임, 팡취 네트워크, 오이 게임, 치위안 월드 등에 투자하거나 인수했다. 전반적으로 릴리스는 게임으로 발돋움해 빠르게 자본을 축적하고 UGC 플랫폼, 클라우드 게임, AI 분야로 진출했다. 회사의 게임 비즈니스를 가속하기 위한 것일 수도 있고, 장기 전략으로는 UGC 플랫폼, 클라우드 게임, AI 분야를 막론하고 인터넷의 최종 형태인 메타버스(Metaverse)의 기본 구성 요소를 갖추었다고 할 수 있다. 그러므로 릴리스는 중국 메타버스 기업의 충분한 잠재력이 있다고 하겠다.

(9) 샤오미(小米)

기업 로고	기업 설명
	중국 스마트폰 제조, 사물인터넷(Iot) 및 라이프 스타일 제품의 연구, 개발 및 판매하는 기업이다.

출처: https://cmania.pe.kr/408

[그림 5-18] 샤오미 소개

샤오미테크놀로지유한책임회사는 2010년 3월 설립된 스마트하드웨어와 전자제품 연구개발을 전문으로 하는 글로벌 모바일 인터넷 기업이자 스마트폰, 인터넷TV, 스마트홈 생태계 구축에 주력하는 혁신적 기술기업이다. 2021년 9월 14일 샤오미는 웨이보에 새로운 개념의 '샤오미 스마트 안경 디스커버리 에디션'을 발표했는데, 이 제품은 첨단 마이크로 LED 광도파로 기술을 적용해 렌즈에 화면을 띄울 수 있다. 통화, 내비게이션, 사진 촬영, 번역 등의 기능을 구현할 수 있어 샤오미의 스마트 VR 하드웨어 탐색이 계속되고 있음을 보여주는 사례라 할 수 있다. VR은 차세대

인터넷 시대의 중요한 하드웨어로서 샤오미는 지속적으로 투자를 늘릴 것이 예상되며, 메타버스로 증강현실과 확장현실(XR)을 핵심으로 하는 하드웨어 생태계가 확대될 것이 예상된다. 또한, 샤오미는 메타버스 분야에서 총 129건의 특허를 보유하고 있는 것으로 나타났다. 이 중 아직 출원 중인 발명특허 60건, 실용신안특허 18건, 디자인특허 13건이 승인됐다. 샤오미의 메타버스는 주로 VR 안경, 스마트 안경 등 3가지 제품에 주력하고 있다. 그리고 영상 알고리즘, 제어 방법, 상호작용 방법, 스크린 응용, 하드웨어 구조 등을 포함하여 비교적 포괄적인 기술 레이아웃을 가지고 있어서 앞으로의 메타버스 분야에서도 두각을 나타낼 것이라 본다.

(10) ZTE(中兴)

기업 로고	기업 설명
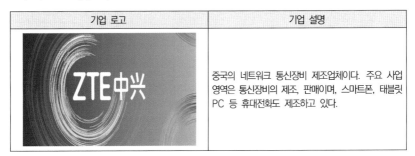	중국의 네트워크 통신장비 제조업체이다. 주요 사업 영역은 통신장비의 제조, 판매이며, 스마트폰, 태블릿 PC 등 휴대전화도 제조하고 있다.

https://www.zte.com.cn/china/about/news/20220308C2.html

[그림 5-19] ZTE 소개

ZTE는 1997년 11월에 설립된 세계 최고의 종합 통신 솔루션 제공업체이다. 주요 제품에는 4G/5G 무선 기지국 및 코어 네트워크, IMS, 고정 네트워크 액세스 및 베어러, 광 네트워크, 칩, 고급 라우터, 스마트 스위치, 정부 및 기업 네트워크, 빅데이터, 클라우드 컴퓨팅, 데이터 센터, 휴대폰 및 홈 터미널, ZTE(中通讯) 통신은 메타버스를 발전시키고 있으며, 일정한 기술을 가지고 있다. 2021년 11월 ZTE 인공지능은 국제 ITU

맵 신경망 챌린지 3위를 차지하기도 하였다. ZTE는 5G/B5G, 네트워크 및 연산 기술에서 업계 선두 수준일 뿐만 아니라 사물인터넷 기술, AR 클라우드 플랫폼 기술, 인공지능 기술, 블록체인 기술 등에서도 오랜 연구와 기술의 축적이 있으며 메타버스 분야의 많은 장점이 있는 기업이다.

　　ZTE 커뮤니케이션의 수석 부사장인 ZTE 단말 사업부의 니페이 회장은 ZTE는 VR 장비 및 메타버스 탐사를 위한 전담팀을 보유하고 있으며 ZTE는 ZTE 단말의 미래 전략의 중요한 방향이 될 것이다. 산하 누비아 테크놀로지 유한회사의 수석 부사장인 위항은 이미 내부에 전문 제품 기술팀을 설립하여 메타버스의 하드웨어 기술에 대한 제품 계획과 하드웨어 투자를 실현했다고 하였다. 하드웨어 외에도 뉴미디어 영상 부분 기술 엔진의 알고리즘, 모션 캡처, 화면 인식 등과 같은 것은 메타버스 관련 기술의 확장 및 마이그레이션의 중요한 부분이 될 것이다. ZTE가 화웨이로부터 배워 자신의 강점을 충분히 발휘해 메타버스 시대에 적어도 중국 메타버스 인프라, 메타버스 하드웨어, 소프트웨어 분야에서 더 큰 역할을 할 수 있을 것으로 기대된다.

2) 활용사례

(1) 소셜 네트워크

　　중국의 메타버스 소셜 소프트웨어는 가상 이미지 설정을 강조하지만 완전한 메타버스 이미지를 구축하고 있지는 않다. soul 앱은 사용자 수가 비교적 많고 전통적인 사교 모델 시스템을 갖추고 있으며, 啫喱(zheli) 앱은 어느 정도 메타버스 시스템을 갖추고 있지만 완전하지는 않다.

	소프트웨어 이름	메이커	가상 이미지 유무 (신분)	친구를 사귀는 것 강조	동기화 강조 여부 (지지연)	몰입감 강조 여부 (몰입감)	가상자산 유무 (경제)	종합평가
Soul	Soul	任意门	✓	✓	✓			사용자 수가 비교적 많고 전통적인 사교 모델 시스템을 갖춤
	啫喱	赛博大家	✓		✓			어느 정도 메타버스 시스템을 갖추고 있지만 완전하지 않음
O	Pixsoul	字节跳动	✓	✓	✓			가상 이미지 강조
HO))	虹宇宙	天下秀	✓				✓	가상자산 강조
	希壤	百度	✓			✓	✓	VR버전을 갖추고 가상공간의 체험성이 뛰어난 것이 특징
	缓缓星球	快乐就行	✓	✓				음성교제를 강조

출처: https://pdf.dfcfw.com/pdf/H3_AP202208171577310541_1.pdf?1660766372000.pdf

[그림 5-20] 메타버스의 소셜 애플리케이션 비교

Pixsoul 앱은 가상 이미지를 강조하고, 虹宇宙(hongyuzhou)은 가상 자산을 강조하고 있다. 希壤(xirang) 앱은 VR 버전을 갖추고 가상 공간의 체험성이 뛰어난 것이 특징이며, 缓缓星球(huanhuanxingqiu) 앱은 음성 교제를 강조하고 있다.

(2) 게임

중국의 블록체인 게임 성장은 환경적인 요인과 법률적인 것 때문에 느리지만, 일부 블록체인 게임은 점진적으로 출시되고 있다. 중국 메타버스 게임은 플랫폼의 샌드박스 게임과 블록체인 게임으로 나뉜다. 바이두와 텐센트가 이 게임에 합류하였다.

샌드박스에서 유명한 게임은 텐센트의 미니월드와 바이트댄스가 투자한 리부팅월드이다. 바이두는 시양이라는 플랫폼 게임을 출시했지만, 사용자들로부터 광고가 너무 많다는 지적을 받기도 하였다. 미니월드는 2020년 업데이트 후 다시 출시될 예정이다. 이는 UGC 콘텐츠의 부적합으로 인한 것이며, 유지관리가 어렵다는 것을 시사하는 것이다. 그리고 샤오미, 바이두, 쉰레이, 넷이즈 및 기타 제조업체는 모두 블록체인 게임 시장에 참여하지만, 출시 시간이 비교적 짧고 사용자 대중이 적으며 예를 들어 '암호화 토끼'는 주로 샤오미 내부 사용자를 상대한다. 게임에 들어가기 위해 초대 코드를 사용해야 하며 게임의 유형은 주로 반려동물 사육이며 희귀 반려동물을 통해 경제적 가치를 얻는 것이다.

중국 메타버스 게임

평합 및 샌드박스 게임	게임 이름	메이커	발표 날짜	내용	상태
접속시간 **비교적 일찍** 플레이어 수 **비교적 많음** 저연령화 정도 **비교적 높음**	<希壤>	百度	2021.12	가상과 현실의 물을 뛰어 넘어 오래 지속되는 여러 사람의 상호 작용	운행
	<迷你世界>	迷你玩 (腾讯)	2015.12		2020년에 퇴출되어 현재 이미 상선을 회복
	<重启世界>	代码乾坤	2019.05		운행

블록체인 게임	게임 이름	메이커	발표 날짜	내용	상태
접속시간 **비교적 많음** 플레이어 수 **상대적으로 적음** 게임 장르는 주로 **애완 동물 사육**	<加密兔>	小米	2018.03	샤오미 모바일의 디지털 반려동물 서비스	2022년 3월 1일 공식 종료
	<玩客猴>	迅雷	2019.12	사슬에 기반한 양자 게임	운행
	<莱茨狗>	百度	2018.02	다양한 형태의 가상 애완견을 입양할 수순	운행

출처: https://pdf.dfcfw.com/pdf/H3_AP202208171577310541_1.pdf?1660766372000.pdf

[그림 5-21] 메타버스의 소셜 애플리케이션 비교

(3) 문화관광

메타버스 관광은 명승지, 테마파크, 역사유적지 등을 관광함으로써 사용자들로 하여금 시간과 공간의 한계를 초월하게 하고 과학적인 기술로 인한 몰입감이 생생한 체험을 경험하게 한다. 예를 들면, 메타버스 관광

객이 산꼭대기나 공중에서 경치를 감상하는 체험을 할 수 있고 관광과 동시에 현장에서 수집된 데이터를 보내면서 가족이 동시에 상황에 맞게 관광할 수도 있다. 그러므로 메타버스 관광은 디지털 기술로 문화관광의 새로운 형식으로 현대인들의 니즈를 충족시키며, 관광객 수의 증가와 소비를 증가시킬 것이라 본다.

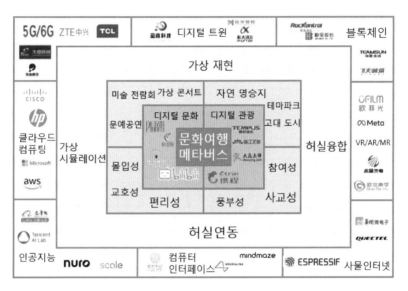

출처: https://www.qianzhan.com/analyst/detail/220/211115-b3fd4fb2.html를 바탕으로 재구성

[그림 5-22] 메타버스와 디지털 문화 여행의 구조

(4) 교육

현재 메타버스 교육은 학과 교육, 비공식적인 학습, 직업 교육의 3대 분야에서 초보적인 응용을 실현하고 있으며, 앞으로 학교와 기업에 더욱 풍부한 교육자원과 현장감 넘치는 실제상황을 제공하면서 발전할 수 있을 것이라 본다. 베이징사범대학은 2009년부터 교육에 가상현실, 증강현실을 융합하여 교육 응용연구에 노력하고 있다. 증강현실(AR) 기술을 기

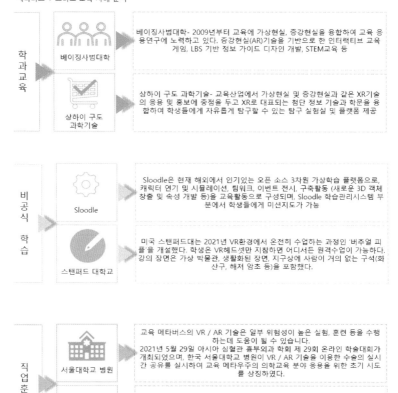

메타버스 + 스마트 교육 사례 분석

구분		내용
학과교육	베이징사범대학	베이징사범대학- 2009년부터 교육에 가상현실, 증강현실을 융합하여 교육 응용연구에 노력하고 있다. 증강현실(AR)기술을 기반으로 한 인터랙티브 교육 게임, LBS 기반 정보 가이드 디자인 개발, STEM교육 등
	상하이 구도 과학기술	상하이 구도 과학기술- 교육산업에서 가상현실 및 증강현실과 같은 XR기술의 응용 및 홍보에 중점을 두고 XR로 대표되는 첨단 정보 기술과 학문을 융합하여 학생들에게 자유롭게 탐구할 수 있는 탐구 실험실 및 플랫폼 제공
비공식 학습	Sloodle	Sloodle은 현재 해외에서 인기있는 오픈 소스 3차원 가상학습 플랫폼으로, 캐릭터 연기 및 시뮬레이션, 팀워크, 이벤트 전시, 구축활동 (새로운 3D 객체 창출 및 속성 개발 등)을 교육활동으로 구성되며, Sloodle 학습관리시스템 부분에서 학생들에게 미션지도가 가능
	스탠퍼드 대학교	미국 스탠퍼드대는 2021년 VR환경에서 온전히 수업하는 과정인 '버추얼 피플'을 개설했다. 학생은 VR헤드셋만 지참하면 어디든 원격수업이 가능하다. 강의 장면은 가상 박물관, 생활화된 장면, 지구상에 사람이 거의 없는 구석(화산구, 해저 암초 등)을 포함했다.
직업훈련	서울대학교 병원	교육 메타버스의 VR / AR 기술은 일부 위험성이 높은 실험, 훈련 등을 수행하는데 도움이 될 수 있습니다. 2021년 5월 29일 아시아 심혈관 흉부외과 학회 제 29회 온라인 학술대회가 개최되었으며, 한국 서울대학교 병원이 VR / AR 기술을 이용한 수술의 실시간 공유를 실시하여 교육 메타우주의 의학교육 분야 응용을 위한 초기 시도를 상징하였다.
	미국 NVIDIA	NVIDIA 옴니버스는 가상 협업과 물리 수준의 정확한 실시간 시뮬레이션을 위해 쉽게 확장할 수 있는 개방형 플랫폼이다. 크리에이터, 디자이너, 연구자, 엔지니어가 주요 디자인 툴과 자산, 프로젝트를 연결해 공유된 가상공간에서 협업과 반복, 소통을 증진하고 업무 효율성을 높일 수 있다.

출처 : 기업 홈페이지, 두표연구원

출처: https://pdf.dfcfw.com/pdf/H3_AP202208171577310541_1.pdf?1660766372000.pdf

[그림 5-23] 메타버스와 + 스마트교육

반으로 한 인터랙티브 교육 게임, LBS 기반 정보 가이드 디자인을 개발하고 있다. STEM 교육 등 상하이 구도 교육산업에서 가상현실 및 증강현실과 같은 XR 기술의 응용 및 홍보에 중점을 두고 XR로 대표되는 첨단 정보기술과 학문을 융합하여 학생들에게 자유롭게 탐구할 수 있는 탐구 실험실 및 플랫폼을 제공하고 있다.

출처: http://www.stdaily.com/cehua/Nov30th/fmxw.shtml

[그림 5-24] 메타버스를 활용하여 회의하는 모습

그림과 같이 메타버스를 활용하고 있는 사례가 늘고 있다. 이를 구현하기 위해서는 XR, 디지털 트윈, 블록체인, 인공지능 등의 단일 기술과 다중 기술의 호환 및 상호 융합의 종합 응용이 필요하다.

(5) 공업

산업용 메타버스는 3차원 시각화 및 미러링을 지원하고 블록체인과 융합하여 전 공정에서 고차원적으로 활용될 것이다. 그중 디지털 트윈에 대한 기여가 가장 큰 부분은 산업용 메타버스 데이터베이스이다. 3D 모델링, 산업용 메타버스, 3D 이미지 센서로 구성된 디지털 트윈기술로 스마트 제조를 지속 가능하게 할 것이라는 점이다.

메타버스는 디지털 트윈 비전을 실현하는 중요한 수단이며, 그중 디지털 트윈에 대한 기여가 가장 두드러진 부분은 산업용 메타버스 데이터베이스이다. 3D 모델링, 산업용 메타버스, 3D 이미지 센서로 구성된 디지털 트윈 기술이 스마트 제조를 지속 가능하게 할 것이다.

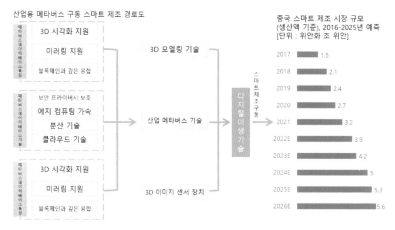

출처: 2022년 중국 메타버스 산업 정책보고서

[그림 5-25] 산업용 메타버스를 구동하는 스마트 제조 경로도

(6) 의학

VR/AR/MR 및 기타 기술을 통해 외과 수술의 효율성을 향상시킬 수 있으며, 예를 들어 홀로그램 기술은 효과를 홀로그램으로 표시할 수 있으며, 전체적인 디스플레이는 수술 시 제한적인 시야 등의 문제를 보완하며, 수술 중의 위험을 줄일 수 있고, 수술 후 합병증 또한 줄일 수 있을 것으로 보고 있다.

환자의 복잡한 간과 췌장을 재구성하여 체내 해부학적 구조를 사실적으로 반영하여 간 내 종양, 담낭, 결석, 췌장암 등의 정확한 치료에 적용될 것이다. 흉부외과에서는 홀로그램 기술을 통해 폐렴, 폐단, 폐혈관을 명확하게 나타내어 흉부외과에서 흔히 볼 수 있는 질환에 대해 수술 전 맞춤형 수술 방안을 마련하는 데 도움을 줄 뿐만 아니라 수술 개입 경로를 제공할 것이다. 비뇨기과에서는 홀로그램 기술이 신우, 요관, 방광 등을 시각화하고 재조명하여 종양과 주변 인접 조직 및 혈관의 공간적 관계를 명확하게 나타나게 하여 신장 부분 절제술, 신장이식 등의 수술 전

해결방안을 제시할 것이다.

VR/AR/MR 수술 주요 응용 분야

 간담췌외과 환자의 복잡한 간과 췌장을 재구성하여 체내 해부학적 구조를 사실적으로 반영하여 간내 종양, 담낭, 결석, 췌장암 등의 정확한 치료에 적용되어 질 것이다.

흉부외과 홀로그램 기술을 통해 폐염, 폐단, 폐혈관을 명확하게 나타내어 흉부 외과에서 흔히 볼 수 있는 질환에 대해 수술 전 맞춤형 수술 방안을 마련하는데 도움을 줄 뿐만 아니라 수술 개입 경로를 제공 할 것이다.

 비뇨기과 홀로그램 기술이 신우, 요관, 방광 등을 시각화 하고 재조명하여 종양과 주변 인접 조직 및 혈관의 공간적 관계를 명확하게 나타나게 하여 신장부분 절제술, 신장이식 등의 수술 전 해결방안을 제시 할 것이다.

 신경외과 두 개골 내 병변의 형태, 크기, 위치를 입체적이고 직관적으로 나타낼 수 있게 되어 임상인으로 하여금 뇌심부 전기자극술을 하거나 두 개골 판막의 위치를 정확하게 설계하여 모의실험을 통해 수술을 실현할 수 있다.

 부인과 여성의 복잡한 골반 해면 구조를 보다 입체적이고 직접적으로 나타 낼 수 있어 어떠한 병의 발병 후 수술 난이도가 높은 질환을 순조롭게 치료할 수 있을 것이다.

 기타과 정형외과 이비인후과 구강과 방사선 치료과 내과 개입

출처: https://pdf.dfcfw.com/pdf/H3_AP202208171577310541_1.pdf?1660766372000.pdf

[그림 5-26] VR/AR/MR 수술 주요 응용 분야

신경외과에서는 두개골 내 병변의 형태, 크기, 위치를 입체적이고 직관적으로 나타낼 수 있게 되어 임상인으로 하여금 뇌심부 전기자극술을 하거나 두개골 판막의 위치를 정확하게 설계하여 모의실험을 통해 수술을 실현할 수 있다. 부인과에서는 여성의 복잡한 골반 해면 구조를 보다 입체적이고 직접 나타낼 수 있어 어떠한 병의 발병 후 수술 난이도가 높은 질환을 순조롭게 치료할 수 있을 것이다.

3) 메타버스 플랫폼

2021년은 메타버스 원년으로 불리며, 메타버스 개념이 폭발하면서 관련 메타버스 플랫폼이 많아지고, 메타버스 플랫폼에 관심이 있는 사람들이 많아졌다. 아래의 플랫폼은 현재 중국에서 가장 인기 있는 메타버스 플랫폼이다.

(1) 바이두-시양

출처: https://baijiahao.baidu.com/s?id=1752985008236271328&wfr=spider&for=pc&searchword=%E5%9
B%BD%E5%86%85%E5%85%83%E5%AE%87%E5%AE%99%E5%B9%B3%E5%8F%B0%E6%
8E%92%E8%A1%8C

[그림 5-27] 시양

시양은 바이두의 메타버스 플랫폼으로, '시양' 앱은 최초의 '국산 메타버스' 제품으로 가상과 현실을 넘나들며 영구히 지속되는 다중 상호작용 공간을 만들었다. 모든 사용자는 개인용 컴퓨터, 휴대폰, 웨어러블 기기에 로그인하여 듣기, 쇼핑, 커뮤니케이션 및 전시회를 볼 수 있는 독점적인 가상 이미지를 만들 수 있다. 이어폰을 끼면 10만 명이 회의장을 가득 메우는 몰입음 시각 효과와 마이크를 켜면 곧바로 마이크가 이어지며 여러 명이 음성으로 소통할 수 있다. 또한, 시양은 삼성퇴, 소림사와 협력하여 삼성퇴, 소림사의 실체를 가상 세계로 옮기고, 최근 발표된 항저우 시쯔위안과 메타버스에서는 서호의 핵심 명소를 모두 시양에 복원하였다. 시양은 실물 아트쇼와도 협력하였다. 예를 들면 펑탕(冯唐)의 색공전(色空展)은 오프라인 미술 전시이지만, 시양 온라인으로 또 하나의 가상 전시를 만들었고, 시양(希壤)도 가상 세계와의 결합을 시도하고 있다. 그리고 천단칭(陳丹靑)의 실물 판화 경매와 판화 관련 가상 제품도 판다.

(2) 왕이-야오타이

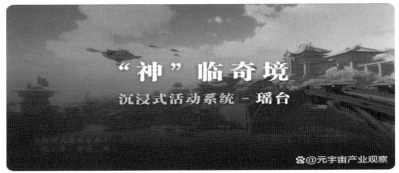

출처: https://baijiahao.baidu.com/s?id=1752985008236271328&wfr=spider&for=pc&searchword=%E5%
9B%D%E5%86%85%E5%85%83%E5%AE%87%E5%AE%99%E5%B9%B3%E5%8F%B0%E6%
8E%92%E8%A1%8C

[그림 5-28] 야오타이

왕이야오타이(网易瑶台)는 몰입형 활동 플랫폼으로 인공지능과 기술 혁신을 통해 새로운 온라인 활동 모델을 만들기 위해 노력하고 있다. 3D 게임 엔진, AI, 클라우드 컴퓨팅 등 분야의 다년간 기술 축적에 힘입어 넷이즈는 사용자 경험을 핵심으로 다장면, 강한 상호작용, 몰입식 가상활동 플랫폼을 만들어 사용자에게 과학 기술적이고 의식적인 체험감으로 직접 체험하는 듯한 온라인 활동 경험을 하게 한다. 넷이즈는 메타버스 회의 장면에 주력하여 "가상장면", "가상캐릭터", "가상상호작용"의 3대 핵심요소를 원스톱으로 실현하고 있으며, 현재 넷이즈는 이미 수십 개의 행사장면과 거의 100여 종의 고대, 현대 복식을 보유하고 있으며, 주최측의 회의장 개설 및 주제에 맞는 전시회 등을 지원해 줄 수 있다. 왕이야오타이(网易瑶台)는 이미 2022년 중국국제빅데이터산업박람회, 왕이음악IPO대회, 제2회 분산 인공지능 국제회의, '영겁 무간' 프로리그 발표회, 허난지혜문화여단대회 등 100여 개 행사에 성공적으로 적용됐다.

(3) VS · work

출처: https://baijiahao.baidu.com/s?id=1752985008236271328&wfr=spider&for=pc&searchword=%E5%9
B%BD%E5%86%85%E5%85%83%E5%AE%87%E5%AE%99%E5%B9%B3%E5%8F%B0%E6
%8E%92%E8%A1%8C

[그림 5-29] VS · work

VS · work 메타버스 플랫폼 즉 난징비싸이커네트워크과학기술유한공
사(南京維賽客网络科技有限公司)는 다중합작 메타버스 플랫폼에 집중하
여 고객에게 메타버스 인프라를 제공하고 고객이 온라인으로부터 현장까
지 혁신을 실현할 수 있도록 돕고 VR 다중융합서비스에 집중하여 고객
이 자신의 메타버스를 빠르게 소유할 수 있도록 돕는다. VS · work 원격
다중 조정 플랫폼은 몰입형 원격 회의, 교육, 훈련, 온라인 전시회, 부동
산 마케팅, 360 라이브 방송, 디자인 보고, 당 건설 및 기타 많은 분야에
서 사용할 수 있으며 사람들이 신속하게 가상 공간에 들어갈 수 있고 '면
대면' 커뮤니케이션으로 조율하면서 상호 작용할 수 있다.

3. 중국 메타버스 발전과 전망

1) 한국과 중국의 메타버스 특성과 현황 비교

중국 정부는 디지털 경제로의 전환을 서두르고 있을 뿐만 아니라 메타버스 산업화와 메타버스 기업을 성장시키고자 국가에서 정책적으로 나서고 있다. 메타버스의 빠른 발전을 위해서는 무엇보다도 국가에서 관심을 갖고 정책적으로 뒷받침하는 것이 중요한 것이다. 중국의 메타버스 정책은 빠르게 발전하고 있다. 최근 몇 년 동안 중국의 클라우드 컴퓨터 제조업자들의 생산품은 풍부하고 서비스 능력을 향상시켜 기초 데이터 센터에서 상위 솔루션으로 확장하는 추세이다. 통신 5G 기술을 기본적으로 지급하는 도시가 증가하고 있으며, 5G 확신을 위해 매주 기지국을 1만 2000개가량 추가해서 보완해야 하지만 이미 단계적 성과를 내고 있다. 중국컴퓨터업협회 메타산업위원회 전망에 따르면 메타버스 산업은 현재 300억 원을 넘어 게임 오락, VR, AR 하드웨어 등에서 주로 나타나고 있으며 향후 5년간 메타버스 시장은 최소 2000억 원을 돌파할 것이라 내다보고 있다. 거대한 소비시장과 산업기반을 갖추고 있는 중국은 메타버스와 접목해 다양한 새로운 비즈니스가 창출될 것으로 보고 있다. 메타버스는 중국의 새로운 동력으로 5G, 클라우드, 디지털 트윈 등의 기술이 응용되어 새로운 시장을 형성할 것이다. 2011년 11월 현재 전국에 총 663만 개의 메타버스 관련 기업이 있고 대다수 기업이 조기발전 단계에 있으며 중소규모의 기업이 주도하고 있다. 주요 분야는 인터넷 응용, 디지털 인프라, 디지털 기술 연구개발 등에 집중되어 있다. 2017년부터 2021년까지 중국의 블록체인 지출 규모가 약 12.8배 증가해 빠른 속도로 증가한 것으로 나타났다. 2022년 다소 둔화됐지만 2023년에는 지출 규모가 만 억 원을 돌파할 것으로 예상되어 블록체인 산업이 빠르게 성장 단계에 있다는 것을 알 수 있다.

한국 또한 메타버스의 열광은 하루가 다르게 변화하고 있다. 모든 기업, 지자체 등 메타버스의 융합으로 메타버스 세계를 향해 나아가고 있음을 실감하게 된다. 국가 정책으로도 많은 노력을 하고 있다. 메타버스 전문기업을 2025년까지 150개로 확대한다는 정책과 아울러 한국판 뉴딜 2.0 계획에 메타버스·클라우드 육성과 탄소 중립 기반 구축이 들어간 점이 눈에 띈다. 메타버스·클라우드 육성은 디지털 뉴딜에, 탄소 중립 기반 구축은 그린 뉴딜에 새롭게 포함되었다. 홍 부총리는 "초연결·초지능 시대를 선도할 정보통신기술(ICT) 신산업을 육성하고 누구나 참여해 콘텐츠를 개발할 수 있는 개방형 메타버스 플랫폼을 구축하겠다"라며 "최근 부각된 블록체인 기술을 각 산업에 연결하는 프로젝트와 신지능형 사물인터넷(IoT) 서비스도 추진한다"라고 하였다. 메타버스의 초기 단계를 보여주고 있는 삼성전자에서 선보인 "삼성 글라스". 이 안경을 착용하면 눈앞에 큰 스크린이 나타나면서 AR 스크린으로 비디오를 보거나 파일을 보거나 영상통화를 할 수 있다. 그리고 네이버의 제페토 메타버스 플랫폼은 얼굴인식, AR, 3D 기술을 활용해 자신과 흡사한 3D 아바타를 만들어 다른 사람들과 커뮤니케이션을 하면서 가상현실을 체험한다. 이미 메타버스 구축은 각 기업에서 앞다투어 시작되었다. 제페토는 글로벌 가입자가 2억 명에 달한다. 두 나라 모두 메타버스에 대한 열광과 경쟁은 이미 시작되었고 관건은 메타버스 생태계의 구축, 콘텐츠 고도화, 수익화 모델의 강화, 플랫폼 카테고리의 확장 등 중국과 한국 모두 이 모든 것을 고민하며 누가 먼저 앞서가느냐를 다투어 나아가고 있다.

2) 중국의 메타버스 발전 방향

중국의 메타버스 발전의 방향은 2021년부터 2030년까지 단계적인 발전 로드맵을 제시하고 있다.

2021~2025년: 일부 선두 인터넷 대기업과 게임 산업 기업은 독립적인 가상 플랫폼을 개발하여 게임, 소셜, 콘텐츠를 중점으로 발전시키고, 인공지능을 활용하여 AI 보조 콘텐츠 생산을 실현한다.

2026~2030년: 메타버스는 다양한 체험으로 확장될 것이며, 일부 소비, 교육, 회의, 업무 등이 가상 세계로 옮겨 갈 것이다. 디지털 위안화의 NFT 기반의 디지털 자산화에 따라 메타버스 경제 시스템이 구축될 것이고, 일부 가상 플랫폼은 크로스 플랫폼 거래를 실현할 것이다.

메타버스 발전 추세 전망

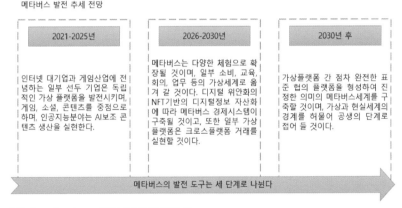

출처: https://xueqiu.com/8913686955/218717149

〈표 5-14〉 메타버스 추진 방향

2030년 이후: 가상 플랫폼 간 표준 협의 플랫폼이 형성되어 진정한 의미의 메타버스 세계가 구축될 것이며, 가상과 현실 세계의 경계를 허물어 공생의 단계로 접어들 것이다.

중국 메타버스의 발전 전략은 직면한 문제를 해결하면서 동시에 실제적인 대책을 마련해 발전을 하고자 한다. 기술적 면에서 메타버스 시스템에 필요한 블록체인, 5G, 인공지능, 디지털 쌍둥이 등 핵심 기술을 활용하여 가상과 현실을 연결하고 경제, 소셜, 생산 시스템을 융합하여 가상 세계를 구축하려 한다. 이를 위해 모든 사용자들이 콘텐츠 생산과 편집을 할 수 있도록 하여 현실 세계의 가치를 창출할 수 있는 디지털 우주를 구축하고자 한다. 또한, 가상 세계가 현실 세계와 분리되지 않도록 하기 위해서 정보기술 개선과 융합을 가속하여 실제 세계와 융합하여 새로운 건설을 추진하고자 한다.

이를 위해 첫 번째 메타버스 관련 산업정책을 내놓으며 중소기업 발전을 촉진하고자 한다. 미국·유럽·일본·한국과 같은 나라들의 메타버스 발전을 위해 추진하는 정책을 참고하며 연구한다. 두 번째는 각급 지방정부 메타버스 산업기반을 적극 분석하여 기업과 시장수요를 결합하고 지방발전의 특색있는 메타버스 부양책을 발표하며 주요 기술력을 중점적으로 지원한다. 또한, 콘텐츠 생산 플랫폼의 건설을 가속하고 각종 업종의 솔루션 개발을 촉진하는 등 메타버스 세계를 가속하는 환경을 조성하는 것도 중요하다고 하겠다. 반면 윤리적인 면에서는 과대한 노이즈 마케팅을 억제하기 위해 제대로 인도해야 하며 메타버스 개발의 현황을 이성적으로 보는 안목도 길러야 한다. 일반 대중으로 하여금 메타버스에 관한 정확한 인식을 하게 하는 것도 중요하며, 메타버스의 본질을 왜곡하여 악용되는 것을 방지하여 불필요한 피해를 주는 것도 막아야 한다. 메타버스에 대한 업계 인식을 통일하고 메타버스 산업을 건전하고 질서 있는 발전으로 유도하는 것도 잊지 말아야 한다. 개인정보 유출을 방지하기 위해 규제가 강화될 필요도 있으며, 메타버스 발전에 따른 경제, 보안, 프라이버시 등을 종합적으로 고려하여 웹 플랫폼 발전의 거버넌스를 갖추며 플랫폼 독점, 조세징수, 규제 심사, 데이터보안, 사회규범 등 잠재적인 문제들에 대해 미리 세분하여 메타버스 입법, 법집행, 감독 등 거버넌스 수단을 미리 세분할 필요가 있다. 현재 메타버스 발전은 태아기에 있다. 그러므로 산업 각계의 메타버스에 대한 언급은 대부분 개념인식, 기술체계, 상업 논리 등에 집중되어 있다.

메타버스 핵심 기술이 지속적으로 성숙 발전하기 위해서는 더 많은 시나리오를 검증하면서 발전해야 한다.

<참고문헌>

丁剛毅(2022). 中國元宇宙發展報告. 社會科學文獻出版社.

陶大程, 賴家材, 黃維, 吳晨(2022). 産業元宇宙. 人民出版社.

馬天诣, 吳高斌(2022). 元宇宙. 中国財经出版社.

최재용, 김재영, 김형호, 유진, 이현숙, 천동암, 한경숙, 한영임(2021). 이것이 메타버스다. 미디어북.

김상균, 신병호(2021). 메타버스 새로운 기회. 베가북스.

www.askci.com

https://www.yuanyuzhouneican.com/article-115552.html

https://xueqiu.com/8913686955/218717149

http://www.stdaily.com/cehua/Nov30th/fmxw.shtml

https://index.baidu.com/v2/main/index.html#/trend/%E5%85%83%E5%AE%87%E5%AE%99?words=%E5%85%83%E5%AE%87%E5%AE%99

http://gxxxzx.gxzf.gov.cn/jczxfw/dsjfzyj/t12993139.shtml

https://baijiahao.baidu.com/s?id=1745103965216708796&wfr=spider&for=pc

https://xueqiu.com/8913686955/218717149

https://www.qianzhan.com/analyst/detail/220/211115-b3fd4fb2.html

https://news.rthk.hk/rthk/ch/component/k2/1675707-20221115.htm

https://mobile.twitter.com/Huawei/photo

https://www.etnews.com/20180824000076?m=1

https://www.infostockdaily.co.kr/news/articleView.html?idxno=184921

https://baike.baidu.com/item/%E7%BD%91%E6%98%93/185754

https://www.bytedance.com/zh/

https://www.mihoyo.com/?page=news

https://www.lilith.com/

https://cmania.pe.kr/408

https://www.zte.com.cn/china/about/news/20220308C2.html

https://pdf.dfcfw.com/pdf/H3_AP202208171577310541_1.pdf?1660766372000.pdf

https://n.news.naver.com/mnews/article/015/0004578142?sid=101

https://baijiahao.baidu.com/s?id=1752985008236271328&wfr=spider&for=pc&search
word=%E5%9B%BD%E5%86%85%E5%85%83%E5%AE%87%E5%AE%
99%E5%B9%B3%E5%8F%B0%E6%8E%92%E8%A1%8C

제6장

메타버스 공간에서
살아가기

메타버스 공간에서 살아가기 위한 방법은 어떠한지

그 전망과 활용을 살펴보고

법적 제도적 이슈를 파악해보면서

포용적 서비스가 선순환 할 수 있도록

메타버스가 바꾸는 미래 세상에 대응하기 위한 미래 전략을 생각해본다.

"메타버스 공간인 오아시스(OASIS)는 '마지막 낙원'이다."

– 영화 〈레디 플레이어 원〉에서 주인공
월리 웨이드가 오아시스의 중요성과
현실 세계에서의 문제들로부터의 탈출을 의미하면서 말한
영화 대사 중에서

Ⅰ. 메타버스의 공간의 미래

1. 가상과 현실이 융합된 신세계 속으로

이용자 중심의 오픈 생태계의 구축이 메타버스플랫폼에서의 활용성을 높이는 요소가 된다. 현재 메타버스는 다양한 분야에서 활용되고 있거나 장래 활용을 예고하고 있다.

최근 기업들의 업무에서도 메타버스는 큰 주목을 받고 있다. 지멘스와 엔비디아는 산업 메타버스를 개발하고 있다. 이 메타버스는 엔지니어링 솔루션, 디지털 트윈, IoT, 실시간 분석 등을 제공하여 산업 분야에서 혁신을 이끌고 있다. 브랜드에서는 여전히 메타버스를 마케팅 방법으로 활용하고 있다. 예를 들면, 2023년 3월 메타버스 패션위크(MFW)가 디센트럴랜드, Spatial 등과 협력하여 성공적으로 개최되었다.

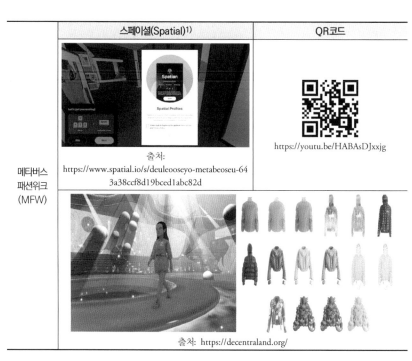

	스페이셜(Spatial)[1]	QR코드
메타버스 패션위크 (MFW)	출처: https://www.spatial.io/s/deuleooseyo-metabeoseu-64 3a38ccf8d19bced1abc82d	https://youtu.be/HABAsDJxxjg
	출처: https://decentraland.org/	

[그림 6-1] 메타버스 패션위크

브랜드들이 메타버스로 이동하고 있으며, 특별 콜렉션 및 콜라보 아이템을 기획해 NFT 시장에 진출하고 있다. 이 같은 마케팅은 사람들이 소비를 통해 자신의 가치관을 표현하고 정체성을 형성해 나가는 역동적인 공간인 익스프레스아레나에 속하는 것이다. 메타버스는 개인이 상호작용하고 커뮤니케이션하는 방식을 폭넓게 재편하고 시공간에 대한 개념을 확대하며, 소비자의 기대치를 재정립하게 될 것이다.

로블록스의 2023년 1분기 사용자는 전년 대비 35%의 증가율[2]을 보였다. 기술적으로는 VR 헤드셋도 여전히 발전 중이며, 애플의 AR 헤드셋

---

1) AR(증강현실)/VR 회의 솔루션을 개발 및 공급하는 회사로, 증강현실 기술을 사무실에 적용하여 물리적인 공간을 확장해 가상의 공간에서 협업할 수 있도록 한다.
2) 컨설팅 기업 딜로이트의 '2023 디지털 마케팅 트렌드' 보고서

인 비젼프로(Vision Pro)가 소개되었다. 비젼프로는 공간 컴퓨터[3]로서 작동하여 현실 세계에 가상 요소를 투영하여 사용자 간 상호 작용이 가능하도록 한다. 이로써 100% VR 경험을 현실에 접목시킬 수 있다. 마이크로소프트도 AI, 클라우드, 메타버스 솔루션을 활용하여 기업 사용자의 생산성, 지속성 및 탄력성을 향상시키는 방안을 모색하고 있다.

메타버스는 플랫폼과 웨어러블뿐만 아니라, 콘텐츠 분야에서도 활용 범위가 확대되고 있다. 특히 헬스케어 분야에서는 메타버스를 활용하여 의사와 환자 간의 원활한 의사소통을 통한 진료가 가능하고, 시각적 진단 자료를 3차원으로 표현하여 의료 교육이나 시각적 학습에도 활용할 수 있다. 이처럼 메타버스는 현재 발전 중이며 그 활용 영역을 넓혀가고 있는 추세이다. 메타버스가 이미 현실이며, 천천히 우리 생활 속으로 다가오고 있다.

2023년 4월 KPMG[4] UK 연구에 따르면, 47%의 영국인들은 앞으로 10년 안에 메타버스의 보편화가 이루어질 것이라고 응답했다. 37%는 메타버스의 미래에 대해 긍정한다고 답했다. 프레시던스리서치[5]는 글로벌 메타버스 시장 규모가 연평균 44.5% 성장해 2030년에는 1조3009억 달러(1644조 원)에 이를 것으로 전망했다. 마켓앤드마켓이 발표한 보고서[6]에서도 메타버스 시장은 2027년까지 연간 47.2%의 성장률을 기록하며 2027년에는 4,269억 미국 달러(약 556조 원)로 증가할 것으로 전망된다. 그리

---

3) 애플이 출시한 '비전 프로(Vision Pro)'를 VR 헤드셋이 아닌 '최초의 공간 컴퓨터(first spatial computer)'라고 부르며, 사용자가 헤드셋을 착용한 채로 실제 세계에 머무를 수 있으며 "새로운 컴퓨팅 시대의 시작"이라고 규정하고 있다.

4) KPMG는 "Klynveld Peat Marwick Goerdeler"의 약어로, 네덜란드 출신의 회계 및 컨설팅 서비스 제공 기업. 세계에서 가장 큰 전문 회계법인 중 하나로, 재무 감사, 세무, 경영 컨설팅, 인력 관리 등 다양한 분야에서 서비스를 제공한다.

5) 시장조사업체 프레시던스 리서치 보고서 https://www.precedenceresearch.com/metaverse-market

6) 미국 시장 조사 기관 마켓앤드마켓이 발표한 '2027년까지 메타버스 시장 전망(Metaverse Market - Global Forecast to 2027)' 보고서 https://www.marketsandmarkets.com/Market-Reports/metaverse-market-166893905.html

고 주요 기업들은 미국 기업으로는 메타(Meta), 마이크로소프트(Microsoft), 일렉트릭 아츠(Electronic Arts), 테이크-투(Take-two), 에픽 게임(Epic Games), 유니티(Unity), 밸브(Valve)가, 중국 기업으로는 텐센트(Tencent), 일본 기업으로는 넥슨(Nexon)이 주도할 것으로 전망하였다.

메타버스는 기술이 더 보완되고, 새로운 서비스가 개발되고, 인프라가 구축되면 결국 일상으로 오게 될 것이다. 이처럼 메타버스가 이미 현실이며, 천천히 우리 생활 속으로 다가오고 있다.

〈표 6-1〉 메타버스 도시로 활용

구분	활용 효과
디지털트윈	▸ 실시간 데이터를 활용하여 현실적인 시뮬레이션 및 모델링 ▸ 시민은 현실 세계와 동일한 디지털 환경에서 도시와 상호 작용
도시 자원 관리	▸ 디지털 환경에서 일하고, 운동하고, 배우고, 즐기고, 회의를 진행하고, 소셜 이벤트에 참여
도시 거버넌스	▸ 도시의 업무를 계획하고 관리
삶의 질	▸ 교통, 주택, 건강, 엔터테인먼트, 레크리에이션, 인프라, 경제, 교육 등 가상 환경에서 제공하여 서비스 접근성과 사회적 상호 작용의 증가, 다양한 기회와 정보 제공, 사회적 성장, 거주지의 향상을 위해 자원을 효과적으로 활용
사회적 상호 작용	▸ 물리세계와 가상세계를 연결할 수 있는 메타버스가 사회적 상호 작용의 문제 해결책을 제시할 수 있음
도시 관광	▸ 관광지에 대한 브랜딩, 보존 및 새로운 관광 상품의 개발
도시 기후 변화 경감과 적응	▸ 가상으로 업무를 함으로써 이동의 필요성을 줄여서 탈 탄소화 ▸ 디지털 플랫폼을 활용하여 재난 대응에 더 효과적인 조기 경보 시스템

2. 메타버스 공간 활성화하기

초기 메타버스는 게임, 생활, 소통이 분리된 서비스였지만, 현재는 이 모든 요소가 통합된 공간으로 발전하였다. 이용자는 크리에이터로 활동하여 내용을 생산하고 소비할 수 있어 자유도가 증가했다. 이는 현실 경제와 유사한 활동을 가능하게 하여 사회, 경제, 문화 활동이 함께 이루어지는 지식사회 기반의 새로운 패러다임으로 인식 변화를 가져오고 있다.

이에 따라 메타버스는 기존의 '사이버공간'과는 달리, 이용자가 가상세계에서 현실과 동일하게 사회·경제·문화 활동을 할 수 있는 공간이기에 발생할 수 있는 문제점이 존재한다.

메타버스에서의 가상화폐는 경제 활동을 지원하며 안정성과 보안 문제, 금융 규제 등의 이슈가 있다. 이를 해결하기 위해 가상화폐의 투명성과 안정성을 보장하는 정책과 규제가 필요하다. 아바타는 사용자의 가상 존재를 나타내는 디지털 표현으로, 신원 도용과 초상권 문제와 같은 사생활 이슈가 발생할 수 있다. 이에 개인 정보 보호와 디지털 신원 관리를 위한 정책과 기술적인 방법이 필요하다. 메타버스에는 다양한 객체가 존재하며, 객체의 소유권, 거래, 손상 방지 등과 관련된 이슈가 있다. 따라서 블록체인 기술과 스마트 계약을 활용한 객체 소유권 관리 시스템이 구축되어야 한다.

실제로 영국 기업인 크루서블(Crucible)은 "Blueprints for the Open Metaverse"라는 컨소시엄을 운영하면서 오픈 메타버스를 구축할 수 있는 개발자용 개발도구(Emergence SDK)[7]를 개발하고 있다.

메타버스에서 오픈플랫폼을 구축하기 위한 SDK(Software Development Kit)를 제공하는 것은 개발자들에게 다양한 기능을 활용하여 메타버스 환경을 확장하고 개발할 수 있는 기회를 제공한다는 의미이다. 그러나

---

7) SDK(Software Development Kit)는 소프트웨어 개발 도구 모음을 의미하고, Emergence는 웹3 프로토콜을 기반으로 한 게임 개발자용 SDK로, Unreal Engine 및 Unity와 같은 게임 엔진과 연결된다. 이 SDK는 게임 개발자에게 지갑 인증, 스마트 계약, 아바타 시스템, NFT 인벤토리 서비스 등을 제공하여 개발 과정을 간편하게 만들어준다. 플레이어는 암호화폐 지갑을 사용하여 간편하게 로그인하고 선택한 페르소나로 게임을 플레이할 수 있다. 게임 개발자는 Emergence를 통해 사용자의 NFT 아이템을 게임에 통합할 수 있으며, 오픈 메타버스로의 쉬운 진입을 위한 도구로 사용할 수 있다. 이를 통해 게임, 가상 세계, 가상 현실 등에서 Emergence SDK를 활용할 수 있다.

이에는 몇 가지 예상되는 문제점이 있을 수 있다. 예를 들면, 보안과 개인정보 보호나 SDK를 사용하는 다양한 개발자들 중에는 시스템을 악용하거나 부적절한 콘텐츠를 제작할 수 있는 사람들이 있을 수 있다. 그리고 다양한 개발자들이 각자의 방식으로 앱이나 기능을 개발하면 호환성 문제가 발생할 수 있다. 또한, 오픈플랫폼을 구축하고 유지하는 비용 문제가 있을 수 있다. 이외에도 개발자들이 SDK를 사용하여 콘텐츠를 개발하면 지적 재산권 문제나 사용자 경험의 일관성이 떨어질 수 있다.

이와 같이 메타버스 공간에서 살아가기 위하여 현실세계에서와 같은 법·제도·사회 규범을 그대로 적용할 수 있는지의 여부에 대한 논의의 필요성이 대두되었다. 구체적으로 메타버스 내에서 유통되는 콘텐츠의 소유권과 아바타를 통한 불법적 행위 그리고 데이터 윤리에 해당되는 민감한 개인정보 수집의 범위에 대한 법적, 윤리적 이슈가 부상되고 있다.

이 가운데, 콘텐츠 개발과 관련한 메타버스와 IP의 저작권 문제는 가장 큰 이슈이다.

II. 메타버스 공간 활성화를 위한 법률관점

1. 메타버스와 지적재산권

1) 특허권

① 메타버스 내에 '구현된 물건'의 특허 침해가능성

메타버스 내에서 현실의 특허품과 동일한 물건을 구현하는 경우, 특허법상의 '실시'에 해당하는지 여부가 논의의 여지가 있다. 메타버스에서의 물건은 이미지 형태로 구현되는 컴퓨터 프로그램에 불과하며, 특허법은 주로 실제 생산과 판매에 관련된 활동에 적용된다. 따라서 메타버스 내에서의 물건은 특허법상의 '실시'에 해당하지 않을 가능성이 높다. 그러나 균등침해 등의 법리가 적용될 수 있을지에 대해서는 논의가 필요하며, 이는 입법적으로 명확히 해결되어야 할 문제이다.

② 메타버스 내의 특정 '서비스(프로그램으로 구현된)'의 특허침해

메타버스 내의 특정 서비스가 특허를 침해하는 경우, 특허권자는 해당 서비스와 관련된 메타버스 내 자산의 사용을 금지시킬 수 있다. 이 경우, 해당 서비스와 관련된 자산의 소유자(사용자)에게 메타버스 플랫폼이 보상을 제공해야 할 수도 있다. 그러나 이러한 보상이 현실 세계의 금전으로 이루어지는 경우, 가상자산의 현실 가치 산정 등의 문제가 발생할 수 있다.

또한, 메타버스의 소스코드를 분석하기 전까지는 특허 침해의 입증이 어려운 현실적인 문제가 있을 수 있다. 메타버스는 복잡한 가상환경이기 때문에 특허 침해 여부를 판단하기 위해서는 소스코드 분석 등 상당한 노력과 전문 지식이 필요하다.

구분	기존특허권	메타버스 특허권	비고
물건			구현된 물건
서비스			구현된 서비스

※ 이미지 출처: 임형주(2021)[8]가상융합경제 활성화포럼[9]2차 세미나 발표자료를 중심으로 재구성

[그림 6-2] 특허권

2) 상표권

메타버스를 통한 상표의 홍보는 국적에 상관 없이 더 많은 소비자에게 도달할 수 있는 장점을 가지고 있어 기업들이 가상 공간에서의 상표 홍보에 관심을 보이고 있다. 그러나 이로 인해 메타버스에서의 상표권 침해 문제가 대두될 수 있다.

예를 들면, CU가 업계 최초로 메타버스 플랫폼 제페토에 편의점을 개설한다면, 진열된 상품에 대한 상표권 침해 문제가 발생할 수 있다. 만약 메타버스 내에서 특정 상표가 표시된 의류를 판매한다면, 해당 상표의 등록 상표의 보호 범위 내에서 사용되는지 여부가 문제가 될 수 있다. 이

---

8) 임형주 변호사는 AI, 메타버스, NFT 등을 다루는 저작권위원회 신기술 환경 지식재산 협의체의 위원을 비롯하여, 한국지능정보사회진흥원 AI법제정비단, 특허청 영업비밀 제도 개선 추진단, 스마트시티 자문단, 한국바이오협회 위원으로 활동하면서 IT/BT 등 신산업 분야에서의 제도 개선 작업을 수행하고 있다. (소개글에서 참조)

9) 2021 가상융합경제 활성화 포럼은 과학기술정보통신부에서 주관하고 정보통신산업진흥원, 차세대융합콘텐츠산업협회, 한국게임학회의 후원, 협찬으로 21.07~21.12까지 가상융합경제 발전을 위한 정책의 인식 제고와 효율적 활성화방안을 발굴하기 위하여 민간 주도 전문가 협의체인 "가상융합경제 활성화 포럼을 운영하였다.

는 메타버스 내에서 판매되는 상품이 현실 세계의 정상품과 동일하거나 유사한지 여부를 판단하는 문제를 야기할 수 있다.

이러한 문제는 등록 상표의 보호 범위 내에서의 사용 여부, 정상품과의 동일성 또는 유사성 등을 평가하는 것으로 해결할 수 있다. 이는 상표권 침해 여부를 결정하기 위해 메타버스와 관련된 법적 규제와 판례 등을 고려해야 함을 의미한다.

구분	정상품	메타버스_상표권	비고
물건			한강CU 편의점 메타버스에 구현
서비스			구찌 옷과 메타버스에 이미지로 구현된 옷

※ 이미지 출처: 임형주(2021)가상융합경제 활성화포럼2차 세미나 발표자료를 중심으로 재구성

[그림 6-3] 상표권

3) 디자인권

디자인 등록된 현실 세계에서의 "모자" 디자인을 메타버스에서 그대로 구현하는 경우, 디자인권 침해 여부를 판단해야 할 수 있다. 디자인권에서도 물품의 동일성 또는 유사성 문제가 대두되며, 디자인권의 침해는 디자인의 대상이 되는 물품이 동일하거나 유사한 경우에 한정하여 인정된다(디자인보호법 제92조, 제2조 제7호).

메타버스 내에서 아바타의 모자는 물품에 해당하는지 여부가 문제가 될 수 있다. 메타버스 내에서 아바타의 모자는 이미지 형태로 존재하며, 유체 동산이 아니기 때문에 물품성을 인지하기 쉽지 않다. 이는 디자인권 침해 여부를 판단하는 데 영향을 줄 수 있다.

구분	실제상품	메타버스_디자인	비고
물품		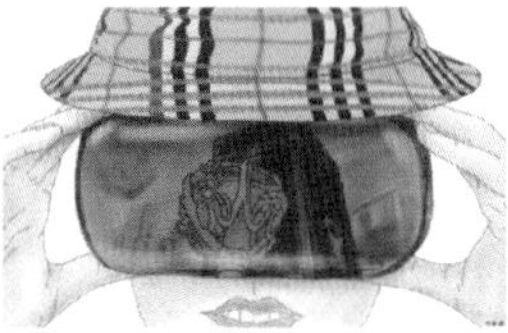	버버리 모자와 메타버스에 구현된 이미지
게임 상품출처			현실 세계의 험비차량과 게임 '콜오브듀티'의 험비차량

※ 이미지 출처: 임형주(2021)가상융합경제 활성화포럼2차 세미나 발표자료를 중심으로 재구성

[그림 6-4] 디자인권

4) 저작권

인간의 사상 또는 감정을 표현한 창작물은 모두 저작물이고, 이를 창작한 저작자 등은 저작물에 대한 저작권을 가지므로, 메타버스에서 저작물이 사용되면 원칙적으로 저작권 관련 문제가 발생한다.

① 실존 물건, 장소 등을 메타버스에 구현할 경우

실존하는 물건, 장소 등을 메타버스와 같은 가상 공간에 그대로 구현했을 때 문제가 대두될 수 있다.

예를 들면, 스크린골프 애호가들에게 익숙한 가상의 3D 코스 위에 볼 낙하지점, 볼 궤적, 비거리, 남은 거리, 샷 분포도 등의 각종 데이터를 보여주는 방식이 될 것인데, 이때 실제 물건이나 장소를 구현하게 되면, 저작권으로부터 자유로울지 생각해 볼 문제이다. 물건, 건축물 등도 어떤 아이디어를 표현한 창작물이라면 저작물에 해당하고 이를 권리자의 허락 없이 메타버스에 구현하면 복제권 2차적 저작물 작성권 등 저작재산권 침해 그리고 원저작자를 허위로 표시하였다면 성명표시권 등 저작인격권 침해에 해당할 수 있다.

② 안무, 몸짓 등을 메타버스에 구현할 경우

연극과 무용극 등의 저작물은 창작성이 인정되면 안무, 몸짓 등도 저작권법의 보호를 받을 수 있는 저작물로 분류된다(저작권법 제14조 제1항 제3호). 이러한 저작물은 저작권법에 따라 보호받을 수 있으며, 저작물의 복제, 전송, 공연방송 등의 권리를 가지고 있다.

예를 들면, 어떤 가수의 노래를 부르면서 춤을 추는 영상을 네이버 블로그에 게시한 후, 한국음악저작권협회(KOMCA)가 영상 복제 및 전송 중단을 요구하였던 사례가 있다. 이에 네이버는 영상 게시를 중단하고, 이후 원고는 KOMCA와 네이버를 상대로 소송을 제기하였습니다. 해당 사건에서 법원은 이 영상이나 게시물이 이 사건 저작물을 정당한 범위 내에서 공정한 관행에 합치되게 인용된 것으로서, 저작재산권을 침해한 것이 아니라고 판결하였다. 따라서 원고는 해당 영상이나 게시물을 자유롭게 복제, 배포, 공연방송 등을 할 수 있다고 인정되었다.

이 사례는 연극 또는 무용극 등의 저작물에 대한 저작권법의 보호 범위와 관련하여 법원의 판례로 확인될 수 있는 사례이다.

③ 메타버스에서 공연, 콘서트 등을 개조할 경우

메타버스에서의 가상 콘서트는 주목받는 콘텐츠 중 하나로, 그래픽 효과 등을 활용하여 오프라인 콘서트에서 구현하기 어려운 무대를 제공할 수 있다. 그러나 저작권법은 '공연', '방송', '전송', '디지털 음성 송신' 등을 각각 다르게 정의하고 있기 때문에 메타버스에서의 콘서트는 어떤 유형의 이용행위에 해당하는지 특정해야 한다.

만약 기존 저작권법의 정의로는 해결할 수 없다면, 메타버스와 같은 가상 공간에서의 공연에 대한 새로운 정의가 필요할 수 있다. 메타버스에서의 콘서트 행위가 어떤 유형의 이용행위인지에 따라 저작재산권 제한 규정의 적용 여부나 보상금 요율 등이 달라질 수 있다.

메타버스에서의 콘서트는 이용자의 요청에 따라 송신이 개시되고, 여러 이용자가 동시에 수신하는 특징을 가지므로 디지털 음성 송신에 가장 가까울 것이다. '공연'은 일반적으로 동일한 공간 내에 있는 사람들을 대상으로 하는 것을 의미하므로, 메타버스에서의 공연이나 콘서트는 음성뿐만 아니라 영상의 송신까지 포함하는 이용행위를 정의하는 필요성이 있다.

저작권법 개정안은 디지털 음성 송신의 개념을 확장하여 영상의 송신까지 포함한 '디지털 송신'의 정의 규정을 도입하고 있다.

④ 메타버스에 NFT를 발행할 경우

NFT(Non-Fungible Token)는 디지털 파일에 관한 소유권 등 메타데이터를 블록체인 상에 저장하여 위조 및 변조가 불가능한 토큰이다. 메타버스 내에서는 모든 물체가 데이터 형태로 존재하기 때문에 전통적인 소유권 개념을 적용하기 어렵다. 이에 NFT는 특정 데이터에 대한 소유권을 증빙하여 가치 부여를 돕는 개념으로 메타버스 내의 가상 자산 형성에 유용한 개념이다.

NFT 발행 자체에는 저작권 침해 이슈가 없으며, NFT는 원저작물과는 아무런 상관이 없는 문자열이나 코드이다. 그러나 NFT는 특정 파일과 연계되어 있고, 그 파일이 저작물을 이용하여 만들어진 것이라면 저작권 침해가 성립할 수 있다. NFT를 구매하면 해당 NFT가 증빙하는 특정 파일과 연관된 저작물에 대한 일부 권리를 취득할 수 있다. 그러나 일반적으로 NFT를 구매하는 경우 실물 미술품을 구매하는 것과 달리 물리적 소유권이나 저작권을 취득하는 것은 아니다.

따라서 NFT를 발행하거나 구매할 때 저작권법 상의 문제가 발생할 수 있으며, 특히 NFT가 증빙하는 특정 파일이 저작물과 관련된 경우 저작권 침해 여부를 주의해야 한다.

구분	실제	메타버스 구현	비고
장소			실존 장소와 메타버스 구현 장소
안무	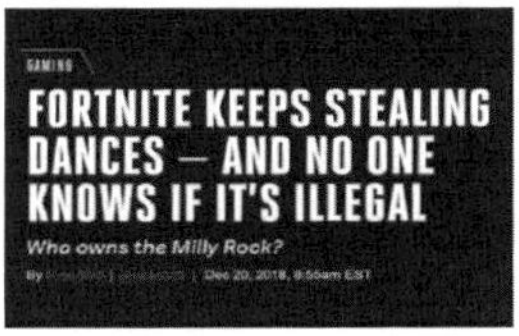 FORTNITE KEEPS STEALING DANCES — AND NO ONE KNOWS IF IT'S ILLEGAL / Who owns the Milly Rock?	 THE VERGE	포트나이트에 아바타가 유명인을 따라 춤추는 동작을 구현하여 유료판매
몸짓			Rbeiro라는 배우의 90년대 시트콤(The Fresh Pince of Bel-Air)에서 춘 춤을 Epic 무단 판매
공연, 콘서트	 BIGHIT MUSIC		가상 콘서트

※ 이미지 출처: 임형주(2021)가상융합경제 활성화포럼2차 세미나 발표자료를 중심으로 재구성

[그림 6-5] 저작권–실존 물건, 장소를 구현할 경우

2. 메타버스에서 법률이슈

1) 부정 경쟁 방지법

부정경쟁방지 및 영업비밀 보호에 관한 법률(부정경쟁방지법)은 타인의 명성이나 성과를 이용하여 불공정한 방법으로 경쟁하는 행위를 금지하는 법이다. 메타버스에서는 현실과 비슷한 물건이나 장소를 만들 수 있어 부정 경쟁행위가 발생할 수 있다. 이에 따라 메타버스에서의 부정 경쟁행위 문제가 예상된다. 메타버스는 가상 경제활동을 비롯하여 현실에서 가능한 모든 행위를 할 수 있는 곳으로 현실에서의 브랜드를 부착한 가상 상품의 판매가 활발히 이루어질 수 있다. 여기에는 상표뿐만이 아니라 트레이드드레스10), 유명인의 성명 등 다양한 표지의 도용이 발생할 수 있다.

〈표 6-2〉 부정경쟁방지 행위

구분	내용
상품주체 혼동행위	상품주체 혼동행위
영업주체 혼동행위	메타버스내에서 매장과 유사하게 꾸며진 매장을 차리고 가상 음식을 판매
저명 표시 희석행위	유명로고를 단 음식을 판매, 또는 매장과 유사하게 꾸며진 매장을 차리고 가방을 판매 타인의 트레이드 드레스를 모방하는 행위
상품형태 모방행위	출시 후 3년이 지나지 않은 명품 가방의 형태를 모방한 가방 아이템 판매
성과 도용행위	부정 경쟁행위에 관한 보충적 규정으로 타인의 성과를 도용하는 다양한 경우

---

10) 트레이드드레스(Trade Dress)는 제품의 포장, 용기, 모양, 색채, 크기 같은 제품의 고유한 이미지를 만들어내는 겉모양의 여러 조건을 의미한다.

2) 퍼블리시티권

퍼블리시티권(Right of publicity)은 개인이 자신의 이름, 이미지, 목소리 등을 상업적으로 이용하거나 허용하는 권리를 말한다. 이 권리는 법률로 정의되지 않은 새로운 형태의 권리이며, 우리 법은 특정한 종류의 권리만 인정하는 물권법정주의를 적용하므로 퍼블리시티권에 대한 판결도 분분하게 나오고 있다. 메타버스에서는 기술의 발전으로 타인의 성명이나 외모, 음성을 현실과 거의 동일하게 복제할 수 있어, 퍼블리시티권 침해 가능성이 높아졌다. 또한, 메타버스에서 타인의 연설이나 강연을 재현할 경우, 퍼블리시티권뿐만 아니라 어문 저작물에 대한 저작권 침해도 문제가 될 수 있다.

3) 개인정보보호

메타버스 사업자는 개인정보와 위치정보를 수집하게 되는데, 이는 성명, 주민등록번호, 영상 등을 통해 개인을 식별할 수 있는 정보와 이동성 물건이나 역할에 대한 정보를 말한다. 메타버스 내에서 다양한 거래로 금융 및 거래정보도 수집될 수 있다. 또한, 생체인식 정보나 아바타 관련 정보 등도 수집될 수 있다.

메타버스는 국경이 모호하므로 글로벌 사용자를 대상으로 하면서 데이터 이동과 개인정보보호 규제의 문제가 발생할 수 있다. 개인정보처리자는 정보주체의 동의를 얻어 개인정보를 수집하며, 메타버스 이용 시 생성되는 다양한 개인 정보를 고려하여 개인정보 취급방침을 마련해야 한다. 이는 메타버스에서 생성되는 개인정보의 다양성을 고려한 조치이다.

④ 메타버스에서 NFT를 발행할 경우의 문제

NFT(Non-Fungible Token)는 디지털 파일의 소유권 등 메타데이터를 블록체인에 저장하여 위조나 변조를 방지하는 고유한 토큰이다. 메타버스 내에서는 물체들이 데이터 형태로 존재하기 때문에 전통적인 소유권 개념을 적용하기 어려운데, 이에 대한 해결책으로 NFT가 등장하였다. NFT는 특정 데이터에 대한 소유권을 입증하고 가치를 부여하는 개념으로, 메타버스 내의 가상 자산 형성에 유용하다.

메타버스에서 NFT를 발행할 때 저작권 문제가 발생할 수 있다. NFT 자체는 원저작물을 직접 포함하지 않고 문자열이나 코드 형태로 존재하기 때문에 저작권 침해가 되지 않는 것처럼 보일 수 있다. 그러나 만약 NFT가 특정 파일(예: 이미지 파일)과 연결되어 있고 해당 파일이 저작물을 기반으로 만들어졌다면 저작권 침해가 성립할 수 있다.

즉 NFT는 메타버스 내에서 가치 부여 및 소유권 증명에 활용되는 개념으로, 데이터 형태의 물체들과 관련된 저작권 문제에 유의해야 한다.

3. 특허청의 가상 상품 심사지침

특허청(2022)에서는 상표 분쟁을 방지하고 과도한 상표 선택의 문제를 해결하기 위한 목적으로 가상 상품 심사지침을 마련했다. 이는 '가상+현실상품'의 형태로 된 명칭을 포함하여 '가상의류', '가상신발' 등을 인정하며 출원인의 상품명칭 선택 범위를 확대한 것이다. 이미지 파일 등과 구별되는 별도의 상품군으로 가상 상품을 분류하고, 이를 현실 상품과 성질을 반영하여 세부적으로 구분하도록 지침이 업데이트되었다. 상품분류 코드(유사군코드)는 유사한 범위의 지정상품을 판단하기 위해 상품의 특성과 거래 상황을 고려하여 동일하거나 유사한 상품과 서비스를 분류하고 코드를 부여하는 것이다. 이 코드는 상표 심사 시 유사성 판단의 참고 자료로 활용되며, 가상공간에서의 상표 분쟁을 방지하고 상표 선택 범위를 적절하게 제한하는 데 활용된다.

[표 6-3] 가상상품의 유사판단 예

구분	상표	
상표	LAND ROVER	LANDROVER 랜드로바
현실상품	자동차	신발
가상상품	가상자동차	가상신발
유사여부	현실상품 가상상품 모두 비유사로 판단	

※ 이미지 출처: 특허정보 검색서비스(http://www.kipris.or.kr/)

특허청에 따르면, 먼저, 가상상품과 현실상품은 원칙적으로 서로 유사하지 않은 상품으로 간주되어 심사된다. 가상상품은 현실상품의 명칭과 주요 외관 등을 일부 포함하여 표현하기도 하지만, 사용목적과 판매경로 등이 서로 다르기 때문에 소비자의 혼동 가능성은 낮다고 볼 수 있다. 그러나 유명한 상표와 유사한 상표가 출원된 경우에는 해당 유명상표와의 혼동 가능성 여부를 심사한다.

다음으로 가상상품 명칭 인정여부는 포괄명칭인 '가상상품(Virtual Goods)' 자체를 제외한 ①가상상품+기존 상품명칭, ②구체적 현실상품의 가상상품 명칭으로 인정한다.

[표 6-4] 상품 명칭 인정 판단 예시

구분	출원상품(예시)	명칭인정여부
1	다운로드 가능한 가상상품	불인정
2	가상상품이 기록된 컴퓨터 프로그램	불인정
3	가상의류	인정
4	가상 제품 즉 온라인 가상 세계에서 사용하는 신발	인정
5	다운로드 가능한 가상의류	인정
6	다운로드 가능한 가상의류 소매업	인정

※ 출처: https://www.kipo.go.kr/skin/doc.html?fn=20220713102446_2&rs=/upload/preview/

그리고 상품분류코드(유사군코드)는 지정상품간 유사범위를 판단하기 위해 상품자체의 속성 및 거래실정 등을 반영하여 동일·유사한 상품 및 서비스별로 분류하여 코드를 부여한 것으로 상표심사 시 유사판단의 참고자료로 활용한다. 가상 상품은 현실 상품의 명칭과 주요 외관 등 일부를 포함하고 있으나 사용실태가 일치하지 않으므로 심,판결 형성 전까지 비유사로 추정한다는 것을 [그림 6-6]과 같이 상품 분류코드를 부여하고 있다. 예를 들면 가상신발 상품군 코드로 G5207(가상상품 유사군)과 27(신발 G207101)을 합쳐 "G520727"을 부여하는 방식이다.

과학기술 정보통신부(2022.11.28)는 메타버스의 활용 확산으로 인해 새로운 윤리적, 사회적 문제가 우려된다고 판단하여, 메타버스의 창의성과 혁신성에 대한 기대와 함께 소통, 교류 및 협력 방식의 확대로 인한 윤리적 문제를 해결하고 부정적 영향에 대응하기 위한 메타버스 윤리원칙을 발표했다. 3대 지향가치는 온전한 자아(Sincere Identity), 안전한 경험(Safe Experience), 지속가능한 번영(Sustainable Prosperity)이며, 8대 실천원칙은 진정성(Authenticity), 자율성(Autonomy), 호혜성(Reciprocity), 사생활 존중(Respect for Privacy), 공정성(Fairness), 개인정보 보호(Personal Information Protection), 포용성(Inclusiveness), 책임성(Responsibility for future) 등이다.

구분	분류		분류
유사군코드 상이	9류, G5220727 가상신발  현실상품:신발 G270101	유사하지 않음	가상의류 9류 G520743, G520745  현상상품·의류 G430301,G450101, G450102, G4502, G4503, G450401
유사군코드 동일	9류 G520745 가상 바지 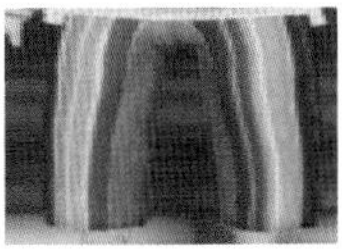 현실상품: 청바지 G450101	유사함	가상의류 9류 G520743,G520745 
유사군코드 동일	9류 G520745 가상 보호헬멧 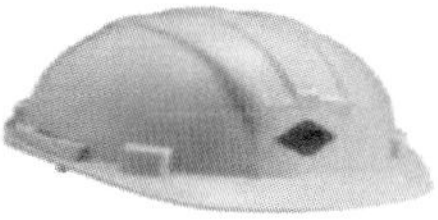 현실상품:보호헬멧 G450502	유사하지 않음	가상의류 9FB G520743, G520745 
가상 상품과 현실 상품간 유사판단	9류 G520727 가상 신발 		신발 25류 G270101 

※ 이미지 출처: 특허청 가상 상품 심사지침

[그림 6-6] 상품분류코드

4. 메타버스 세상에서 살아가기

4차 산업혁명이 가속화돼 초지능·초연결·초실감이 구현되면서 예측은 현실이 되고 있다. 한류의 대표적인 걸그룹 블랙핑크는 메타버스로 팬 사인회를 실시해 세계에서 4600만 명 팬들이 몰려들었다. 세계적인 래퍼 트래비스 스콧(Travis Scott)은 포트나이트(Fortnite) 메타버스에서 45분 콘서트 공연에 약 2770만 명에 달하는 플레이어가 관람했으며 이를 통해 그는 2000만 달러(약 220억 원)를 벌어들였다. BTS(방탄소년단)도 신곡을 메타버스를 통해 출시하고 메타버스 아바타와 디지털 메타버스 상품을 통해 500억 이상 수익을 올렸다. 초기엔 게임과 공연 등 엔터테인먼트 산업에 집중되어 있던 메타버스는 제조·금융·물류·유통·사회·문화·국방·교육·관광 등 모든 영역으로 확장되고 있다.

미래에는 다양한 메타버스 플랫폼이 확산되고 다양한 분야에서 인간·시간·공간을 결합한 경험을 제공하는 새로운 메타버스가 출현하게 될 것이다. 미래의 메타버스는 몇 가지 측면에서 혁명적인 변화가 일어날 것으로 예측된다. 첫째, AI 발전으로 자연어 음성 작동 및 초실감 영상으로 또는 안경처럼 착용감이 편리한 스마트 글라스로 메타버스 작동이 편리하고 상호작용이 자연스러워질 것이다. 둘째, AI, 유무선 사물인터넷, 클라우드, 빅데이터, 확장현실(XR) 기술이 더욱 발전하며 이것이 메타버스에서 융합적으로 적용되면서 시각, 청각, 촉각, 생각, 동작의 오감으로 체감하고 작동되며 시공을 초월하는 현존감이 더욱 생생하게 될 것이다.

셋째, 메타버스는 경제 패러다임을 NFT를 포함한 디지털 가상융합경제로 변화시킬 것이다. 디지털 가상융합경제는 메타버스의 가상융합기술로 산업 간 융합이 확산되고 메타버스 내 현실 세계보다 다양한 문화적·경제적 활동이 발생하는 것을 의미한다. 이처럼 메타버스는 기술 진화 개념을 넘어, 사회경제 전반 혁신적 변화를 초래함에 따라 메타버스 시대의 경제 전략으로 디지털 가상융합경제가 강화돼 AI와 초실감영상 및 확장기술(XR) 등 범용 융합 기술을 활용해 경제활동 공간이 현실에서 가상융합공간까지 확장돼 새로운 경험과 경제적 가치를 창출하는 경제로 변화하게 될 것이다.

메타버스 변화에 따라 점차 몰입감, 현존감Immersion), 상호작용 활동(Interactive), 초지능 아바타(Intelligence), 대인적 사회망(Interpersonal), 상호운영적 호환성(Interoperability)이라는 메타버스의 핵심 특성이 더욱 원활하게 구현될 것이다.

메타버스의 확장현실(XR)을 지원하기 위한 기기들은 앞으로 시선, 뇌파, 생체신호 등과 같은 민감한 개인정보를 수집할 수 있는 능력이 점차 확장될 것이다. 이로 인해 이용자의 개인정보에 대한 통제권을 행사하기 쉽지 않을 수도 있다. 수집된 정보는 이용자가 보는 내용, 교류하는 상대, 경험 시간, 대화 내용, 아바타 아이템 등을 포함하여 개인의 신체 반응까지 추적할 수 있게 된다. 이는 마케팅 등 다양한 목적으로 활용될 수 있지만 악용될 가능성도 있다.

마가릿 버트하임(Margaret Wertheim)은 <공간의 역사: 단테에서 사이버스페이지까지 그 심원한 공간>이라는 저서에서 단테(Alighieri Dante)의 <신곡(La Divina Commedia)>에서 묘사된 현실에는 존재하지 않는 영적인 공간 여정을 언급하며, 사이버스페이스는 인간이 공간을 확장하려는 노력의 결정적 결과라고 했다. 이러한 관점에서 메타버스는 공간의 확장 추구할 수 있는 미지의 가상공간이다. 메타버스는 디지털 기술의 발달과 인간의 공간 개척 욕망이 결합하여 새로운 시공간을 형성하는 가상공간이다. 메타버스는 새로운 문명으로 빠른 흐름으로 세상을 뒤흔들어 새로운 변화를 일으킬 것이다. 이에 메타버스가 바꾸는 미래 세상에 대응하기 위한 미래 전략이 필요하다.

<참고문헌>

이옥기(2022). 메타버스 플랫폼의 상호작용에 대한 프레즌스 경험. 한국방송학회 학술대회 논문집, 71.

이옥기(2018). 스마트 TV 생태계의 개인데이터보호. 한국엔터테인먼트산업학회논문지, 12(1), 13-26.

특허청(2022), 가상상품 심사지침 https://www.kipo.go.kr/skin/doc.html?fn=20220713102446_2&rs=/upload/preview/

한국게임학회(2022). 2022년 가상융합경제 활성화 포럼 컨퍼런스. https://kcgs.or.kr/%EB%B0%9C%ED%91%9C%EB%85%BC%EB%AC%B8%EC%95%88%EB%82%B4/11581757

마거릿 버트하임 저·박인찬 번역(2002). 공간의 역사: 단테에서 사이버스페이스까지 그 심원한 공간. 생각의나무.

과학기술정보통신부(2022). 메타버스 윤리원칙. https://www.msit.go.kr/bbs/view.do?sCode=user&mId=113&mPid=112&bbsSeqNo=94&nttSeqNo=318240

<부록> 메타버시티 구축 사례

https://youtu.be/QRiRW-DM-nI

초대링크
https://zep.us/play/2NkVKB
입장코드 7476879

〈사진〉 ZEP으로 메타버스 구축하기

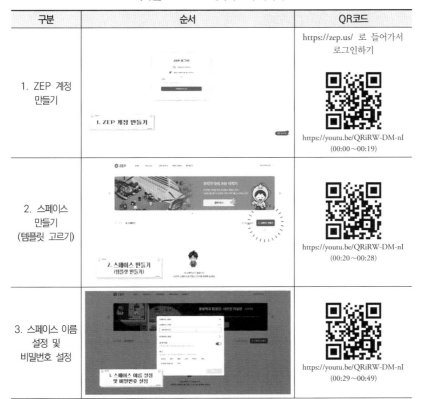

구분	순서	QR코드
1. ZEP 계정 만들기		https://zep.us/ 로 들어가서 로그인하기 https://youtu.be/QRiRW-DM-nI (00:00~00:19)
2. 스페이스 만들기 (템플릿 고르기)		https://youtu.be/QRiRW-DM-nI (00:20~00:28)
3. 스페이스 이름 설정 및 비밀번호 설정		https://youtu.be/QRiRW-DM-nI (00:29~00:49)

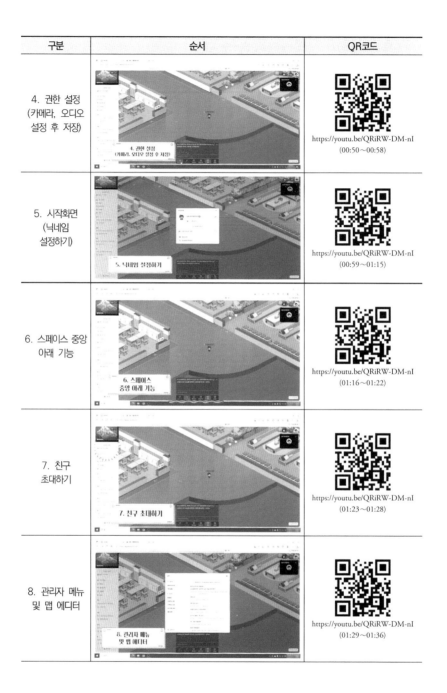

구분	순서	QR코드
4. 권한 설정 (카메라, 오디오 설정 후 저장)	4. 권한 설정 (카메라, 오디오 설정 후 저장)	https://youtu.be/QRiRW-DM-nI (00:50~00:58)
5. 시작화면 (닉네임 설정하기)	5. 닉네임 설정하기	https://youtu.be/QRiRW-DM-nI (00:59~01:15)
6. 스페이스 중앙 아래 기능	6. 스페이스 중앙 아래 기능	https://youtu.be/QRiRW-DM-nI (01:16~01:22)
7. 친구 초대하기	7. 친구 초대하기	https://youtu.be/QRiRW-DM-nI (01:23~01:28)
8. 관리자 메뉴 및 맵 에디터	8. 관리자 메뉴 및 맵 에디터	https://youtu.be/QRiRW-DM-nI (01:29~01:36)

구분	순서	QR코드
9. 아바타 움직이기 및 상호작용	9. 아바타 움직이기 및 상호작용	https://youtu.be/QRiRW-DM-nI (01:37~01:43)
10. 주요 버튼 소개	10. 주요 버튼 소개	https://youtu.be/QRiRW-DM-nI (01:44~01:49)
11. 화면 공유하기	11. 화면 공유하기	https://youtu.be/QRiRW-DM-nI (01:51~02:13)
12. 참가자 확인	12. 참가자 확인	https://youtu.be/QRiRW-DM-nI (02:14~02:20)
13. 따라가기 옷 따라입기	13. 따라가기 옷 따라입기	https://youtu.be/QRiRW-DM-nI (02:21~02:31)

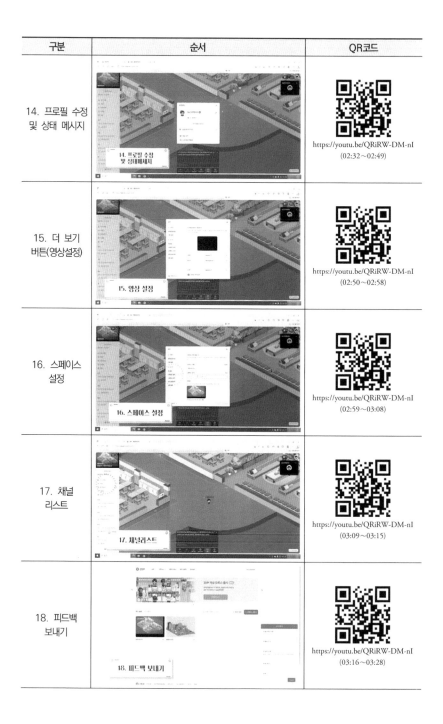

구분	순서	QR코드
14. 프로필 수정 및 상태 메시지	14. 프로필 수정 및 상태메세지	https://youtu.be/QRiRW-DM-nI (02:32~02:49)
15. 더 보기 버튼(영상설정)	15. 영상 설정	https://youtu.be/QRiRW-DM-nI (02:50~02:58)
16. 스페이스 설정	16. 스페이스 설정	https://youtu.be/QRiRW-DM-nI (02:59~03:08)
17. 채널 리스트	17. 채널리스트	https://youtu.be/QRiRW-DM-nI (03:09~03:15)
18. 피드백 보내기	18. 피드백 보내기	https://youtu.be/QRiRW-DM-nI (03:16~03:28)

구분	순서	QR코드
19. 이모티콘으로 감정표현 및 리액션하기		https://youtu.be/QRiRW-DM-nI (03:29~03:42)
20. 공개채팅		https://youtu.be/QRiRW-DM-nI (03:43~03:51)
21. 미디어 추가 버튼으로 다양한 파일 공유하기		https://youtu.be/QRiRW-DM-nI (03:52~03:57)
22. 유튜브 임베드하기		https://youtu.be/QRiRW-DM-nI (03:58~04:11)
23. 이미지 넣기		https://youtu.be/QRiRW-DM-nI (04:12~04:28)

구분	순서	QR코드
24. 화이트보드	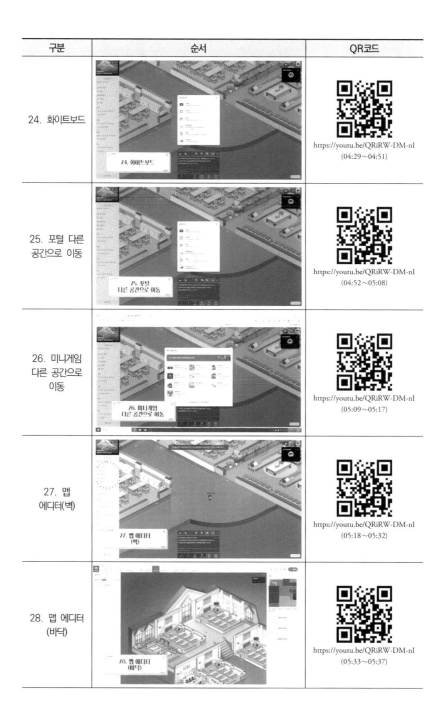	https://youtu.be/QRiRW-DM-nI (04:29~04:51)
25. 포털 다른 공간으로 이동		https://youtu.be/QRiRW-DM-nI (04:52~05:08)
26. 미니게임 다른 공간으로 이동		https://youtu.be/QRiRW-DM-nI (05:09~05:17)
27. 맵 에디터(벽)		https://youtu.be/QRiRW-DM-nI (05:18~05:32)
28. 맵 에디터 (바닥)		https://youtu.be/QRiRW-DM-nI (05:33~05:37)

구분	순서	QR코드
29. 맵 에디터 (오브젝트)	29. 맵 에디터 (오브젝트)	https://youtu.be/QRiRW-DM-nI (05:38~05:42)
30. 배경음악 설정하기	30. 배경 음악 설정하기	https://youtu.be/QRiRW-DM-nI (05:43~05:56)
31. 배경화면 설정하기	31. 배경 화면 설정하기	https://youtu.be/QRiRW-DM-nI (05:57~06:08)
32. 앞 화면 설정하기	32. 앞화면 설정하기	https://youtu.be/QRiRW-DM-nI (06:09~06:21)
33. 맵 에디터(벽)	33. 맵 에디터(벽)	https://youtu.be/QRiRW-DM-nI (06:22~06:45)

구분	순서	QR코드
34. 맵 에디터 (오브젝트)		 https://youtu.be/QRiRW-DM-nI (06:46〜07:07)
35. 맵 에디터 (오브젝트 업로드하기)		 https://youtu.be/QRiRW-DM-nI (07:08〜07:25)
36. 맵 에디터 (오브젝트 설정)		 https://youtu.be/QRiRW-DM-nI (07:26〜07:49)
37. 맵 에디터 (노트 오브젝트)		 https://youtu.be/QRiRW-DM-nI (07:50〜08:07)
38. 맵 에디터 (웹 사이트 링크 오브젝트)		 https://youtu.be/QRiRW-DM-nI (08:08〜08:28)

구분	순서	QR코드
39. 맵 에디터 (웹 사이트 임베드 오브젝트)	 39. 맵 에디터 (웹 사이트 임베드)	 https://youtu.be/QRiRW-DM-nI (08:29~08:39)
40. 맵 에디터 (오브젝트 사이즈 변경)	 40. 맵 에디터 (오브젝트 사이즈 변경)	 https://youtu.be/QRiRW-DM-nI (08:40~09:01)
41. 맵 에디터 (텍스트 오브젝트)	 41. 맵 에디터 (텍스트 오브젝트)	 https://youtu.be/QRiRW-DM-nI (09:02~09:16)
42. 맵 에디터 (타일 효과)	 42. 맵 에디터 (타일효과)	 https://youtu.be/QRiRW-DM-nI (09:17~09:26)
43. 맵 에디터 (타일 효과 통과 불가)	 43. 맵 에디터 (타일효과 통과 불가)	 https://youtu.be/QRiRW-DM-nI (09:27~09:48)

구분	순서	QR코드
44. 맵 에디터 (타일 효과 스폰)	 44. 맵 에디터 (타일효과 스폰)	 https://youtu.be/QRiRW-DM-nI (09:49~10:03)
45. 맵 에디터 (타일 효과 포탈)	 45. 맵 에디터 (타일효과 포탈)	 https://youtu.be/QRiRW-DM-nI (10:04~10:13)
46. 맵 에디터 (타일 효과 프라이빗 공간)	 46. 맵 에디터 (타일효과 프라이빗 공간)	 https://youtu.be/QRiRW-DM-nI (10:14~10:32)
47. 맵 에디터 (타일 효과 스포트라이트)	 47. 맵 에디터 (타일효과 스포트라이트)	 https://youtu.be/QRiRW-DM-nI (10:33~10:46)
48. 에셋 스토어	 48. 에셋스토어	 https://youtu.be/QRiRW-DM-nI (10:47~11:14)

조순정

현재 상명대학교 글로벌인문대학 교수로 재직 중이며, 국제언어문화교육원 부원장과 국제문화커뮤니케이션 연구소 소장을 역임하며 문화유산 콘텐츠의 국제화 사업과 KOICA 대학교 국제개발협력이해증진사업 등 다양한 산학협력 프로젝트에 참여하고 있다. 언어, 문화, 교육, 커뮤니케이션 등 인문사회기반 융복합 분야에 20여 편의 논문을 게재하였으며 한국커뮤니케이션학회 편집위원, 한국영어어문교육학회, 한국캐나다학회 이사 등 다수의 학회 학술 활동을 하고 있다. 현재 소속 대학 학생들의 메타버스 기반 홍보 마케팅 캡스톤 프로젝트 등을 지도하며 4차 산업혁명기술과 인문학 소양, 글로벌커뮤니케이션 능력과 지역학 지식을 통합한 교과, 비교과 프로그램 개발을 위해 노력하고 있다.

이옥기

현재 한양사이버대 교양학부에 재직 중이며, 지상파 방송제작 현장에서 PD, 종편옴부즈맨 프로그램 출연, 콘텐츠스페이스 제작사 운영을 통해 미디어 평론, 유튜브 다큐 제작, 라이브커머스 방송, 드론 촬영, 메타버스 플랫폼 구축 등 다양한 크리에이터 작업을 하고 있다. 스마트시대의 미디어경영론, 영상콘텐츠론 등의 저술과 메타버스공간의 교육효과, 유튜브 공간 특성 분석 등 논문을 SCOPUS와 KCI에 게재하였으며, TV홈쇼핑 가이드라인, 청소년유해정보 필터링 S/W 실태조사 등 프로젝트를 진행했다. 한국방송학회, 한국언론학회 등 학술 활동, 뉴욕대 SCPC 연수, ISO 인플루언서 국제자격증 취득, 한국SNS대상의 심사위원장 등 미디어와 콘텐츠 분야의 교육자 및 연구자이며 크리에이터와 포스트미디어 전문가의 길을 걷고 있다.

김은희

현재 목원대학교 광고홍보커뮤니케이션학부에서 교수로 재직 중이며, 광고학, 홍보학, 광고매체론, 브랜드 광고론, 광고실무학습, 소셜미디어 마케팅 등을 강의하고 있다. 홍익대학교에서 광고홍보 전공으로 박사학위를 취득 후 경기대, 남서울대, 백석문화대 등 다수의 대학에서 강의를 하였다. 학술 활동으로는 광고학회 이사, 소비자광고심리학회 이사. 소비자학회 이사, 커뮤니케이션학회 편집위원 등을 역임하며 리워드 어플리케이션, 가상광고, 가상 인플루언서, 메타버스 관련하여 다수의 논문을 게재하였다. 서울시 마을 미디어 사업평가 및 발전방안, 대전시 표시등 디지털광고 시범사업성과 평가 등 다수의 프로젝트를 수행하였다. 최근 관심 분야는 디지털 마케팅과 애드테크, 메타버스 마케팅 등이다.

권종애

현재 서원대학교 사범대학 유아교육과 교수로 재직 중이며, 청주시 육아종합지원센터장을 역임하고 있다. 서울여대에서 아동학(유아교육 전공)으로 문학박사 학위를 받았다. 지역사회 문화콘텐츠, 홀로그램-3D프린터로 만나다, 디지털과 아날로그의 만남, 신항서원 스토리 융복합 공연 참여, 충청통일교육센터 유치, 시청자미디어재단 유아 미디어 교구 개발 등 다수의 프로젝트에 참여하여 홀로그램, 오디오북, AI, 메타버스 환경을 교육에 적용하였다. 또한 한국 유아교육학회 이사, 한국 어린이 미디어 학회 이사, 한국 헬스 커뮤니케이션 학회 이사 등 다수의 학회 학술 활동을 하고 있다. 최근 관심 분야는 문화 예술 교육, 디지털 미디어 교육, 메타버스 등이며 유아교육 관련 다수의 논문이 있다.

정인숙

현재 남서울대학교 중국학과 학과장을 역임하며 교수로 재직 중이며, 중국 북경대에서 국제방송(문화간커뮤니케이션) 전공으로 박사학위를 받았다. 박사학위 취득 후 순천향대, 나사렛대, 남서울대등 다수의 대학에서 중국어회화, 중국문화, 한문연습 강의를 하였다. 현 소속학과에서 창의한자, 창의한문, 중국어교과교육론, 중국어교육론, 중국어교과교재연구 및 지도법, 중국어 교과논리 및 논술 등을 강의한다. 글로벌지식융합학회 위원, 한국융합기술연구학회 이사, 한국언론정보학회 회원, 한국중국문화학회 등 다수의 학회 학술 활동을 하고 있다. 최근 관심 분야는 중국라이브커머스, 동아시아문화콘텐츠, 메타버스, 중국문화등에 관심을 가지며 중국문화와 중국어교수법 관련 다수의 논문이 있다.

메타버스
세 계 의
융 복 합
콘 텐 츠

초판인쇄   2023년 5월 31일
초판발행   2023년 5월 31일

지은이   조순정・이옥기・김은희・권종애・정인숙
펴낸이   채종준
펴낸곳   한국학술정보㈜
주 소   경기도 파주시 회동길 230(문발동)
전 화   031) 908-3181(대표)
팩 스   031) 908-3189
홈페이지   http://ebook.kstudy.com
E-mail   출판사업부 publish@kstudy.com
등 록   제일산-115호(2000. 6. 19)

ISBN   979-11-6983-408-7   93500

이 책은 한국학술정보㈜와 저작자의 지적 재산으로서 무단 전재와 복제를 금합니다.
책에 대한 더 나은 생각, 끊임없는 고민, 독자를 생각하는 마음으로 보다 좋은 책을 만들어갑니다.